패션이 물리천지

패션이 물리천지

패셔이 물리천지

송진웅, 조광희, 곽성일, 김소희, 남정아, 박미화 지음

사람들은 보통 자신이 좋아하거나 의미 있다고 생각하는 것을 다른 사람들에게도 널리 알리고 싶어하는 바람이 있습니다. 우리가 이 책을 만든 것도 바로 이러한 바람 때문입니다. 물리는 그 자체로 매우 재미있을 뿐만 아니라 세상을 바라 볼 수 있는 새로운 안목을 준다는 사실을 다른 사람들에게도 알리고 싶습니다.

그런데 사람들은 이러한 우리의 생각과 좀 다른 것 같습니다. 학생들은 과학을 어렵고 재미없는 과목으로 생각합니다. 특히 물리는 수식이 많고 개념이 복잡해서 머리 좋은 천재들이나 하는 것이라고 생각하는 경향이 있습니다. 또 물리는 머나먼 우주의 공간 속에서 혹은 원자의 핵과 같이 엄청나게 작은 세계에서 적용되는 것이지, 우리가 살아가는 일상생활에서는 잘 만나기 어려운 것으로 생각합니다.

그러나 전혀 그렇지 않습니다. 물리에서 가장 중요한 것은 뛰어난 수학 실력이나 엄청난 두뇌가 아니라, 주변의 사물과 현상들에 대한 흥미와 호기심이며 그러한 것들을 가슴으로 받아들이는 열린 마음입니다. 마음을 열고 물리의 눈으로 세상을 보면, 그곳에서 재미와 감탄 그리고 아름다움과 유용함을 발견할 수 있습니다.

《패션이 물리천지》는 자칫 멀리 동떨어져 있다고 생각하기 쉬운 물리의 원리를 우리가 몸에 걸치고 다니는 옷, 안경, 머리끈, 심지어 보석에서도 발견할 수 있다는 것을 보여줍니다. 특히 저자들은 물리가 멋을 부리고 몸을 치장하는 데에 관련되는, 아주 일상적이고 가까운 것이라는 점을 전해주고자 했습니다.

이 책은 총 4장로 이루어져 있습니다. 각 장는 신체 부위에 걸치는 실용적인 패션물품들에 관한 꼭지들로 구성되어 있습니다. 각 꼭지는 일상생활에서 겪게 되는 일화를 담고 있는 일기에서 시작하여, 그와 관련되는 과학자와 가상의 제자 간의 대화로 이어집니다. 대화의 중간 중간에 '과학상식 톡톡' 과 같은 유용한 정보와 지식을 담는 부분들이 있습니다. 그리고 마무리 부분에 실제로 해 볼 수 있는 간단한 탐구활동과 그에 대한 해설이 실려있습니다.

《패션이 물리천지》는 물리를 사랑하고 학생들에게 물리의 참모습을 알리고 싶어 하는 사람들에 의해 쓰여졌습니다. 서울대학교 물리교육과 '상황물리교육 연구실' 의 구성원들이 '상황물리' 시리즈를 개발하고 있는데, 이 책은 1권《온몸이 물리천지》에 이은 두 번째 책입니다. 이 책이 완성되기까지 많은 사람들이 도움을 주었지만, 특히 책임 저자로 활동했던 조광희 박사의 수고가 아주 많았습니다.

이 책은 중학생을 주 대상으로 쓰여졌지만, 과학에 관심이 많은 초등학교 고학년이나 고등학생 및 일반인들에게도 매우 유용한 책이 될 것입니다. 그리고 학교에서 학생을 가르치시는 과학 선생님들께도 좋은 참고자료가 될 것으로 확신합니다.

대표 저자 송진웅

차 례

1장 머리에 걸치는 패션 물리

2장 얼굴에 걸치는 패션 물리

3장 몸에 걸치는 패션 물리

4장 팔 다리에 걸치는 패션 물리

1장 머리에 걸치는 패션 물리

우선 귀에 걸치거나 머리에 쓰는
물건부터 한번 볼까?
지금부터 머리에 걸치는 물건들에
숨어 있는 과학을 찾아보도록 하지.

도플러

- 골(?) 때리는 헤드폰
- 소음만 골라 없애주는 헤드폰
- 알 듯 말 듯 속임수, MP3 압축
- 진정한 패션은 안전으로부터
- 늘어났다 줄어들었다 하는 머리끈

골(?) 때리는 헤드폰

점심을 먹고 나서 5교시 수업시간이었다. 배도 적당히 부르고, 점심시간에 축구를 좀 한 데다, 창가로 햇빛이 드니 도저히 밀려드는 졸음을 참을 수가 없었다. 둘러보니 나만 그런 것이 아니었다. 애들도 하나둘씩 꾸벅꾸벅 졸기 시작했다.

선생님께서도 분위기를 파악하셨는지 우리들에게 잠 깨는 체조를 알려주셨다. 그 중 하나가 손가락으로 머리를 두드려주는 것이었다. 세게 두드리면 잠이 더 빨리 깰까 싶어 힘을 주어 두드렸는데, 마치 뾰족 구두를 신은 사람이 대리석 바닥 위를 걸어갈 때 발자국 소리가 나듯이 크게 들렸다. 다른 애들이 자기네 머리를 두드릴 때는 그리 큰 소리가 안 들리던데…, 내 머리에서만 이리 큰 소리가 나나? 그래서 남들이 나보고 '돌머리' 라고 부르나?

그런데 쉬는 시간에 물어보니, 다른 애들도 비슷한 이야기를 하였다. 걔네들도 자기 머리를 두드릴 때는 큰 소리로 들린다는 것이다. 하지만 친구가 머리를 두드릴 때 옆에서 내가 들어 보면, 별로 크게 들리지 않았다.

저녁을 먹으면서 오늘 있었던 일을 가족들에게 말했다. 그러자 엄마, 아빠도 밥을 드시다 말고 손가락으로 머리를 두드려 보셨다. 왜 유독 자기 머리를 두드릴 때만 소리가 크게 들

4월 9일 날씨: 맑음

릴까? 엄마도 그런 경험이 있었지만 귀 가까이에서 소리가 나기 때문에 그럴 것이라고만 생각하셨단다. 하지만 엄마가 머리를 두드릴 때 귀를 가까이 대고 들어보니 소리 크기가 분명히 달랐다.

그런데 갑자기 누나가 씩 웃으면서 거금을 들여 샀다는 헤드폰 하나를 보여주었다. 머리를 두드리는 것과 헤드폰 쓰는 것이 무슨 상관이람? 게다가 이 헤드폰을 귀에다 쓰는 것이 아니라, 귀 앞쪽에다 대는 것이 아닌가?

'치, 자기가 무슨 SF 영화 주인공인 줄 아나?'

그런데 이 헤드폰은 이렇게 쓰는 거란다. 이렇게 하면 헤드폰이 머리뼈를 울려준다는 것이다. 내 머리를 때릴 때, 유독 나만 크게 듣는 이유도 바로 머리뼈가 울려서 그렇다나? 머리뼈로 전달되는 소리가 크게 들리기 때문에 그렇다는 것이다. 베토벤도 귀가 안 들리기 시작한 이후로는 이런 식으로 소리를 들었단다.

세상에나! 소리를 귀로 듣지, 머리뼈를 때려서 소리를 듣는다니….

정말 말 그대로 골(?) 때리는 헤드폰이다.

도플러와 맥풀려의 연구실

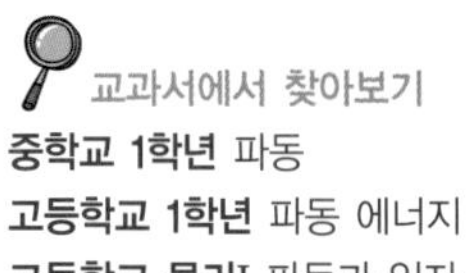

교과서에서 찾아보기

중학교 1학년 파동
고등학교 1학년 파동 에너지
고등학교 물리I 파동과 입자

맥? 맥!

…

아니 왜 대답이 없지? 내 말이 잘 안 들리나? 맥풀려! 어라, 졸고 있는 것도 아닌데, 이상하네. 아하, 이 녀석 또 노래 듣고 있구만. 이어폰을 아예 끼고 사는군.

네, 박사님. 왜요?

이 녀석아, 귀에 이어폰을 끼고 있으니까 여태 불러도 대답이 없지. 그런데 왜 이렇게 말을 못 들을 정도로 크게 들어?

아까 여기 오는데 도로 공사를 해서 노랫소리가 잘 안 들리더라구요. 그래서 소리를 높이고 왔어요.

그러다가 난청 되겠다. 적당히 들어라, 적당히!

노래는 제 인생인데요. 그런데 박사님의 그 큰 목소리도 못 듣다니 좀 이상해졌나봐요. 어머니도 요즘 저보고 귀가 어두워진 것이 아니냐고 그러셨어요. 음악은 계속 듣고 싶은데, 어떡하죠?

오늘 아침에도 청소년 난청 문제가 뉴스에 나오더라. 너도 조심해야겠어.

저도 좀 걱정되긴 해요.

그럼 고막에 무리가 덜 가게 '골전도 헤드폰'을 쓰면 어떨까?

네? 골전도 헤드폰이요?

골전도 헤드폰 착용 모습

말 그대로 뼈를 통하여 소리를 듣는 헤드폰이란다.

그게 그냥 헤드폰이랑 뭐가 달라요?

일단 먼저 어떻게 소리를 듣게 되는지부터 알고 있어야 이걸 이해를 하겠구나.

✻ 공기를 통하여 듣는 소리

평상시에 귀로 소리를 듣는 것은 너도 잘 알겠지?

참, 박사님도. 저를 너무 무시하시네요. 공기가 없으면 소리가 안 들린다는 것도 알아요, 뭐. 공기가 매질이잖아요, 매질이요.

무시해서 미안하구만. 그런데 왜 공기가 필요하지?

그게, 그러니까… 제가 다 알면 박사님이 하실 일이 없잖아요, 헤헤.

녀석아, 말을 돌리기는. 이유를 알아야 제대로 아는 거지!

매질

소리와 같은 파동이 전달될 때에는 전달해 주는 물질이 필요한데, 이를 '매질'이라고 한다. 매질은 파동을 따라 직접 이동하지는 않고, 파동만 전달한다.
예를 들어 평상시에 소리는 공기를 통하여 전달되므로 공기가 소리의 매질이다. 물 속에서도 소리가 들리는데, 이때는 물이 소리의 매질이다.

소리의 전달 과정

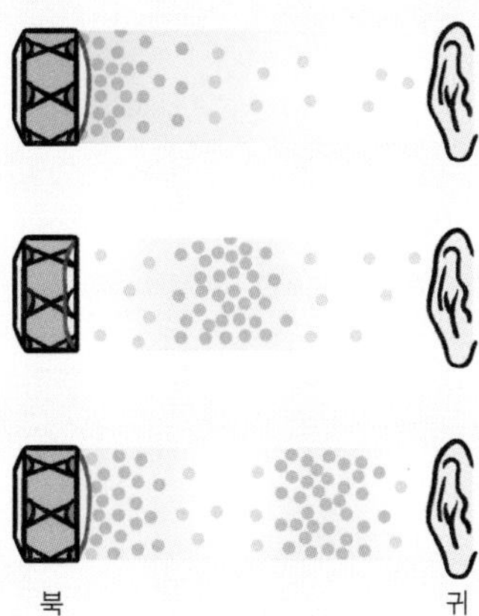

북을 두드리면 북가죽이 떨리는 것을 볼 수 있다. 눈으로 보이지는 않지만, 북가죽이 움직일 때마다 공기 알갱이들도 영향을 받는다. 북가죽의 모양에 따라 공기 알갱이들이 몰리거나 흩어지면서 압력 차이가 생긴다. 압력 차이가 높은 곳과 낮은 곳이 교대로 생기면서 압력 차이가 주변으로 퍼진다. 이 미세한 압력 변화가 우리 귀에 있는 고막에까지 영향을 준다. 이것이 바로 공기 중에서 소리가 전달되는 과정이다. 그런데 이때 주의할 것은 북가죽 앞에 있는 공기 알갱이가 직접 귀까지 오는 것은 아니며, 공기 알갱이들의 압력 변화가 전달된다는 점이다.

빨리 설명해 주세요.

공기 알갱이는 작아서 눈에 보이지는 않지만, 네가 북을 두드리면, 북 표면뿐만 아니라 가까이에 있는 공기 알갱이들도 떨린단다.

북 가까이에 있는 공기가 떨리는 거랑 귀로 듣는 거랑 무슨 상관이지요?

북 가까이에 있는 공기가 떨리면서 그 떨림이 다른 공기로 계속 전달되는 거란다. 그 떨림이 네 귓속 공기에도 전달된단다. 이런 걸 공기전도라고 하지.

전도

물질이 직접 이동하지 않으면서 물리적인 특징이 전달되는 것을 '전도'라고 한다. 예를 들어 뜨거운 국에 젓가락을 걸쳐 놓으면, 젓가락의 반대쪽 끝이 점점 뜨거워진다. 이를 열전도라고 하는데, 국에 닿아 있는 금속 알갱이가 직접 반대쪽으로 오는 것은 아닌데도 온도는 점점 올라간다.
소리도 마찬가지다. 소리가 전달될 때에서도 공기 알갱이가 직접 움직이는 것은 아니지만, 소리는 전달된다. 따라서 이것도 전도에 해당한다.

그럼, 보통 헤드폰은 귀 바로 앞에서 북을 쳐주는 거랑 비슷한 것이군요.

오, 대단한 비유로군! 바로 그거지. 그러니까 일반 헤드폰은 귀 앞에서 소리를 발생시키는 장치라고 할 수 있단다.

그럼, 골전도 헤드폰은 뭐예요?

급하기는, 참을성을 길러야겠구만. 귀에 있는 모든 기관이 다 소리를 듣는 게 아니란다. 귀를 크게 셋으로 나누면 외이, 중이, 내이로 나눌 수가 있지.

외이가 바깥쪽이겠네요, 뭐. 중이는 '가운데 귀' 니까 중간 부분이구요.

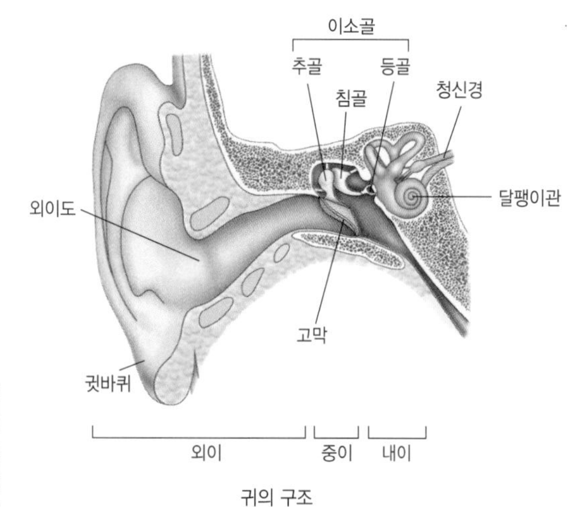

귀의 구조

그런데 여기서 제일 중요한 부분은 바로 내이란다. 고막에서 전달된 진동이 내이에 있는 청각 신경에서 전기 신호로 바뀌어 뇌로 보내지는 것이지.

치, 아직도 골전도는 안 나왔어요.

이제 나온다, 녀석아. 지금까지 설명한 것은 공기로 소리가 전달되는 방식이다. 그런데 우리 몸에서는 머리뼈가 울려도 청각 신경을 자극할 수 있단다.

네? 그럼 머리뼈가 울리면서 그것 때문에 소리가 들린다구요?

그렇단다. 머리뼈에 진동이 가해지면, 이것이 뼈를 통해 달팽이관으로 직접 전달이 되는 거란다. 외이와 중이를 거치지 않고 바로 내이에 있는 달팽이관에 자극이 전달되는 것이지.

그럼 공기가 없어도 소리가 들리겠네요. 뼈가 진동을 전달하면 되니까요.

그렇지. 그래서 공기로 전도되는 방식과 뼈로 전도되는 방식으로 각각 헤드폰을 만들 수 있단다. 보통 우리가 알고 있는 헤드폰은 공기전도 방식이란다.

소리를 듣는 방식

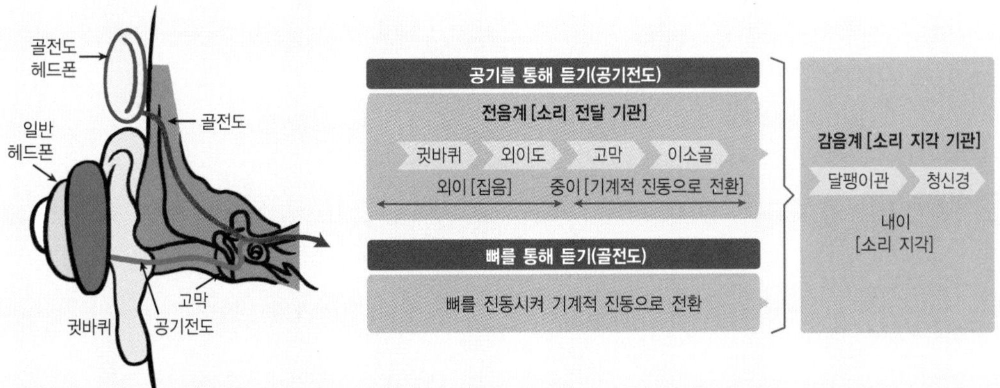

귀로 소리를 듣는 방식은 크게 두 가지이다. 하나는 공기가 진동을 전달하여 외이, 중이를 거쳐 내이에 자극을 주는 것이고, 다른 하나는 뼈를 직접 진동시켜 곧바로 내이에 자극을 전달하는 것이다. 참고로 일반 헤드폰은 공기전도 방식을, 골전도 헤드폰은 골전도 방식을 이용한다.

소리가 잘 안 들리는 청각 손실도 두 가지로 나눠, 전음계 난청과 감음계 난청으로 구분한다. 전음계 난청은 외이나 중이에 문제가 생겨 내이까지 소리가 전달되지 않는 상태이고, 감음계 난청은 내이에 해당하는 달팽이관이나 신경세포에 문제가 발생한 상태이다.

원래 골전도는 환자의 청각 손실이 전음계 난청인지, 감음계 난청인지를 구분하기 위하여 사용되었다. 골전도를 통하여 소리를 제대로 들을 수 있다면 외이나 중이에 문제가 생긴 전음계 난청이며, 내이는 정상임을 알 수 있다. 그러나 감음계 난청의 경우에는 골전도 방식으로도 소리를 제대로 들을 수 없다.

베토벤

❊ 골전도와 난청

어, 그런데 예전에 베토벤은 귀로 소리를 못 듣고 입으로 들었다고 하던데, 입으로도 소리가 전달되나요?

그것도 일종의 골(骨)전도다. 베토벤은 지휘봉을 입에 물고 피아노에 대어서 소리를 들었단다.

입에 지휘봉만 물어도 소리가 들려요?

지휘봉을 입술에 걸치는 게 아니라, 이로 물고 있으면 피아노 진동이 턱뼈로 전달되어 소리를 들을 수 있단다.

그러면 귀로 소리를 잘 듣지 못하는 사람들에게 아주 유용하겠네요.

그렇지. 그래서 골전도 방식의 헤드폰, 보청기, 전화기 등이 만들어지고 있지.

치, 저는 아직 그 정도로 심한 난청은 아녜요.

하지만 골전도 헤드폰을 쓰면 고막이 쉴 수 있잖니. 공기를 거치지 않고 직접 뼈를 두드려서 깨끗하게 소리가 전달되니 말이다. 그래서 외국어를 공부하는 학생이나 전화 업무가 많은 사람들에게도 유용하지. 게다가 지금은 방수형 제품까지 나왔단다.

골전도 헤드폰의 구조

진동자

진동자 덮개

골전도 헤드폰 끝에는 전기 신호를 기계적인 진동 신호로 바꿔주는 진동자 장치가 달려있다. 마치 음악이 나올 때 스피커 표면이 앞뒤로 움직이듯이, 헤드폰에서는 이 진동자가 움직인다. 기본적으로 일반 헤드폰도 같은 원리이다. 실제로 골전도 헤드폰을 일반 헤드폰처럼 귀에 대어도 소리가 들린다.

❊ 머리 두드리는 소리가 크게 들리는 이유

아얏! 왜 갑자기 때리세요?

머리를 때린 것이 아니라, '물리적인 충격'을 준 것이란다. 어때? 소리가 들리지 않았느냐?

치, 그거야 하도 세게 때리시니까 크게 들리죠! 어라? 머리를 살살 두드려도 꽤 큰 소리가 나네요? 진짜 그러네요. 그런데 이 소리가 공기를 통해서 전달된 것인지, 뼈에 전달된 것인지 어떻게 알아요?

녀석, 제법이구나. 공기를 통해서 들리는 소리라면 귀를 꽉 막고 있는 상태에서는 잘 안 들리겠지.

진짜요? 제가 귀를 막고 있을 테니, '물리적인 충격'을 약하게 주세요.

손이 아파서라도 약하게 해야겠다. 자, 어떠냐?

박사님 목소리는 분명히 작게 들리는데, 머리를 두드릴 때 나는 소리는 여전히 크네요. 생각해보니 골전도 헤드폰은 '골 때리는 헤드폰'이네요.

하하하. 녀석. 이름대로 맥풀리는 소리를 한다니까. 하지만 틀린 말은 아니구나. 그런데 때리는 것이 중요한 것이 아니라, 진동이 전달되어야 소리가 들린다는 것이 핵심이란다.

골전도가 잘 되는 부위

일반 헤드폰을 귓바퀴에 걸치듯이, 골전도 해드폰은 골전도 청각이 잘 되는 뼈 부위에 걸친다. 골전도 헤드폰은 공기를 거치지 않기 때문에, 오히려 에너지 전달 측면에서 볼 때 효율적이다. 특히 명료하게 음성이 전달되어 어학용으로도 적절하다.

❊ 녹음된 내 목소리 vs 내가 듣는 내 목소리

너 혹시 네 목소리를 녹음해서 들어봤니?

아주 이상했어요. 분명히 내 목소리는 맞는데, 마치 다른 사람 목소리처럼 낯설게 들렸어요.

그것도 골전도와 관계가 있단다. 자기가 듣는 목소리는 두 가지 방식으로 전달되지. 하나는 성대를 울려 만든 소리가 공기를 통하여 자기 귀로 들려오는 것이고, 또 하나는 성대 진동이 두개골을 통해 직접 전달되는 것이란다.

아, 그럼 녹음한 목소리는 공기로만 전달된 소리를 듣는 것이군요. 골전도로는 안 들리구요.

그렇지. 그래서 남들은 이상하게 느끼지 않지만, 녹음한 사람은 자기 목소리가 이상하게 들린단다.

오늘 정말 신기한 걸 알았어요. 소리가 귀로만 전달되는 게 아니라 뼈로도 전달된다니…. 인체의 신비는 끝이 없는 것 같아요.

한번 해봐요

젓가락으로 소리를 느껴라!

준비물 나무젓가락, 냉장고나 복사기, 오디오와 스피커

해보기

❶ 이로 나무젓가락을 물고 손가락을 이용하여 귀를 막는다.

❷ 작동 중인 냉장고나 복사기와 같은 장치에 젓가락을 대고 소리를 들어 보자.

❸ 젓가락을 떼고 귀를 막은 채로, 작동 중인 냉장고나 복사기 소리를 들어보면서 비교하자.

❹ 이번에는 오디오를 이용하여 스피커에서 음악이 나오도록 한 후에, 귀를 막고서 이로 문 젓가락을 스피커 몸체에 대고 소리를 들어 보자.

❺ 젓가락을 떼고, 귀를 막은 채로 스피커에서 나오는 음악 소리를 들어 보자.

아하, 그렇구나!

해보기 해설

사람이 듣는 소리는 공기로 전달되는 방식과 머리뼈로 전달되는 방식이 있다. 그런데 손가락이나 귀마개를 이용하여 귀를 막고 있으면, 공기로 전달되는 소리는 거의 들을 수 없다.

그런 상태에서 나무젓가락을 이로 물고 있으면 젓가락으로 전달된 진동이 머리뼈로 전달된다. 골전도 방식으로 귀에 진동이 전달되기 때문에, 우리는 귀를 막고도 소리를 들을 수 있다. 냉장고, 복사기, 스피커 등은 진동하면서 소리가 나는데, 젓가락을 대면 이 진동이 머리뼈로 전달되고 다시 귀로 전달된다는 것이다.

이때 너무 살짝 가져다 대면 진동이 잘 전달되지 않는다. 만약 잘 들리지 않는다면 나무젓가락을 이로 세게 물고, 냉장고나 복사기의 본체 철판을 밀듯이 힘을 주어 보자.

소음만 골라 없애주는 헤드폰

필요는 발명의 어머니라고 했던가. 오늘 난 기가 막힌 신상품을 고안했다고 좋아했다. 사정은 이렇다.

우리 집은 도로 옆이라 엄청 시끄럽다. 그래서 여름에도 문을 열어 놓을 수가 없다. 올해는 엄마한테 사정사정을 해서 우리 집도 에어컨을 장만했지만, 문을 닫고 에어컨을 틀면 얼마 후에는 머리가 아프다. 할 수 없이 다시 창문을 열어 놓으면, 예민한 나는 공부를 할 수가 없다. 바로 옆에서 아파트 공사가 시작된 이후로는 더욱 심하다. 소음 때문에 너무 힘들다. 공부를 하려고 해도 주변에서 도와주질 않는다! 오, 이런. 역시 공부를 하면 안 되는 운명이란 말인가?

그래서 생각한 것인데, 소음만 딱 골라서 없애주는 장치가 있었으면 좋겠다. 시끄러운 곳에서도 이 장치가 있으면 조용히 공부할 수도 있고, 심지어 잘 수도 있다! 그리고 이 장치를 자동차에 하나씩 달면 차에서 나오는 소음을 줄여줄거다. 이 장치를 이용해 헤드폰을 만들면 다른 소음이 안 들릴 것이다. 내가 좋아하는 음악만 들리도록 하면 금상첨화! 소음 때문에 싸움이 잦은 이 세상에서 이런 '정숙(?) 헤드폰'은 얼마나 좋은 제품인가? 버스나

8월 11일 날씨: 흐림

지하철에서도 제대로 노래를 들으며 다닐 수 있다. 그리고 나는 돈도 벌고….

그래서 난 공부를 하다가 말고, 이런 발명품을 고안하고 열심히 이런 생각들을 적어보았다. 학생 발명가로 전세계에 이름을 날릴 것이라고 좋아했다.

그런데, 혹시나 하고 인터넷을 찾아보니, 벌써 이런 제품이 나와있다. 으악, 이런! 게다가 이제는 예전보다 가격이 내려간 보급형까지 나왔다. 조금만 일찍 태어났더라면 내가 이 헤드폰의 발명가였을 터인데…. 하지만 내 생각이 그리 황당한 것만은 아니라는 점에서 작은 위안을 삼았다.

그래도 여전히 너무 아쉽다. 대신 이 헤드폰을 사서, 시끄러울 때 헤드폰 쓰고 조용히 잠이나 자야겠다.

도플러와 맥풀려의 연구실

교과서에서 찾아보기
중학교 1학년 파동
고등학교 1학년 파동 에너지
고등학교 물리I 파동과 입자

맥, 이게 갑자기 무슨 소리냐?

아, 이 소리요? 오늘부터 바로 옆에서 건물을 다시 짓는다고 하네요. 그래서 가끔씩 흔들리기도 하고 시끄럽대요.

이거 큰일이구만. 난 예민해서 소음이 들리면 집중을 못하거든. 네가 낮잠자면서 코 고는 것도 견디기 힘든데, 이건 비교가 안 되는구나. 큰일이다, 큰일.

치, 제가 언제 코를 골았다고 그러세요. 아무튼 그래서 전 이 헤드폰을 쓰려구요. 이것만 있으면 일단 안심이 돼요.

소음이 안 들릴 정도로 음악을 크게 듣고 있으려고?

아니에요. 이건 그냥 보통 헤드폰이 아니고, 바로 소음을 줄여주는 헤드폰이지요. 오늘 특별히 가져왔어요.

이것은 어디서 구했니? 너 설마 아름답지 않은 방법으로 구한 것은 아니겠지?

아이참, 훔친 것 아니구요. 이 헤드폰으로 말씀드릴 것 같으면, 원래 제 형이 쓰는 것인데 오늘 잠깐 빌려 왔어요. 형이 해외 출장을 자주 가는데, 기계 소리에 예민하거든요.

그래서?

이 헤드폰을 쓰고 있으면 밖의 소음이 잘 안 들려서 좋다고 하더라구요. 특히 비행기 엔진 소리가 거의 안 들린대요. 박사님도 모르시는 것이 있네요?

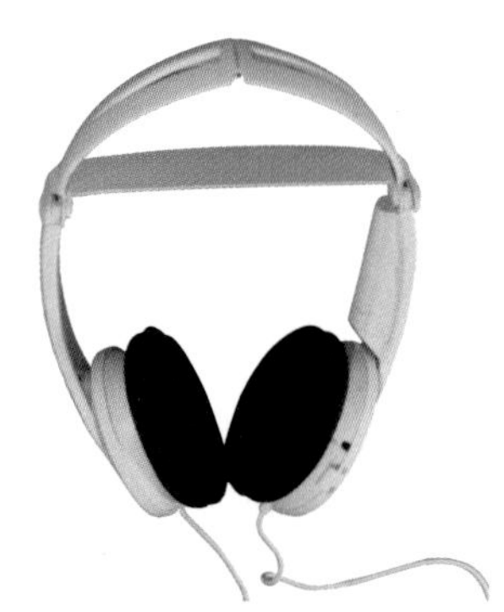

소음 제거 헤드폰

예전에는 항공모함에서나 쓰던 것이 이제는 이렇게 상품으로 팔리는구나. 지금 같은 상황에서 딱 좋은 것을 구했구나.

어? 이런 것이 있는 것을 알고 계셨네요? 역시 박사님은 모르게 없으셔. 그런데 항공모함에서 헤드폰을 왜 써요?

❇ 항공모함에서 쓰는 헤드폰

항공모함에는 전투기가 수시로 들락날락하는데, 전투기 엔진 소음이 굉장하단다. 비행기가 이 착륙할 때는 심지어 150데시벨이 되기도 한단다. 엄청나지.

돼지벨이요? 150마리의 돼지가 소리를 내는 것인가요?

녀석, 맥 빠지게 하기는. 돼지벨이 아니라, 데시벨! 소리 에너지의 세기를 나타내는 단위지. 돼지와는 전혀 관계가 없어.

아, 그거요? 저도 알아요, 뭐. 0데시벨이 겨우 들을 수 있는 소리죠?

그래. 그것보다 소리 에너지가 10배가 더 세지면 10데시벨이고, 100배가 세지면 20데시벨이다. 영어로 dB로 표시한단다.

그럼, 150dB이면 꽤 시끄러운 것이겠죠?

도로 공사를 할 때 콘크리트나 바위를 깨는 착암기 소리를 들어봤니?

그럼요. 너무 시끄러워서 소리를 질러도 친구가 못 들을 정도예요, 짜증까지 나던데요.

그게 약 120dB이다. 시끄러운 콘서트장도 120dB 정도이지. 소리 에너지가 이보다 10배가 커져 130dB 정도가 되면 귀에 통증이 생기고, 150dB이면 고막이 손상되지.

데시벨

소리 에너지의 세기를 나타내기 위하여 dB(데시벨)을 이용한다. 원래 단위는 B(Bell, 벨)이고, 앞에 붙은 d는 1/10을 나타내는 접두사다. 10dB = 1B이다.

항공모함에서 쓰는 헤드폰

그래서 항공모함에서 이런 헤드폰을 쓰는 것이군요.

그렇지. 이런 헤드폰 장치가 없다면, 항공모함에서 근무하는 사람들은 바로 청각 장애가 생길 수 있지.

정말 꼭 필요한 것이네요. 여기보다 훨씬 시끄러울 테니까요.

자동차 경주를 할 때에도 이런 헤드폰을 쓴단다. 소리가 엄청 요란하거든. 만약 헤드폰을 안 쓰면, 운전자나 정비사는 금방 난청이 될 거야. 그래서 이런 헤드폰이 꼭 필요하단다.

❇ 비행기 안에서는 이렇게

그런데 비행기 안도 이렇게 시끄러운가요? 형은 비행기 안에서 이걸 썼다고 했거든요.

소리가 너무 크면 모두 싫어하지만, 소음이란 게 소리 크기에만 관련된 것은 아니란다. 심리적인 측면이 매우 중요해서, 원하지 않는 소리는 모두 소음이 될 수 있지.

맞아요. 제가 노래 부르는 것은 괜찮지만, 동생이 노래 부르는 것을 듣고 있으면 '이게 소음이구나' 하는 생각이 들어요.

나야말로 지난번에 네 노래를 들을 때, '이게 소음이구나' 하고 생각했는데.

치, 박사님도 참. 이런 미성을 소음이라고 하시다니. 아무튼 비행기 안에서 헤드폰을 사용하는 것에 대한 설명을 아직도 안 하셨어요, 뭐.

기다려라. 비행기가 워낙 거대한 기계 장치라서, 아무리 방음을 하여도 여전히 엔진소리가 크게 들린단다. 특히 장시간 비행기를 타는 경우에는 더욱 난처하지.

그래서 헤드폰으로 음악을 듣잖아요.

그렇지. 하지만 비행기 엔진소리보다 음악을 더 크게 듣다보면, 곧 귀가 피곤해지지.

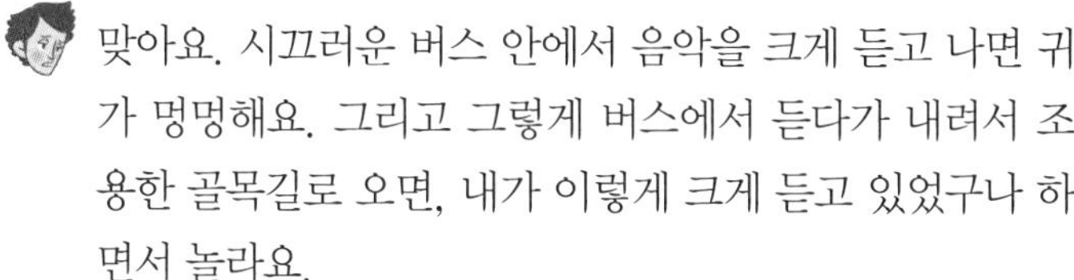

맞아요. 시끄러운 버스 안에서 음악을 크게 듣고 나면 귀가 멍멍해요. 그리고 그렇게 버스에서 듣다가 내려서 조용한 골목길로 오면, 내가 이렇게 크게 듣고 있었구나 하면서 놀라요.

그런데 이 헤드폰을 쓰고 들으면 기계 소음이 덜 들려서 좀 더 작은 음량으로도 음악을 즐길 수 있지. 아무래도 귀에 덜 무리가 가겠지.

음악이 듣기 싫어지면 어떡하죠? 음악 때문에 오히려 짜증이 날 수도 있잖아요.

그럴 때는 그냥 쓰고만 있어도 된단다. 음악은 안 듣고, 소음 제거 기능만 사용할 수도 있거든. 기계로 인한 소음이 적게 들리기 때문에 잠을 잘 때도 좋단다.

비행기에서 소음 제거 헤드폰 사용하기

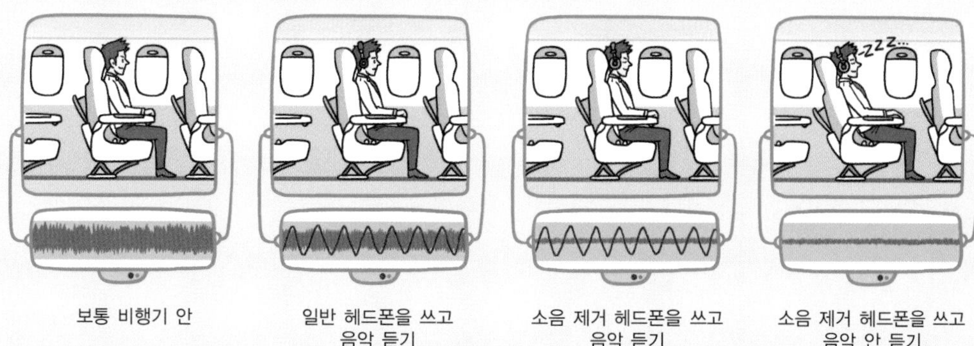

보통 비행기 안 / 일반 헤드폰을 쓰고 음악 듣기 / 소음 제거 헤드폰을 쓰고 음악 듣기 / 소음 제거 헤드폰을 쓰고 음악 안 듣기

비행기 안은 엔진 소음으로 인하여 시끄럽기 때문에, 헤드폰으로 음악을 듣는 경우가 있다. 하지만 비행기 소음에다 음악까지 더해져 쉽게 귀가 피곤해진다. 그런데 소음 제거 헤드폰을 쓰면, 비행기 엔진 소음이 훨씬 줄어들기 때문에 더 작은 소리로도 음악을 충분히 즐길 수 있고, 음악을 듣지 않을 경우에도 소음 제거 기능이 있기 때문에 조용한 환경을 만들어준다.

❊ 어떻게 소음만 줄여주지?

전 여전히 어떻게 소음이 줄어드는지 잘 모르겠어요.

소리가 파동의 일종이라는 것은 너도 알지?

치, 무시하지 마세요. 소리가 공기나 다른 물질에 의하여 전달된다는 것은 알아요, 뭐.

흔히 운동을 알갱이와 파동으로 나누는데, 알갱이는 서로 부딪히면 운동 상태가 변한단다. 그런데 파동은 한 곳에서 동시에 존재할 수가 있지.

그게 무슨 말씀이세요? 그거랑 무슨 상관인데요?

예를 들어 바다 한 가운데 공이 떠 있다고 하자. 이때 두 파도가 동시에 그곳에 도달했는데, 한 파도는 공을 위로 올리려고 하고, 다른 파도는 공을 내리려고 한다면?

그럼, 공은 그냥 제자리에 있겠네요.

그렇지. 이런 것을 상쇄 간섭이라고 하지. 그런데 공교롭게도 이 두 파도의 진행 방향이 같다면 어떻게 될까?

마치 파도가 없는 것처럼 보이겠네요.

바로 그거다. 마치 인공 파도를 만들 듯이, 외부에서 들리는 소음과 정반대 모양의 소리를 헤드폰에서 일부러 만들어 귀로 함께 보낸단다.

어, 그런데 헤드폰이 소음을 어떻게 알아요? 마이크가 달린 것도 아닌데요.

그렇지. 이제 좀 과학적으로 생각하는구나. 헤드폰 바깥쪽에 마이크가 달려있어서, 그 마이크로 소음에 해당하는 소리가 들려오는지 기계로 분석하는 과정이 꼭 필요하지.

그런 다음에 소음이라고 판단되면, 그것과 정반대 모양의 소리를 일부러 만들어서 귀 쪽으로 보내는 것이군요.

녀석, 제법이구나. 그러면 우리 귀에는 소리도 안 나는

상쇄 간섭

어느 한 곳에 진동수와 진폭이 같은 파동이 만나고 있다. 한 파동의 마루와 다른 파동의 골이 만나면, 두 파동이 합쳐져 마치 순간적으로 파동이 없는 것과 같은 상태가 된다. 이처럼 반대 모양의 파동이 합쳐져 파동의 세기가 줄어드는 것을 상쇄 간섭이라고 한다. 참고로 상쇄란 '서로 영향을 주어 비긴다'는 뜻이다.

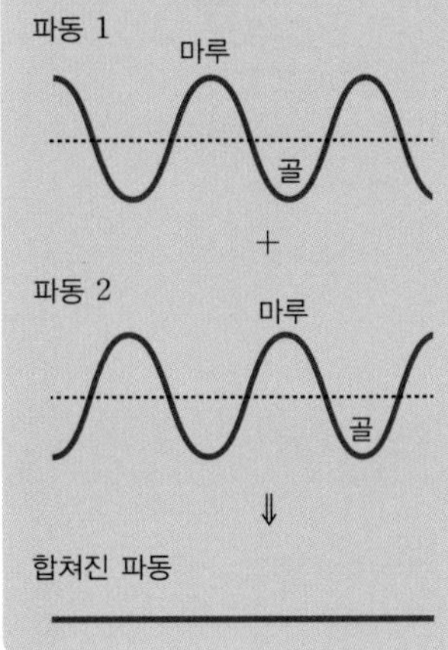

것처럼 들린단다. 물론 아주 완벽하게 조건이 맞았을 때에만 소음이 완전히 없어지는 것이고, 실제로는 소음이 좀 작게나마 들리지.

그런데요, 박사님. 그러면 헤드폰을 쓰고 있을 때 누가 저를 부르면 어떻게 되나요? 들리나요? 안 들리면 이것도 문제가 되겠는데요?

그래서 대부분의 제품들은 특정한 진동수 영역의 소리만 제거하도록 되어 있지.

와, 정말 좋네요.

하지만 복잡한 음파인 경우에는 아직까지 완벽하게 제거하지는 못한단다. 하기야 생각해 보니 세상이 너무 조용해도 좀 이상할거다.

그런데 엄마 잔소리만 골라 없애주는 헤드폰은 누가 안 만들어주나요? 엄청 잘 팔릴텐데….

여러 가지 소음 제거 방법

1. 소리 자체가 덜 발생하도록 한다. 예를 들어 날카롭게 부딪히는 기계 사이에 윤활유를 바르는 것이다.
2. 소리가 전달되는 것을 막는다. 예를 들어 자동차 소음이 많이 발생하는 지역에 방음벽을 설치하여, 소리가 주택가로 전달되는 것을 막는다.
3. 소리가 안 들리도록 귀를 막는다. 귀마개가 이에 해당한다.
4. 소음 파동과 반대 모양의 파동을 만들어 보내서, 원래 소리를 거의 없애준다. 고급 자동차나 기계장치에서 이 방식을 사용하며, 소음 제거 헤드폰도 이 방식에 해당한다.

소음 제거용 음파로 소음 줄이기

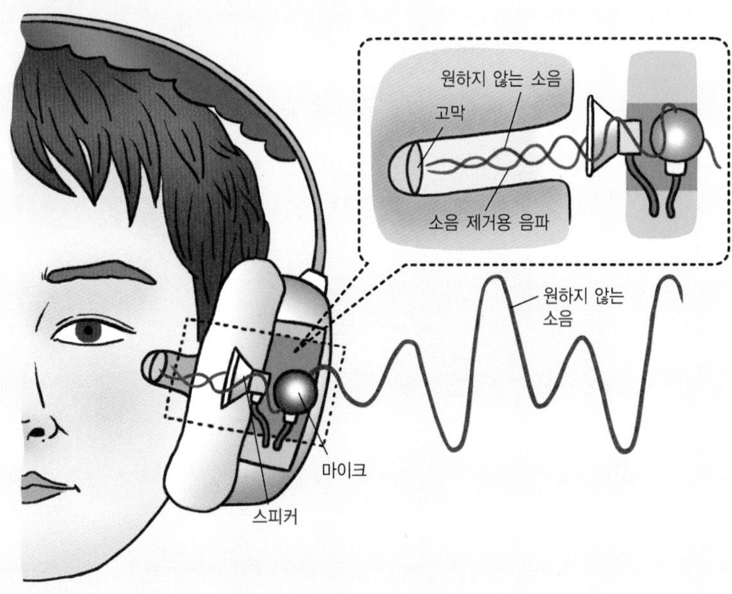

마이크에 들리는 외부 소리를 분석하여, 원하지 않는 소음 부분을 분리하고, 이와 모양이 반대인 파형을 만들어 작은 스피커로 보낸다. 그러면 두 음파가 만나, 귀에서는 마치 소음이 원래 거의 없었던 것처럼 들린다.

한번 해봐요

이음제음 以音制音

비슷한 것을 이용하여 남을 제압할 때 우리는 흔히 '이이제이(以夷制夷)'라는 말을 한다. 하지만 이것은 꼭 인간 관계에만 해당되는 것은 아니다. 자연 현상에서도 이런 것이 가능하지 않을까? 스피커에서 나오는 소리를 이용하여 다른 소리를 잠재워보자.

준비물 스피커 분리형 오디오

해보기 집에서 사용하는 오디오 중에서 스피커가 따로 분리되어 있는 경우에는 대개 뒤쪽에 스피커를 연결하는 선이 빨간색 전선과 검정색 전선으로 나눠져 있다. 일반적으로는 빨간색 전선을 빨간색 단자에, 검정색 전선을 검정색 단자에 연결하도록 되어 있다.

❶ 먼저 두 스피커를 모두 정상적으로 연결하고, 두 스피커의 앞면을 서로 마주보도록 하여 소리를 들어보자.

❷ 그 상태에서 한 스피커만 반대로 연결하자. 빨간색 전선을 검정색 단자에, 검정색 전선을 빨간색 단자에 연결하는 것이다.

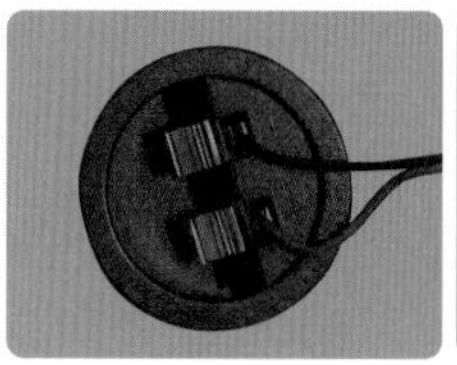
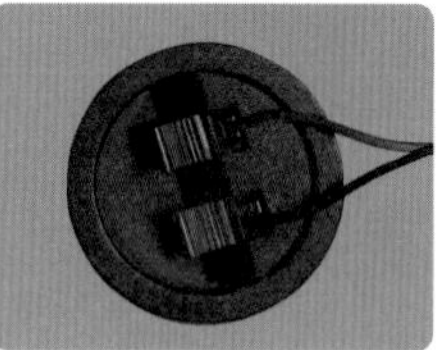

그런 후에 ❶과 같이 두 스피커의 앞면을 서로 마주보도록 놓자. 소리의 크기가 어떻게 달라지는가?

아하, 그렇구나!

해보기 해설

외부 스피커와 연결하는 경우에 전선의 방향을 반대로 해주면, 전류의 방향이 반대로 된다. 스피커는 전류의 흐름을 이용하여 얇은 막이 진동하도록 한 것인데, 전류의 방향이 반대가 되면 결과적으로 얇은 막의 움직이는 방향이 반대가 된다. 이렇게 되면, 두 스피커에서 나오는 파형이 정반대가 되는데, 파동의 모양이 정반대인 음파가 합쳐지면 소리가 나지 않는다.

따라서 두 파동이 합쳐지면 파형이 겹쳐지면서, 결과적으로 파동이 없어지므로 소리가 거의 들리지 않는다. 그런데 실제로 이 실험을 해보면, 소리가 완전히 없어지는 것은 아니고 정상 상태보다 작게 들린다. 이것은 스피커 사이의 간격, 내부 반사 등으로 인하여 모든 파형이 완전히 사라지지는 않기 때문이다.

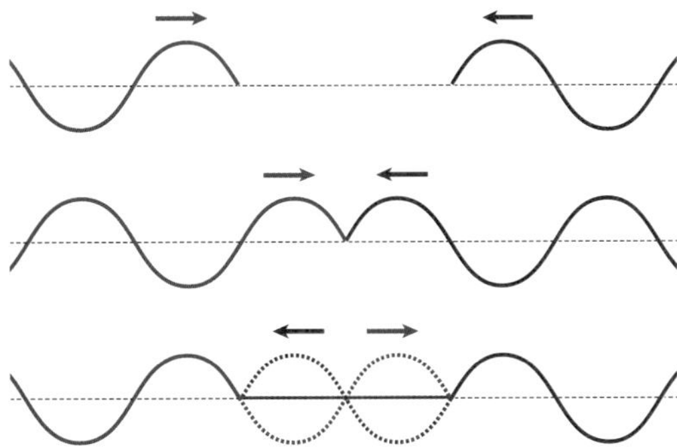

알 듯 말 듯 속임수, MP3 압축

날씨가 우중충하고 비가 와서 밖에 나가지 않았다. 기분 전환도 할 겸 CD를 틀고 가사를 따라 불러 가며 노래를 듣고 있었다. 그런데 스피커에서 나오는 노랫소리가 엄마 귀에 들렸나보다. 곧이어 들려오는 엄마의 잔소리

"시험이 일주일 밖에 안 남았는데 음악이나 듣고 있고. 공부 좀 해야 하지 않겠니?"

"하면 되잖아요" 라고 대답은 했지만, 어디 그게 쉬운 일인가? 엄마가 나가시자마자 내 예쁜 MP3에 이어폰을 연결하여 소리가 새어나가지 않게 노래를 듣고 있었다. 물론 앞에 책을 펴 두었지만, 노래에 심취해 있는데 글자가 눈에 들어올 리가 있겠는가? 딱 두 곡만 더 듣고 공부해야지!

얼마나 지났을까? 등 뒤가 서늘한 느낌이 들어서 뒤를 돌아보니, 이게 웬일이람! 언제 오셨는지 엄마가 팔장을 끼고 서 계신 게 아닌가, 으아아악!

"노크를 하셔야죠!"

얼른 이어폰을 빼며 엉겁결에 말하였다.

"밥 먹으라고 몇 번을 불러도 대답이 없길래 들어왔더니, 우리 따님께서 너무너무 열심

히 공부하시느라고 못 들으셨네요."

엄마가 눈을 흘기시면서 말씀하셨다.

전자제품 회사에 다니시는 아빠가 이 광경을 보시더니,

"MP3에서 사용하는 기술에 그대로 당했구나."하시며 웃으셨다.

아무래도 엄마의 불호령이 떨어질 것 같아, 얼른 아빠에게 그게 무슨 말씀이시냐고 달려가 물었다. 이럴 때는 아빠가 구세주다.

하지만 난 밥을 먹으면서 무려 한 시간 동안이나 아빠에게서 MP3, 마스킹, 압축에 대하여 강연을 들어야 했다. 너무너무나 복잡한 말이라 다 알아들을 수는 없었지만, 결론을 말하자면 MP3가 날 속이고 있었단다! 세상에 믿을 것 하나 없다더니. 아름다운 소리로 그렇게 날 속여왔단 말인가? 하지만 앞으로도 난 이 작고 사랑스러운 MP3에 날마다 속을 것 같다.

도플러와 맥풀려의 연구실

교과서에서 찾아보기

중학교 1학년 파동
중학교 2학년 자극과 반응
고등학교 1학년 파동 에너지
고등학교 1학년 자극과 반응
고등학교 물리 I 파동과 입자

안녕하세요? 박사님. 오늘도 골동품 만지고 계시네요.

녀석, 말버릇하고는. 골동품이 아니라, 음악 애호가의 고상한 취미다. 레코드판만이 가져다주는 감동을….

아, 또 그 얘기 하시려구요. 10번만 더 들으면 100번 채우실 것 같은데요. 레코드판의 역사부터 시작하실 거죠?

어떻게 알았지? 그나저나 그 목걸이는 뭐냐?

아, 이거요? 제가 거금을 주고 산 MP3에요. 사실 저도 음악을 즐겨듣는 편이라서, 항상 좋은 음질을 가진….

어휴, 또 시작이구나. 얼마 전에 산 MP3는 중고로 팔고 신상을 구입했는데 성능이 어쩌고저쩌고 할 거지? 벌써 몇 개째냐?

히힛. 역시 박사님과 저는 뭔가 통해요. 방식이 좀 다르지만요. 그런데, 박사님. MP3는 왜 MP3인가요?

사람들이 보통 MP3라고 말하는데, MP3 player나 MP3 재생기라고 해야 제대로 부르는 것이지. MP3 형식의 소리파일을 재생해주는 기계를 말한단다.

그럼 CD를 들을 수 있는 것를 CDP라고 부를 때에 P는 player라는 뜻이군요.

그렇지. 하지만 음질만을 따지자면 MP3는 아무래도 한계가 있어.

오늘은 그것을 좀 알려주세요. 매번 MP3와 레코드판은 다르다고 하시는데, 도대체 어떤 차이가 있는 거죠?

> **MP3**
>
> MP3는 MPEG1 Audio Layer 3의 약자로, 소리를 압축하는 방식이다. 컴퓨터 파일의 확장자를 MP3로 쓰면서 널리 알려졌다. 참고로 MPEG은 Moving Picture Experts Group의 약자로, 동영상 정보의 전송과 압축 등을 연구하는 전문가 집단이란 뜻이다. 그런데 요즘은 압축기법의 이름으로 더 널리 쓰인다.

❇ 들을 수 있는 소리의 범위

MP3는 원래 음을 모두 들려주는 것이 아니라, 귀속임을 하는 기술이 들어있거든. 그래서 기본적으로 차이가 있어.

네? 귀속임이요? 눈속임도 아니고….

그래. 귀를 속이니 귀속임이지. 하지만 먼저 귀에 들리는 소리에 대하여 좀 알고 있어야 하지 않겠니?

물체가 흔들리면 공기와 같은 매질을 통하여 진동이 전달되는 것이 소리지요.

잘 알고 있구나. 그렇다면, 모든 진동이 다 귀에 들릴까?

그건, 음…. 안 그래도 오늘 여쭈어보려고 했거든요.

소리의 3요소

사람이 소리를 인식할 때는 소리의 높낮이, 세기, 맵시를 구분한다. 소리의 높낮이는 진동수, 세기는 진폭, 맵시는 파의 모양과 관련이 있다. 그러나 소리를 인식하는 것은 기본적으로 개인마다 조금씩 차이가 있으며, 훈련을 통하여 예민하게 구별할 수 있는 능력을 기를 수도 있다.

소리를 들을 수 있는 범위

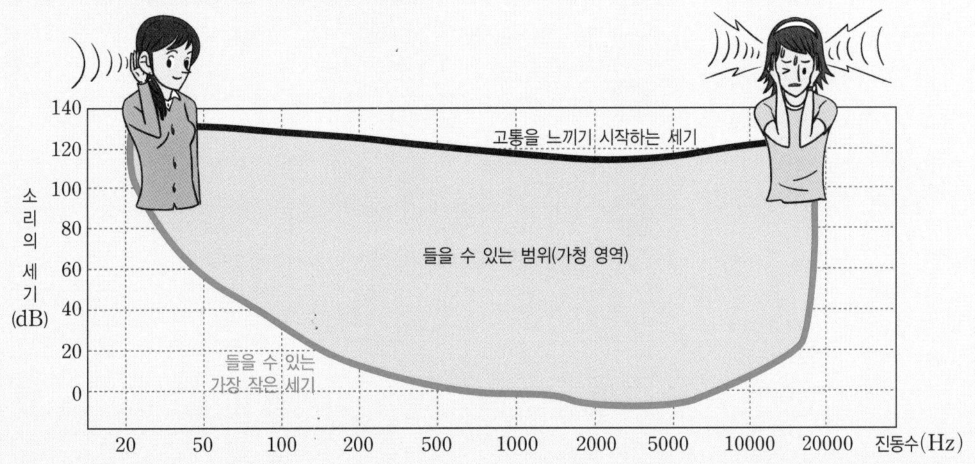

사람은 20～20000Hz 사이에 있는 소리를 모두 들을 수 있는 것이 아니다. 낮은 진동수의 소리는 어느 정도 이상의 값이 되어야 들을 수 있다. 예를 들어 100Hz의 소리가 20dB의 세기로 소리가 나면 제대로 들을 수 없지만, 60dB이라면 들을 수 있다. 그런데 진동수가 커지면서, 들을 수 있는 최소 세기가 점점 작아진다. 예를 들어 1000Hz의 소리라면 10dB라도 충분히 들린다. 하지만 5000Hz 이상이 되면 들을 수 있는 소리 세기의 최소값이 반대로 점점 커져, 소리를 쉽게 들을 수 없다. 그렇다고 소리의 세기가 크다고 좋은 것만은 아니다. 소리가 약 120dB 이상이 되면 진동수에 상관없이 대부분 귀가 아프다. 이처럼 사람이 제대로 들을 수 있는 가청 진동수와 세기의 범위가 정해져 있는데, 이를 합쳐 '가청 영역'이라고 한다.

가청 진동수 범위

동물	가청 진동수(Hz)
코끼리	16～12000
사람	20～20000
개	50～40000
고양이	60～65000
돌고래	150～150000
박쥐	1000～120000

요 녀석이 잔머리만 늘었구나. 사람마다 차이는 있지만, 보통 20～20000Hz 사이의 소리를 들을 수 있단다.

그러고 보니 예전에 배운 것 같아요.

그런데 모든 진동수가 다 똑같은 크기로 들리는 것은 아니란다. 진동수에 따라서 들을 수 있는 최소값이 다르기 때문이지.

네? 그건 또 무슨 말씀이세요?

2000～4000Hz 영역에서 가장 예민하게 들을 수 있고, 이보다 낮거나 높으면 귀가 둔하게 반응한다는 말이다.

좀 더 구체적으로 설명해 주세요.

보통 우리가 겨우 들을 수 있는 소리를 0dB이라고 하는데, 이것은 1000Hz를 기준으로 한 것이지. 예를 들어 같은 40dB라도 50Hz일 때는 가청 영역 밖이라서 들리지가 않지만, 40dB 세기로 3000Hz의 소리가 들리면 또렷하게 잘 들린단다.

진동수에 상관없이 그냥 똑같은 세기로 듣는 것이 아니었네요.

그렇지. 이렇게 귀를 알아야 속일 수가 있단다. MP3압축 방법 중 하나이기도 하지.

❋ 귀를 가리는 가면, 마스킹 효과

시간차에 의한 마스킹

마스킹은 다른 소리 때문에 듣고자 하는 소리를 잘 듣지 못하는 현상이다. 마스킹은 비슷한 진동수의 소리가 들릴 때에 주로 일어나지만, 진동수 차이가 크더라도 소리가 들리는 시간에 미묘한 차이가 있을 때에도 일어난다. 예를 들어 큰 소리가 들린 후에는 약 0.1초 동안 마스킹 효과가 일어나서 다른 소리를 듣기가 어렵다.

어떤 악기가 30Hz에 해당하는 소리를 내더라도 소리 세기가 가청 영역보다 작으면 파일에 저장하지 않아도 되겠네요.

녀석, 제법이구나. 그런데 그것으로는 부족해. MP3 파일이 인터넷에서 자주 쓰이는 이유는 압축을 해서 용량이 작기 때문이지.

압축하면 당연히 좋은 거 아니예요?

아무래도 압축을 많이 하려면 자료 중에서 일부를 저장하지 않는 것이 제일 좋겠지?

하지만 그렇게 하면 소리가 다르잖아요? MP3는 그다지 소리 차이가 없던데요.

그건 바로 우리 귀가 일종의 가면을 쓰고 있기 때문이지. 소리의 가면이라고나 할까?

귀속임에 가면에…. 뭘 그리 숨기는 게 많지?

MP3를 들으면서 집에서 나왔다고 하자. 집에서는 잘 들리던 음량인데, 지하철이나 버스를 타면 노랫소리가 작아지지?

그야, 당연하죠. 다른 소리가 더 크니까 그렇지요, 뭐.

그렇다고 해서 네 귀에 들리던 음악소리가 왜 작아질까? 한번 생각해 봐라. 음량을 줄인 것도 아닌데….

어, 정말. 전 그냥 단지 버스를 타면 시끄러워서 소리가 안 들린다고만 생각했는데, 다시 생각해보니 이상하네요.

바로 이런 것을 '마스킹 효과'라고 한단다. 다른 소리가 방해해서 내가 듣고자 하는 소리를 제대로 못 듣는 현상이지.

마치 마스크를 쓰면 얼굴을 제대로 못 알아보는 것처럼요?

그렇지. 결국은 실제 발생하는 음파와 귀에 들리는 소리에 차이가 있다는 뜻이지.

내 흉이 잘 들리는 이유

시끄러운 콘서트장에서도 내 친구가 말하는 것은 다른 사람들이 떠드는 것보다 더 잘 들리는 느낌이 든다. 사람의 귀는 여러 음원이 있을 때, 자신이 듣고 싶어 하는 소리를 골라 들을 수 있다. 이것을 '칵테일 파티 효과'라고 한다. 그래서 누군가가 내 흉을 보면 유난히 잘 들린다. 하지만 음원 사이의 진동수 차이가 작을 경우에는 듣고 싶은 소리일지라도 마스킹 효과 때문에 쉽게 구별할 수가 없다.

❊ 달팽이관은 진동수 분석기

그런데 평소에는 잘 듣다가 왜 어떤 때는 못 듣는 것이지요? 차이가 뭔가요?

소리가 귀에 도달하면 달팽이관에서 진동수별로 분석을 한단다. 진동수 분석기라고나 할까?

하지만 기계 장치와는 뭔가 다르잖아요.

달팽이관 중에서 고막에 가까울수록 높은 진동수를, 멀수록 낮은 진동수를 주로 분석하지. 그런데 기계와는 달리 분석 영역이 명확하게 구분되는 것은 아니란다.

그거랑 소리가 잘 안 들리는 것이랑 무슨 상관이지요?

그러니까 예를 들어 1000Hz를 분석하고 있으면 그 부근에 해당하는 진동수들을 제대로 들을 수가 없단다.

좀 더 구체적으로 설명해 주세요.

귀구조와 진동수 분석

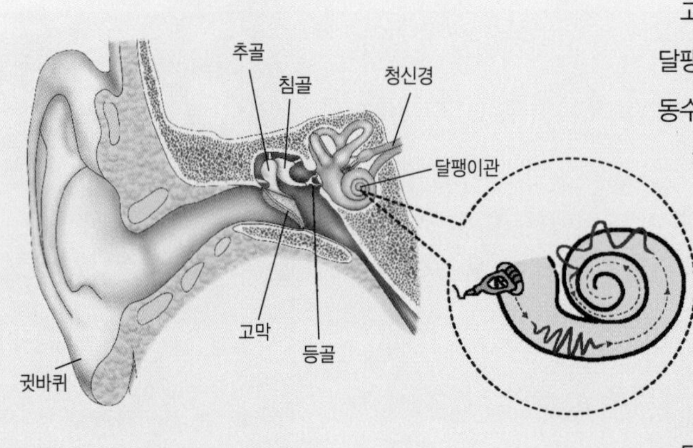

고막의 진동이 추골, 침골, 등골을 거쳐 달팽이관까지 전달되면, 달팽이관에서는 진동수를 분석한다. 그런데 진동수별로 분석하는 구역이 기계처럼 명확하게 구분된 것은 아니다. 예를 들어 1000Hz의 진동수가 전달되었다고 하자. 그러면 달팽이관의 어느 한 군데서만 이를 분석하는 것이 아니라, 거의 모든 구역에서 감지한다.

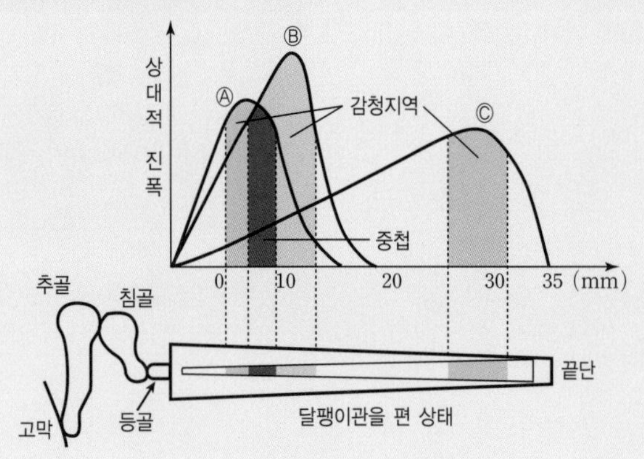

다만 정도의 차이는 있다. 둘둘 말려있는 달팽이관을 펴서 설명하자면 말린 끝단 쪽은 낮은 진동수를, 등골에 붙은 쪽은 높은 진동수를 잘 감지한다. Ⓑ와 Ⓒ처럼 진동수 차이가 크면 달팽이관의 진동수 분석 부위가 달라 두 소리가 모두 들린다. 그런데 Ⓐ와 Ⓑ처럼 비슷한 진동수의 소리가 들리면 분석 부위가 겹치므로, 두 소리를 명확히 구분하지 못하고, 크게 들리는 소리(Ⓑ)만 인식한다.

1000Hz와 1100Hz의 두 음이 있는데, 1000Hz의 소리가 1100Hz의 소리보다 100배 가량 크다고 하자. 어떻게 들릴까?

뭐, 그야 1000Hz는 크게 들리고 1100Hz는 작게 들리겠죠.

흔히 그렇게 생각하지만, 그렇지 않단다. 우리는 이럴 때 1000Hz 소리만 듣고, 1100Hz의 소리는 거의 듣지 못하지. 이 두 소리를 기계로 분석하면 분명하게 구별되지만, 달팽이관은 구별을 못한단다.

치, 음악 듣다보면 낮은 음이 크게 들릴 때, 높은 음이 작게 나와도 들리던데요?

두 음의 진동수가 확 차이나면, 둘 중 한 음의 음량이 작더라도 분명하게 귀로 구분할 수 있거든. 이는 달팽이관의 서로 다른 영역에서 음을 분석하기 때문이란다.

와, 신기하네요.

버스에서는 여러 진동수 대의 소음이 크게 발생한단다. 그러다보니 작은 음량으로 음악을 들으면, 큰 기계 소음 때문에 마스킹 효과가 생겨 음악을 제대로 듣기가 어렵게 되는 것이지.

그럼 음악 소리가 너무 커서 다른 소리를 못 듣는 것도 일종의 마스킹 효과네요.

그렇다고 할 수 있단다.

❊ 못 듣는 것을 빼버리고 압축하는 MP3

그렇군요. 그런데 MP3는 이거랑 무슨 상관이 있나요?

압축하려면 필요 없는 것은 빼는 것이 좋다고 했지? 그러니까 MP3 파일을 만들 때, 마스킹 효과로 안 들리는 부분은 과감히 버린단다.

그런 방식으로 자료 크기를 줄일 수 있군요.

그렇지. 귀에 들리는 소리, 꼭 필요한 진동수의 소리만 남겨두는 것이란다.

하지만 박사님, 좀 이상한 부분이 있어요. 결국 생략된 소리는 귀에서 잘 듣지 못하는 소리잖아요. 그런데 박사님은 왜 MP3를 싫어하세요?

나처럼 귀가 예민한 사람은 바로 그 빠진 부분을 느끼거든. 소리를 듣는 것은 사람마다 차이가 있기 마련이지.

저도 이해할 수 있어요. 좀 다르기는 하지만요. 수업 시작종 소리는 잘 못 들어도, 수업 끝나는 종소리는 졸다가도 기가 막히게 듣거든요.

❋ 안 버리고 압축하기

또 맥 빠지는 소리를 하는구나. 오늘은 이제 그만 할까?

하나만 더요. 제가 컴퓨터를 하면서 가끔 자료를 압축하

jpg 대 mp3

소리 파일에서 마스킹 효과를 감안하여 압축을 하듯이, 그림 파일에서도 이와 비슷한 방식을 부분적으로 사용한다. 대표적인 방식이 JPEG인데, 본래는 Joint Photographic Coding Experts Group이라는 연구자 모임의 이름이었으나, 현재는 MPEG처럼 일종의 압축 기술을 뜻하는 용어로 더 널리 쓰인다. 인터넷에서 널리 쓰이는 jpg 확장자 파일이 바로 이 기술을 이용한 것이다.

원리는 소리의 마스킹 효과와 비슷하다. 사람의 눈은 큰 범위에서는 밝기와 색의 차이를 잘 구별하지만, 좁은 범위에서 정확한 명도 차이를 구분하는 데에는 한계가 있다. JPEG는 바로 사람의 눈이 가지는 한계를 압축에 이용한 것이다. 청각의 마스킹 효과처럼 사람의 감각으로 구별하기 어려운 부분을 과감하게 생략하였다는 점에서 jpg와 mp3는 비슷하다.

위 사진은 압축에 따른 차이를 뚜렷하게 보여준다. 참고로 오른쪽으로 갈수록 압축이 많이 된 상태이다.

는데요, 정보가 없어지지는 않거든요. 글자가 들어 있는 자료는 어떻게 압축하나요? 연애편지에서 한두 글자라도 없어지면 곤란하잖아요. '나 너 없이 못 살아'가 '너 없이 살아'가 되면 큰일나지요.

오호, 좋은 질문이다. 압축은 짐 싸는 거랑 비슷하단다. 여행에 그다지 필요 없으면, 그것만 빼고 짐을 싸면 되지만, 꼭 필요한 것은 최대한 부피를 작게 만들어야지.

당연하죠. 꽉 눌러서 공기를 최대한 빼고 가방에 넣어야지요. 제가 그런 것은 잘 하거든요.

연구나 좀 잘 하지 그러냐? 아무튼 예를 들어 aaaabbbiiii라는 숫자를 저장한다고 하자. 원래는 총 10자이다. 그런데 어떻게 줄일 수 있을까?

글자 사이에 공기가 있는 것도 아닌데 어떻게 줄여요?

규칙을 찾으면 된단다. 간단히 이해할 수 있는 한 가지 방법을 알려주마. a가 4번, b가 3번, i가 4번 반복되지? 그러면 a4b3i4라고 해보자. 어때? 6자로 줄어들었지.

그러면 되겠네요. 그리고 압축을 풀 때는 그 규칙을 반대로 이용하면 되겠네요.

그렇지. 참고로 이렇게 자료를 생략하지 않고, 모두 저장하는 방식을 '비손실 압축'이라고 한단다. 문서를 저장할 때는 이런 방식을 이용하지.

그러면 MP3 압축하고는 다르네요. MP3는 사람이 듣지 못하는 소리를 과감하게 없애잖아요.

그래, 일단 마스킹 현상 등으로 인해 사람이 못 듣는 소리 영역을 제외하지. 그런 다음 나머지 부분은 여러 가지 압축 방법으로 줄여주는 거란다.

그러니까 꼭 필요한 옷, 세면도구, 비상식량만 딱 추려서 배낭에 넣는 거랑 똑같네요. 안 그래도 내일 놀러가야 하는데, 잘 되었네요. 그럼 내일 '압축 실습'이 있어 이만 물러가겠습니다.

확장자로 알아보는 컴퓨터 압축 파일들

흔히 압축 파일이라는 하는 컴퓨터 파일 자료들은 alz, zip, rar 등으로 끝난다. 이것은 자료를 그대로 보존하므로 '비손실 압축'이다. 그러나 mp3 소리 파일, jpg 그림 파일, mpg 동영상 파일 등은 자료의 일부를 생략하고 압축하므로 '손실 압축'에 해당한다.

한번 해봐요

UCC의 핵심은 압축

준비물

녹음이 가능한 MP3 재생기와 연결선, 디지털 카메라나 촬영 기능이 있는 휴대전화와 연결선, 컴퓨터, 음향 프로그램(MP3 변환용)

해보기

❶ 적절한 음향 프로그램(MP3 재생기를 살 때 함께 준 CD에 들어 있거나, 웹사이트에서 내려받기가 가능함)을 컴퓨터에 설치한다.
❷ MP3 재생기를 이용하여 약 10초 정도 자신의 목소리나 다른 소리를 녹음해보자.
❸ 녹음이 끝난 후, MP3 재생기를 컴퓨터에 연결하여, wav 파일로 만든다(참고로 MP3 재생기 대신에 마이크를 일반 개인용 컴퓨터에 연결하거나, 마이크가 내장된 노트북을 이용하는 방법도 가능하다).
❹ 파일 변환이 가능한 프로그램을 이용하여 mp3 파일로 만든다.
❺ 이 두 파일을 각각 재생하여 음질을 비교해보자.
❻ 컴퓨터에서 두 파일의 파일 크기를 확인해보자.

더 해보기

❶ 디지털 카메라나 휴대전화를 이용하여 되도록 같은 사물을 찍되, 화질을 달리 한다.
❷ 컴퓨터에 연결하여 그림 파일을 옮긴다. (디지털 카메라로 같은 사물을 찍기가 어렵다면, 찍은 사진 중에서 하나를 정한 후 그림 편집 프로그램을 이용하여, 화질을 낮추어 새로 저장한다.)
❸ 화질이 다른 그림 파일을 모니터에 같은 크기로 확대하여 관찰한다.
(참고로 오른쪽 사진의 파일 크기는 왼쪽 사진의 1/4 정도에 해당한다.)

아하, 그렇구나!

해보기 해설 일반적으로 MP3 재생기로 녹음을 하여 컴퓨터로 옮기면 파일 이름 뒤에 wav가 붙는 파일 형식이 된다. 그리고 이를 mp3 형식으로 바꾸면 파일 크기가 줄어든다. 녹음된 소리의 종류, 압축 정도에 따라서 차이가 있지만 원래 파일 크기의 1/5정도로 줄여도, 웬만큼 예민한 사람이 아니면 거의 구분을 하지 못한다.

내목소리.mp3	126KB	MP3 형식 사운드
내목소리.wav	625KB	Wave 소리

더 해보기 해설 같은 사진이라도 화질을 달리하면 압축 정도가 달라진다. 화질이 좋을수록 생략되는 부분이 적은 대신에, 파일 크기가 크다. 반대로 인터넷 등에서 빨리 주고받고 싶다면, 화질이 조금 떨어지더라도 파일 크기가 작은 것이 유리하다.

압축은 컴퓨터에서 꼭 필요한 기술이다. UCC는 User Created Content의 약자로 컴퓨터를 사용하는 보통 사람들이 어떤 내용을 글, 사진, 음성, 동영상 등으로 만든 것을 뜻한다. UCC라는 말을 자주 사용할 정도로, 최근에는 개인용 휴대전화, 디지털 카메라 등을 이용하여 인터넷에 쉽게 사진이나 동영상 등을 올릴 수 있다. 컴퓨터와 인터넷망의 성능이 좋아지기는 했지만, 여전히 파일 크기가 작을수록 인터넷으로 파일을 올리고 내려받기가 편하다. 이처럼 UCC의 핵심에는 압축 기술이 있다.

진정한 패션은 안전으로부터

모처럼 가족들과 도시락을 싸가지고 하늘공원에 나들이를 갔다. 바람에 풀 냄새가 실려 와 기분이 상쾌했다. 언덕 마다 나들이 나온 가족들이 자리를 잡고 도시락을 까먹고 있었다. 우리 가족도 자리를 잡고 앉아, 엄마께서 아침부터 바쁘게 준비하신 김밥을 꺼내 먹으며 도란도란 이야기하고 있었다.

한참을 깔깔대며 웃고 있는데, 저만치서 나를 부르는 소리가 들렸다.

민호였다. 늘 나보다 성적이 앞서는 데다가 내가 좋아하는 소리에게 사랑 고백까지 받은, 눈엣가시 같은 애다. 저번에 인라인 경주를 했는데 안타깝게 한 발 차이로 지고 말았다.

"저 밑으로 가면 인라인 타기 짱 좋은 데 있어. 함께 타러 갈래?"

"좋지! 함 달려볼까?"

난 아빠께 인라인 스케이트를 꺼내 달래서 황급히 신었다. 한 발을 내딛으려는데,

"바람아! 안전모랑 보호대도 착용해야지!" 하는 엄마의 목소리가 들렸다.

"괜찮아. 그거 쓰면 머리 눌려서 스타일 구겨져요. 그냥 갔다 올게요." 라는 말을 남기며 민호의 뒤를 따랐다.

5분이 지났을까? 구름다리가 나타났다. 약간 등이 굽은 아치형 다리다. 이정도야….

오를때는 가볍게 올랐는데 내려가려니 생각보다 경사가 심했다. 그래도 내려갈 때 속도를 내면 민호를 앞지를 수 있을 것 같아 힘껏 다리를 저었다.

'조금만 더, 조금만 더.'

맘속으로 외쳐대며 속도를 내고 있는데, 길 위에 있던 돌을 피하려다 그만 넘어지고 말았다. 나도 모르게 민호의 팔을 잡아 당겼고, 그 덕에 우린 함께 우당탕 쿵쾅.

넘어질 때 슬라이딩을 제대로 했는지 이마가 부어오르고, 손이 쓸리고, 무릎이 까졌다. 헉. 피까지….

난 아파서 일어나지도 못하고 있는데 민호는 곧장 일어나서는 먼지를 툭툭 터는 게 아닌가…. 이 녀석은 안 다쳤나? 그제서야 자세히 보니 민호는 안전모는 기본이고 무릎보호대, 팔꿈치보호대, 게다가 안전장갑까지 끼고 있었다.

"이럴 때를 대비해서 안전장비를 착용했어야지. 넌 나 따라 오려면 아직 멀었어." 라는 말을 남기며 민호는 유유히 사라졌다. 얄미운 자식. 혹시 일부러 이리로 데려온 거 아냐?

'윽. 다음엔 안전장비를 착용하고 열심히 달려서 꼭 너를 이기고야 말테다.'

상처난 손으로 주먹을 불끈 쥐며 다짐했다.

도플러와 맥풀려의 연구실

교과서에서 찾아보기
중학교 2학년 여러 가지 운동
고등학교 1학년 에너지
고등학교 생활과 과학 안전한 생활

맥, 이마에 웬 상처냐?

아~ 이거요? 제가 인라인 스케이트를 타고 가다가, 돌이 있기에 급하게 피했죠. 그런데 균형을 잃어서 결국 넘어졌어요.

안전모를 안 쓰고 탔구만. 인라인 스케이트를 타려면 안전모를 쓰고 타야지.

스타일 구긴단 말이에요, 촌스럽게. 그리고 불편하기도 하고요. 그런 것은 초보나 쓰는 거예요. 전 필요 없다고요, 뭐.

무슨 소리! 프로 선수들도 안전장비를 착용하는 것을 모르느냐? 아무리 조심한다고 해도 언제 사고가 날지 모르는 법! 그렇게 다치다간 안 그래도 좋지 않은 머리 더 나빠질텐데….

치, 박사님! 그깟 모자 하나 안 쓴 것을 가지고, 무슨 그런 섭섭한 말씀을 하세요.

두개골로 둘러싸인 뇌
두개골은 머리에 가해지는 외부 충격으로부터 뇌를 보호한다.

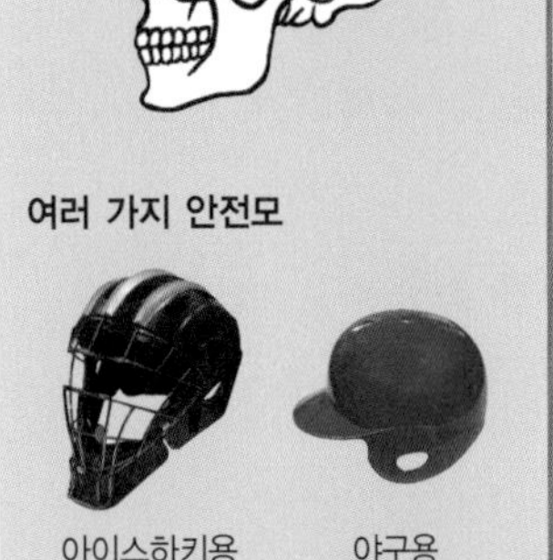

여러 가지 안전모

아이스하키용 야구용

작업용 오토바이용

❋ 안전모란?

그깟 모자 하나라니? 우리 몸의 중요한 뇌를 보호하는데 안전모가 얼마나 중요한데.

치, 뇌가 중요한 것은 저도 알아요.

물론 뇌를 보호하기 위해 단단한 두개골이 뇌를 감싸고 있지만, 그것만으로는 부족하단 말이지. 그래서 일을 하

거나 운동을 할 땐, 머리가 다치지 않도록 안전모를 꼭 써야하는 거야.

공사장에서 아저씨들이 일할 때 안전모를 쓰고 있는 걸 저도 봤어요. 그렇지만 뭐 인라인 탈 때까지 안전모를 쓰는 건 좀….

인라인 스케이트나 자전거는 속력이 빠르고 몸이 노출된 상태로 타기 때문에, 운동용 안전모와 보호 장비가 꼭 필요하단다.

하긴, 오토바이나 야구 선수들도 안전모를 썼던 것 같아요.

그래. 목적과 용도에 따라 다양한 안전모가 있지. 운동용 안전모는 운동을 하다가 머리에 발생하는 충격을 완화할 수 있어야 하고, 벗겨지는 것을 막기 위해 턱끈과 같은 장치가 있어야 하지. 또 통풍이 잘 되도록 구멍을 내기도 한단다.

안전모의 명칭과 기능

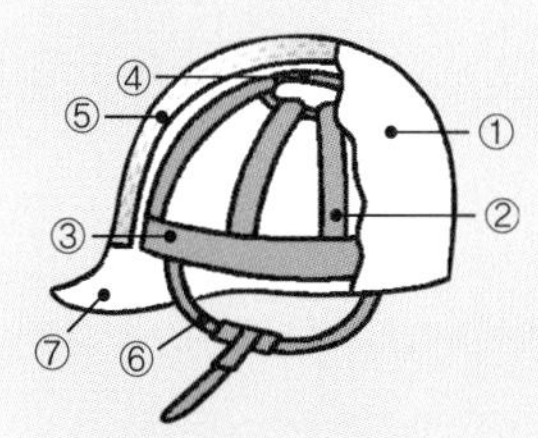

① **모체** | 쓰는 사람의 머리부위를 덮는 주된 부분

② **머리받침끈**
③ **머리고정대**
④ **머리받침고리**
↕ **착장제**(안전모를 머리부위에 고정시켜줌)

⑤ **충격흡수재** | 충격이 가해졌을 때, 착용자의 머리부위에 전해지는 충격을 완화하기 위하여 안쪽에 붙이는 것

⑥ **턱끈** | 모체가 착용자의 머리부위에서 탈락하는 것을 방지

⑦ **모자챙** | 햇빛을 가리는 역할

운동량과 충격량

운동량

물체의 질량(m)과 속도(v)의 곱으로 나타내는 물체의 운동 효과를 운동량(p)이라고 한다.

운동량 = 질량 × 속도

$p=m\times v$ (단위 : kg · m/s)

충격량

운동하는 물체에 힘을 가하면 속도가 변하므로 운동량이 변화하게 된다. 이때 물체에 가해진 힘이 클수록, 이 힘을 가한 시간이 길수록 운동량의 변화량은 커진다. 이것을 충격량(I)이라고 하고, 이것은 물체의 운동량 변화와 같다.

충격량 = 충격력 × 시간

$I=F\times t$ (단위 : N · s)

충격력

두 물체가 충돌할 때 충돌에 의해 물체에 순간적으로 가해지는 힘을 말한다.

❊ 운동하는 물체의 운동량

어쨌든 다음에는 안 넘어질 자신이 있어요, 뭐.

하지만 오늘과 같은 일은 언제든지 일어날 수 있지. 그런데 만일 네가 스케이트를 신고 천천히 달렸다면 어떻게 되었을까?

넘어질 때 땅에 덜 세게 부딪쳤겠죠.

세게 넘어졌다는 것은 그만큼 네 운동량이 컸다는 것이지.

운동량이요?

운동하는 물체는 질량이 크고 속도가 빠를수록 정지하기 어려워진단다. 이와 같은 물체의 운동 효과를 '운동량'이라고 한단다.

운동량이란 게 부딪칠 때 아픈 거랑 무슨 상관인데요?

생활 속의 충격흡수

신발창

카메라 가방

자동차 범퍼

경기장 트랙

❊ 충돌시간 길수록 충격력 줄어

네가 달리다가 다른 사람이나 벽과 충돌할 때, 충돌 전 운동량과 충돌 후 운동량 차이를 우리는 '충격량'이라고 말한단다.

다른 사람과 부딪치면서 제가 좀 충격을 받긴 했지요.

그건 좀 더 정확히 말해서 충격력이야.

충격력? 충격량? 헷갈리는데요.

네가 인라인 스케이트를 타고 가다가 벽에 부딪쳐서 멈춘다고 생각해 보자.

음, 그럼 혹시 운동량이 달라진 건가요?

그래 맞았어. 그런데 네가 단단한 벽과 폭신 폭신한 벽 중에서 어느 것과 충돌할 때 덜 아플까?

그야 푹신한 벽이지요.

그렇지. 그런데 왜 그럴까?

벽이 부드러우니까? 음, 잘 모르겠어요.

어느 벽에 충돌하든지 넌 같은 충격량을 받게 된다. 그런데, 충돌하는 벽이 푹신하다면 운동량이 변하는 시간이 길어지게 되고, 시간이 길어질수록 더 적은 충격력을 받게 되는 거란다. 즉, 힘이 다르단다.

❇ 안전모의 충격흡수 기능

그러면 안전모를 쓰는 것은 머리에 충격력이 가해지는 시간을 길게 해주기 위해서인가요?

이제야 제대로 이해했구나.

그런데 어떻게 충돌시간이 길어지죠?

안전모의 충격흡수성 실험

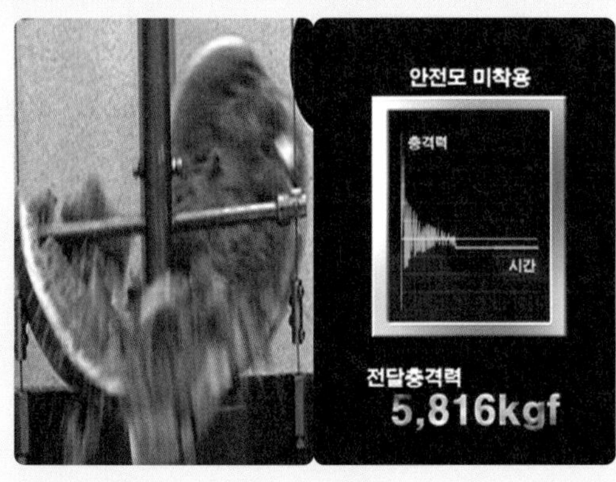

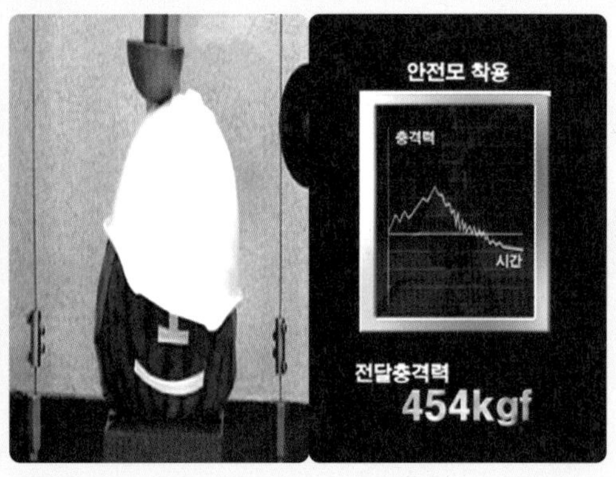

추(3.6kg)를 높이 1.524m에서 떨어뜨리는 실험을 했을 때 수박에 안전모를 안 씌운 경우(좌)와 안전모를 씌운 경우(우)를 비교한 사진이다.(출처 : KBS2TV 위기탈출 넘버원)

안전모를 쓰지 않았을 때는 충격력이 5816kgf(약 57000N)이지만, 안전모를 쓴 경우의 충격력은 454kgf(약 4400N)이다. 이처럼 안전모를 쓰면 충격력이 약 $\frac{1}{12}$로 줄어든다.

안전모의 충격흡수 과정

안전모에 충격을 가하면, 충격흡수재가 찌그러지면서 충돌시간이 길어져 머리에 가해지는 충격력이 줄어든다.

안전모의 본체는 특수 플라스틱과 같은 단단한 재료로 만들어지지. 그런데 정말 중요한 것은 그 내부에 있는 충격흡수재 부분이란다.

충격흡수재요?

말 그대로 충격력을 줄여주는 재료인데, 대개 스티로폼이나 플라스틱을 거품 모양으로 만든 것이란다.

안전모가 충격을 받으면 충격흡수재가 찌그러지나요?

그렇지, 충격흡수재가 충격을 흡수하면 모양이 찌그러지면서 시간이 길어지게 되지.

마찬가지로, 충돌시간이 길어지니까 머리에 가해지는 충격력이 줄어드는 것이네요.

녀석, 제법이구나.

안전모의 충격흡수재

안전모의 충격흡수재인 EPS는 Expended Polystyrene의 약자로 발포폴리스티렌이라고 한다. 폴리스티렌수지에 펜탄(pantane : C_5H_{12})이나 부탄과 같은 발포제를 첨가시켜 증기로 부풀린 발포제품으로서 내수성, 단열성, 방음성, 완충성 등이 뛰어나 컵, 그릇, 육류 포장용기, 전자제품 운송용 포장재, 건축재료 등으로 사용한다.

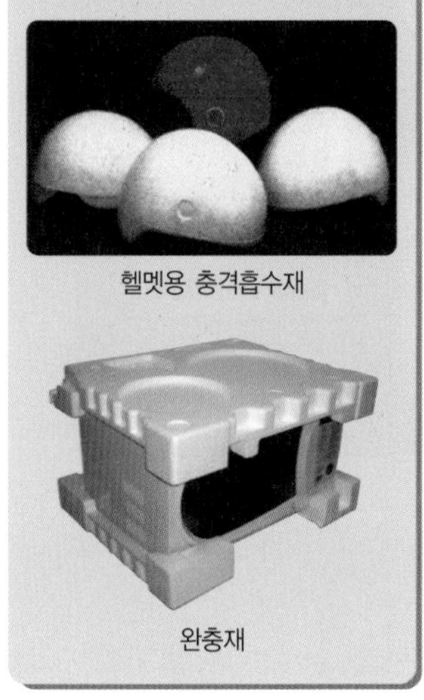

헬멧용 충격흡수재

완충재

❊ 충격흡수 기능의 일회성

하지만 주의할 점이 있다! 한 번 심한 충격을 받은 안전모는 겉은 멀쩡해 보여도 내부 충격흡수재가 찌그러졌기 때문에 다시 사용해서 안 된단다.

안전모는 1회용이나 다름없네요.

큰 충격을 받지 않았다고 하더라도, 5년 정도가 지나면 새 안전모로 바꾸어 주는 것이 좋다.

안전모에 유효기간이 있다는 것은 몰랐어요.

인라인 스케이트는 매우 빠른 속도로 움직이는 운동이니까, 헬멧이나 보호 장비가 없으면 크게 다칠 수 있다는 것을 명심해야 한다.

네! 앞으로는 헬멧을 꼭 쓸게요. 그런데 지금 제가 돈이 없으니까 박사님 것 좀 빌릴게요. 고맙습니다.

충격을 줄여주는 달걀 포장

계란으로 바위치기, 누란지세(累卵之勢) 등과 같은 말이 있듯이 달걀은 깨지기가 매우 쉽다. 그래서 달걀을 포장하거나 운반할 때에는 주의가 필요하다.

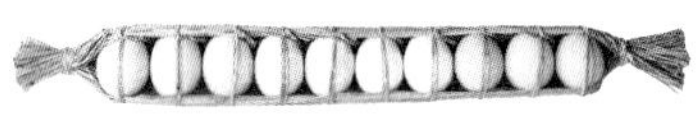

짚으로 만든 포장재

과거 우리 조상들은 볏짚을 이용해 달걀을 포장하였다. 농경사회인 우리나라에서 볏짚은 손쉽게 구할 수 있었고, 줄기 속이 비어있어서 가볍고, 쉽게 모양을 만들 수 있으며, 쿠션 역할을 하여 외부의 충격을 줄여줄 수 있기 때문이다.

현대의 산업사회로 넘어오면서, 양계장에서 닭이 대량으로 사육되었고 달걀 생산도 급격하게 늘어났다. 그러면서 포장재 역시 공장에서 쉽게 대량으로 제작할 수 있는 플라스틱 포장재로 바뀌게 되었다. 반투명의 플라스틱 포장재를 아직도 주변에서 쉽게 볼 수 있다.

플라스틱 포장재

최근에는 환경보호가 사회적으로 중요한 문제로 인식되면서 친환경적인 소재의 포장재로 눈을 돌리게 되었다. 그래서 식물성 섬유질로 만든 달걀 포장재가 사용되기도 한다. 또한 소득수준이 높아지고 소비습성이 고급화를 추구하게 되면서, 소비자의 시선을 끌고 신선도를 유지하는 디자인도 달걀 포장에 중요한 요인이 되고 있다. 식품점에 가면 두꺼운 종이나 골판지로 상자를 만들고, 겉은 시각적으로 예쁘게 만든 달걀 포장재를 볼 수 있다.

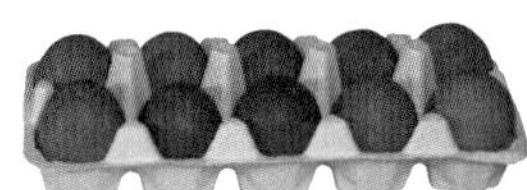

식물성 섬유질로 만든 포장재

하지만 역시 포장재의 첫째 조건은 가벼우면서도 쉽게 깨지지 않도록 하는 것이다. 오늘날과 같이 택배가 많은 현대 사회에서는 헬멧으로 머리를 감싸듯이, 포장재로 제품을 잘 싸는 방법이 매우 중요하다. 지금 이 순간에도 부피가 작고 가벼우면서도 충격을 잘 흡수하는 재료에 대한 연구가 계속되고 있다.

한번 해봐요

추락하는 달걀 보호하기

준비물 버블랩(일명 뽁뽁이), 여러가지 포장 충전재, 종이상자, 달걀, 줄자, 비닐 등

해보기

❶ 다양한 포장 충전재를 준비하여 모양이나 촉감을 비교하여 본다. 또 손가락으로 세게 눌러본다. 모양이 변하는가? 이번에는 한 손바닥 위에 포장 충전재를 놓고 다른 손으로 쳐본다. 맨 손바닥을 쳤을 때와 느낌이 어떻게 다른가?

❷ 벽면에 줄자를 붙이거나 일정한 간격을 표시하고(예를 들어 5cm 간격으로), 바닥에는 비닐을 깔고 실험 준비를 한다(날달걀인 경우 깨지면 바닥이나 주변을 더럽힐 수 있기 때문에).

❸ 달걀을 5cm부터 떨어뜨려서 달걀이 어느 높이에서 깨지는지 확인해 본다.

❹ 일정한 크기의 상자를 준비하여 달걀을 넣고, 다양한 포장 충전재로 빈틈없이 채운 후, 높은 곳에서 떨어뜨린다. 달걀이 깨지는가? 깨지지 않았다면, 왜 그럴까? 깨지지 않았다면, 더 높은 곳에서 떨어뜨린다.

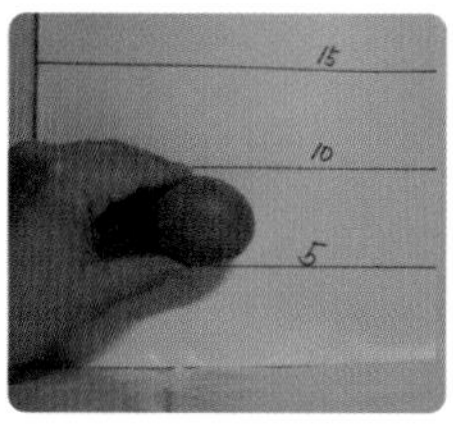

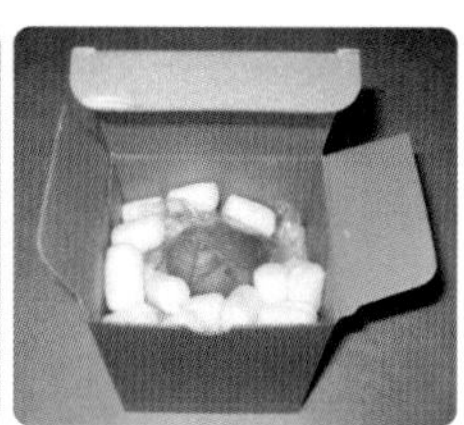

생각해보기 추락하는 달걀에서 포장재의 역할은 무엇인가?

아하, 그렇구나!

해보기 해설 주위에서 쉽게 구할 수 있는 발포비닐(뽁뽁이 또는 버블랩), 전분으로 만들어진 택배포장용 충전재, 저반발성 폴리우레탄(시계 같은 것을 포장할 때 쓰이거나 노트북용 파우치처럼 단단한 스펀지 같은 것), 스펀지 등을 이용하여 달걀에 가해지는 충격을 얼마나 흡수할 수 있는지에 대한 실험이다.

물체에 가해지는 충격을 흡수하기 위하여 사용하는 포장재는 종류에 따라 물리적인 힘을 가했을 때 모양이 완전히 변형되는 것도 있고(발포비닐, 폴리스티로폼 종류), 모양이 변했다가 힘을 제거하면 다시 원래 모양으로 되돌아가는 것도 있다(스펀지 종류). 또한 모양이 변하는 정도도 약간씩 달랐다. 외부 힘에 의해 모양이 완전히 변형된 포장재는 다음에 다시 사용할 수 없다.

달걀을 떨어뜨리는 실험에서는 아무런 겉포장을 하지 않은 채 달걀을 높은 곳에서 떨어뜨렸을 때, 대략 10cm 정도에서 깨진다. 물론 이것은 달걀이나 떨어지는 바닥의 재질에 따라 다를 수 있다.

포장재 종류에 따라 충격을 흡수하는 정도는 차이가 난다. 3층 높이에서 달걀을 떨어뜨렸을 때, 발포비닐로 포장한 경우 달걀이 깨지지만, 단단한 스펀지 재질로 된 포장 충전재와 전분으로 만들어진 택배용 충전재로 채운 경우는 깨지지 않는다.

생각해보기 해설 달걀을 포장 충전재로 포장하면 이보다 높은 곳에서 떨어뜨려도 깨지지 않는다. 달걀에 더 큰 충격량이 가해지더라도 포장 충전재에 의해 충격력이 작용하는 시간이 길어져서, 실제로 달걀에 가해지는 충격력이 줄어들었기 때문이다.

늘어났다 줄어들었다 하는 머리끈

오늘 "쇼! 음악이 중심"에 '원더우먼 걸스'가 나왔다. 그 멤버 중에서 나는 소이가 제일 좋다. 왜냐하면 나처럼 귀엽고 깜찍하기 때문이다. 음하하! 소이는 깜찍한 사과머리를 잘 하고 나온다. 아무래도 소이가 해서 그런지 더 귀여워 보인다.

내가 좋아하는 '수퍼 준이오'의 신덩 오빠도 이 머리가 너무 잘 어울린다. 하긴, 서인용, 장군석 등 요새 웬만큼 잘 나가는 연예인이라면 다들 한번씩 이 머리 모양을 하고 나오는 것 같다.

그래서 우리 반 애들도 너도나도 이 머리를 시도해보지만, 어쩐지 연예인들처럼 잘 어울리지는 않는다. 사실 이 머리가 쉬운 듯 보여도, 잘못하면 어설프고 촌스럽게 보일 수 있기 때문이다. 이 머리를 예쁘게 만들려면, 너무 머리를 반반하게 잡아 당겨서 묶어서는 안 되고, 자연스럽게 묶어 주어야 한다.

때마침 지연이가 놀러왔기에 사과머리를 만들어 보았다. 몇 번 시도해 봤지만 왠지 잘 안 되었다. 그래서 엄마께 도움을 청하기로 했다. 인터넷에서 찾은 사진과 설명을 보여주면서, 똑같이 해 달라고 말씀드렸다. 나름 소이를 꿈꾸며…. 엄마는 고무줄을 가져오라고 하시더니 순식간에 사과머리를 만들어 주셨다. 오~ 놀라운데! 고무줄 하나로 이렇게 스타일이 바뀌다니….

9월 7일 날씨: 흐림

하지만 그렇게 하고나서 거울을 들여다보니까, 어째 유치해 보인다. 솔직히 난 양갈래로 땋은 머리가 더 잘 어울린다. 그래서 엄마께 그냥 다시 양갈래로 땋아 달라고 하였다.

그런데 지연이는 자기도 소이가 돼보겠다며 우리 엄마한테 사과머리를 해 달라고 조르는 것이었다. 처음엔 그런대로 모양이 괜찮았다. 그런데 조금 있으니까 머리카락이 빠지면서 흘러내리는 것이었다. 엄마가 다시 해 주시긴 했지만, 두 번째도 역시 마찬가지였다. 머리카락을 묶다가 머리끈이 끊어져서 그냥 핀을 꼽았더니, 머리모양도 잘 안 나오고, 잘 유지되지도 않았다.

지연이는 결국 머리끈을 사야겠다며 액세서리 가게에 같이 가자고 했다. 이왕 따라 가는 거 나도 새로운 머리끈을 하나 사야겠다. 그런데 갑자기 이상한 생각이 든다.

'왜 고무줄은 머리카락을 묶어 둘 수 있는데, 핀은 흘러내리는 것일까? 핀은 아무리 꽉 조여도 시간이 지나면 흘러내려서 다시 고정해야 하는데 말이지. 고무줄이 뭐가 달라서 그런 걸까? 그냥 꽉 고정시키는 역할은 같은 것 같은데…'

한참을 골똘히 생각하고 있는데 계산대에서 나에게 말하는 언니의 목소리가 들렸다.

"학생, 5500원"

헉, 멋쟁이 한번 돼보려다가 이번 달 용돈이 반이나 날아갔네.

도플러와 맥풀려의 연구실

교과서에서 찾아보기
초등학교 4학년 용수철 놀이
중학교 1학년 힘
고등학교 1학년 에너지
고등학교 2학년 화학 Ⅰ

맥, 웬 머리끈이냐? 머리 묶고 다니게?

아뇨. 며칠 후면 제 여자친구 생일이거든요. 전에 쓰던 머리끈이 늘어나서 더 이상 쓸 수 없게 되었더라구요.

으흠, 녀석아, 여자친구만 챙기지 말고, 이 박사님도 좀 챙겨 보거라.

치, 제가 여자친구 선물만 샀다고 삐치셨어요? 그나저나 이번 선물은 좀 오래 오래 사용했으면 좋겠어요.

탄성
외부 힘에 의해 변형된 물체가 원래 모양으로 돌아가려는 성질

선물만으로도 여자친구가 감동하겠지만, 선물을 주면서 머리끈의 탄성에 대해 설명해 준다면, 네 유식함에 놀라 탄성을 지르지 않을까?

박사님! 제가 무식해 보인다는 말씀이세요? 치, 아까 탄성이라고 하신 거 설명해 주시면 제가 그냥 참죠.

머리끈을 살살 잡아당겨 보거라.

박사님, 잠깐만요. 이건 선물로 줄 것이니까. 그냥 고무밴드로 하면 안될까요?

❈ 머리끈의 변형과 탄성

탄성체
고무줄이나 용수철과 같이 탄성을 가지고 있는 물체

그래. 그럼 고무 밴드로 해 보자꾸나. 힘껏 당겨 보거라.

잡아당기면 잘 늘어나지요. 이렇게요.

그렇지. 그럼 고무 밴드를 당기는 손에서 힘을 빼보거라.

참, 저를 바보로 아시나요? 원래 모양으로 돌아가지요, 뭐.

그래. 고무줄 같은 탄성체는 외부에서 힘을 가하면 모양이 변했다가도, 그 힘이 없어지면 다시 원래의 모양으로 되돌아가려고 하는 성질이 있단다.

요것이 아까 말씀하신 '탄성'이라는 것이군요. 별 것 아니네요. 난 또 뭐 대단한 거라고.

녀석, 아는 체 하기는. 그런데 세상에 물체가 전부 그런 것은 아니란다.

저도 알아요. 철사나 찰흙 같은 것은 한 번 모양이 변하면 원래 모양으로 안 돌아가잖아요.

그렇지. 그런 것을 '소성변형'이라고 하지. 하지만 풍선이나 스펀지 같은 것은 살짝 눌렀다가 손을 치우면 다시 원래 모양으로 돌아오지?

그럼 이런 것들은 '탄성변형'인가요?

그렇지! 일단 오늘 시작은 좋구만. 우리 주변에도 탄성을 이용한 것들이 많이 있단다.

생각해 보니 손 운동할 때 쓰는 악력기, 축구공이나 야구공, 저울 같은 것이 있네요.

변형
물체에 힘을 작용하면, 모양이나 운동 상태가 변하게 되는데, 모양이 변하는 것을 '변형'이라고 한다.
1. 소성변형 | 물체에 힘을 작용하여 물체가 변형되었을 때, 그 힘을 제거해도 원래모양으로 돌아오자 않은 변형
(예) 철사, 나무, 찰흙 등
2. 탄성변형 | 물체가 힘을 받아 변형되었다가, 그 힘을 제거했을 때 원래 모양으로 되돌아오는 탄성이 있는 변형
(예) 용수철, 공, 고무줄, 스펀지 등

❇ 탄성력과 탄성한계

이제 머리를 묶는 상황을 생각해 보자. 네가 머리 묶어 본 경험이 없어서 잘 상상이 될지 모르겠지만 말이다.

박사님! 저 좀 제발 그만 무시하세요.

알았다, 녀석아. 묶으려는 머리숱에 따라 고무줄을 조절해서 묶을 수 있단다.

늘어나는 정도가 같고, 처음 길이가 같았다면, 머리숱에 따라 감는 횟수가 달라지겠지요.

탄성력
탄성체가 외부 힘에 의해 변형되었을 때, 탄성체가 원래의 상태로 되돌아가려는 힘으로 외부 힘과 반대방향이다.

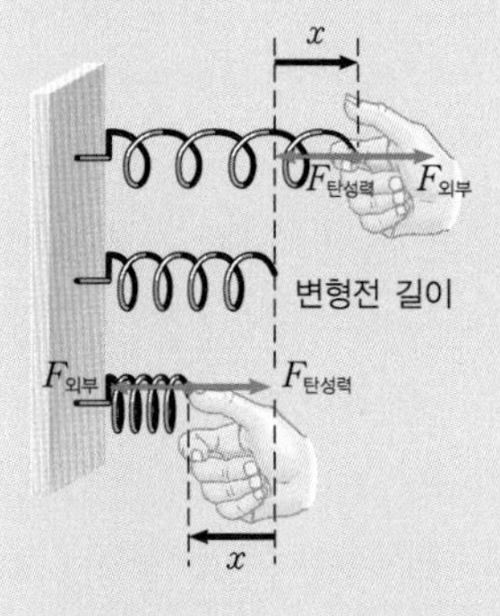

$$F_{탄성력} = -k \cdot x = -F_{외부}$$

위 식에서 '−'는 탄성력과 외부 힘이 반대방향임을 나타낸다.

그래. 똑같은 고무줄 2개를 가지고 같은 머리숱을 묶을 때, 한 개는 5번 감고 다른 한 개는 10번 감는다고 치자.

아마 10번 감으려면 길이가 그만큼 더 늘어나겠지요. 머리카락은 더 단단하게 묶이고요.

그래. 똑같은 고무줄이라도 더 많이 늘어날수록 팽팽하게 느껴지고, 원래 모양으로 되돌아가려는 힘, 즉 탄성력이 더 크단다.

맞아요. 살짝 늘어난 고무줄보다 길게 늘어난 고무줄이 힘이 더 큰 것 같아요.

그런데 물체의 탄성은 무한한 것이 아니지. 어느 정도까지는 늘어난 것이 원래 모양으로 되돌아 갈 수 있는 한계를 가지고 있다.

그럼 안 돌아와요?

그렇지. 탄성한계를 넘어가면 머리끈은 원래모양으로 돌아오지 않게 된단다. 네 이름처럼 '맥풀려' 가 되는 것이지. 그리고 거기에 더 힘을 주면 결국 끊어진단다.

탄성한계

고무줄이나 용수철을 잡아당길 때, 늘어나는 길이가 클수록 잡아당기는 힘도 비례하여 커져야 한다. 이 힘을 $F_{외부}=kx$(단위 : N)로 나타낼 수 있다. 여기서 $F_{외부}$는 고무줄이나 용수철을 잡아 당기는 외력을 의미하고, x는 늘어난 길이를 의미한다. 탄성체의 변형된 길이(x)는 외력에 비례하고, 힘을 주지 않으면 원래 모양으로 돌아온다(탄성변형). 이 부분을 그래프로 나타내면 일차 함수와 같은 직선 모양이다. 여기서 기울기는 탄성계수(k)를 뜻한다. 참고로 같은 힘을 주어도 고무줄마다 늘어나는 정도가 다른 것은 탄성계수가 다르기 때문이다.

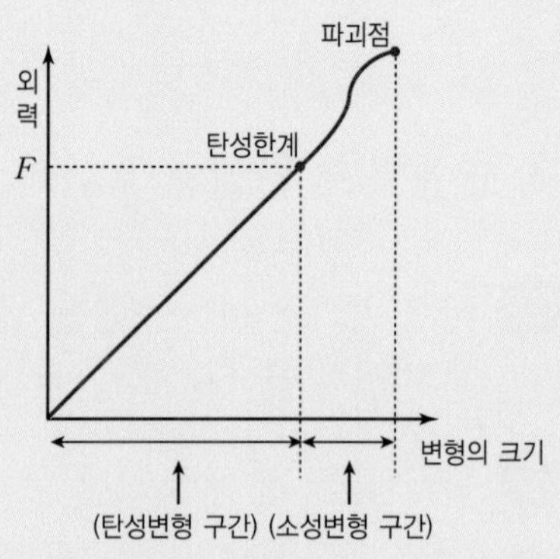

그런데 고무줄이나 용수철을 어느 한계 이상으로 힘껏 잡아당기면, 아예 늘어나버려서 원래 모양으로 돌아가지 않는다(소성변형). 이 한계를 '탄성한계' 라고 한다. 그리고 탄성한계 이후에 고무줄을 더 큰 힘으로 잡아당기다 보면, 어느 순간에 고무줄이 끊어져 버리게 된다.

❊ 고무탄성의 비밀

치, 이름 가지고 놀리시기는. 그런데 고무줄은 왜 탄성이 큰가요?

고무에 대해 얘기를 하자면 스토리가 좀 길긴 한데….

그렇게 말씀하시니까 더 궁금해요. 말씀해 주세요.

그러니까, 오래전 남아메리카와 중앙아메리카의 원주민들은 고무나무에서 받아낸 고무액을 말려서 공이나 신발을 만들곤 했지.

고무나무에서 고무액을 받아내고 있는 모습

저도 고무나무에서 고무액을 받는 모습을 다큐멘터리에서 본 거 같아요.

그런데 이 생고무란 녀석은 탄성이 있지만 온도에 민감해서 아주 춥거나 더워지면 탄성이 나빠지는 거야.

그래요? 제가 쓰는 고무로 된 물건들은 쓸 때 괜찮았던 거 같은데요.

그래 맞아. 그 전에 고무의 분자구조를 좀 더 설명해 주지. 사실 고무는 탄소원자들이 한줄로 아주 아주 길~게 사슬처럼 연결되어 있는 것이란다. 이게 얼마나 긴가 하면, 지름의 약 5만배 정도야.

와~ 대단해요!

고무는 탄소분자들이 연결된 부위가 휘청거릴 수 있을 정도로 적당한 유연성을 갖고 있지. 그래서 그것들은 엉킨 실타래와 같은 모양을 하고 있단다.

아~ 그래서 고무줄을 잡아당기면 쉽게 늘어났다가도, 잡아당기던 손을 놓으면 다시 원래 모양으로 돌아가는 거군요.

오호, 아주 잘 이해했는걸.

그런데 아까 온도하고 고무의 탄성하고 관련이 깊은 것처럼 말씀하셨잖아요.

다리결합
가교결합(cross-link), 교차결합이라고도 한다. 사슬 모양으로 결합해 있는 어떤 원자와 원자 사이에 다리를 걸치듯이 형성되는 결합이다. 천연고무에 황을 넣어 가공하면 황 원자(s)가 다리결합을 이룬다.

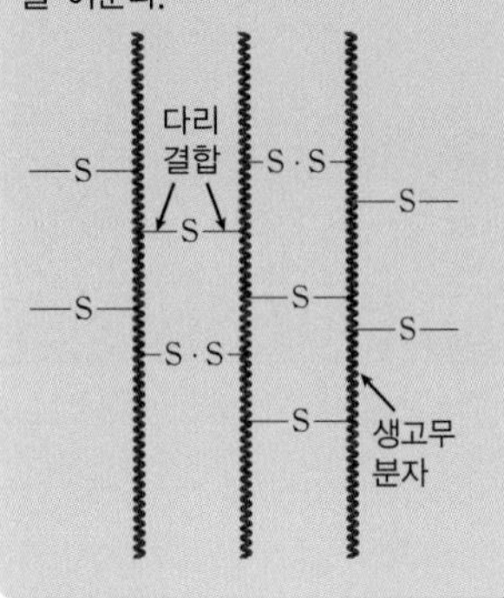

그래. 지금 막 설명하려고 했는데. 이런 탄성이라는 장점에도 불구하고 고무는 온도가 올라가면 물렁해지면서 끈적이고, 반대로 온도가 내려가면 분자들이 한데 엉켜서 딱딱해지거든.

그래서 누군가 그걸 해결했겠군요!

역시 눈치 하나는 빠르단 말야! 고무에 황을 넣으면 이런 단점이 없어진다는 것을 알게 된거지. 황이 긴 사슬의 중간 중간을 연결하는 다리역할을 해주면서 분자들이 어느 정도 일정한 모양을 갖추게 되는 거지.

그럼 황을 아주 많이 넣어서 만들면 더욱 단단해지겠네요?

그래 맞아. 황이 아주 많이 들어가면 단단한 에보나이트 막대가 되는 거지. 실험실에서 본 적 있지?

네, 고무가 공부하기에 말랑말랑한 녀석은 아니네요. 아무튼 제가 오늘 고무에 대해 많은 걸 배웠구요. 그리고 이 머리끈이 여자친구와 저의 우정의 다리가 됐으면 좋겠어요.

고무분자 구조의 비밀

생고무의 분자

원래 생고무 분자는 탄소들이 아주 길게 연결된 사슬 모양을 하고 있다.

황을 넣어 처리한 가황고무 분자

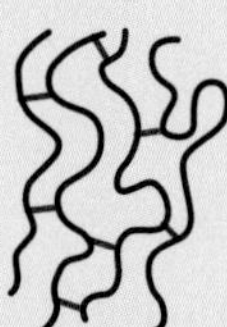

생고무에 황을 넣고 가열하면, 황이 생고무 분자의 사슬끼리 연결하는 다리역할을 하게 된다. 그러면 사슬의 분자들이 자유롭게 움직일 수 있는 구간이 짧아지게 되고, 고무의 강도가 커진다.

가황고무 분자를 잡아당길 때

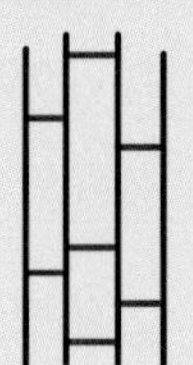

외력을 가해 길이가 늘어났을 때 다시 원래 모양으로 돌아가려는 탄성이 생고무보다 크다.

과학상식 톡톡

고무 가공법의 발명

굿이어(1800—1860)

천연고무의 원료가 되는 고무나무는 남아메리카 지역에서 야생하였으며, 18세기 후반 유럽에 전파되었다. 가공하지 않은 천연고무는 냄새가 많이 나고 탄성도 좋지 않으며 특히 온도가 높거나 낮아지면 탄성이 나빠져서 사용하는데 제약이 많았다. 오늘날처럼 고무를 유용하게 사용할 수 있게 된 것은 미국의 찰스 굿이어(Charles Goodyear)라는 발명가 덕분이다. 고무에 대해 연구하던 굿이어는 고무에 황을 섞어서 실험을 하다가 실수로 고무 덩어리를 난로에 떨어뜨렸는데, 고무가 녹지 않고 오히려 탄성이 좋아지는 것을 알게 되었다. 이후 연구에 몰두한 굿이어는 1839년 고무에 황을 넣어 150도 정도로 가열하는 '가황법'을 개발하여, 오늘날 고무공업의 기초를 마련하게 되었다.

빨간 타이어, 하얀 타이어

자동차의 모양이나 색깔은 제각각이지만, 이들 모두에게 공통된 점은 무엇일까? 그것은 바로 자동차 타이어가 검은색이라는 점이다. 왜 자동차 타이어는 검은색일까? 타이어를 만드는 재료인 고무가 검은색이라서 그럴까?

자동차 타이어는 인조고무나 천연고무를 가공해서 만드는데, 고무 상태일 때는 검은색이 아니다. 타이어를 만들 때, 여러 가지 물질이 첨가되는데, 그중 '카본블랙'이라는 보강재가 검은색이기 때문이다. 카본블랙은 석유를 정제하고 난 찌꺼기를 연소해서 얻는데, 카본블랙을 넣어야만 타이어의 내구성이 좋아진다. 그래서 타이어는 검은색이다.

물론 컬러 타이어를 만드는 것이 기술적으로 불가능한 것은 아니다. 다만 컬러 타이어를 만들기 위해 첨가하는 물질은 카본블랙만큼 타이어의 내구성을 높여주지 못할 뿐만 아니라, 실제 도로를 달리다보면 먼지나 흙 때문에 시각적으로도 컬러 효과가 뛰어나지 않기 때문에 사용하지 않는 것 뿐이다.

한번 해봐요

거꾸로 올라가는 반지 마술

준비물 고무줄, 반지(또는 둥근 고리)

해보기

❶ 둥근 고무줄 한쪽을 끊어 한 줄로 만들고 반지를 끼운다.

❷ 반지를 끼운 고무줄을 한쪽은 아래로, 다른쪽은 위로 향하도록 비스듬하게 한 후 팽팽하게 잡아당긴다. 이때 반지는 아래쪽 손 가까이에 두고, 아래쪽 손으로 고무줄의 $\frac{2}{3}$ 정도를 잡고 고무줄이 보이지 않게 손으로 쥔다. 반대쪽 손은 고무줄의 끝을 잡는다.

❸ "반지야, 올라가라"라는 주문을 외우고, 아래쪽 손으로 잡은 고무줄을 살살 놓아준다. 그러면 반지는 아래로 미끄러지는 것이 아니라, 오히려 위쪽으로 천천히 올라간다.

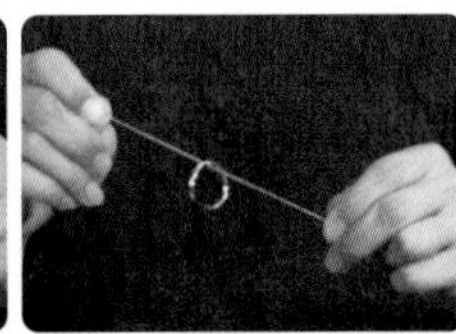
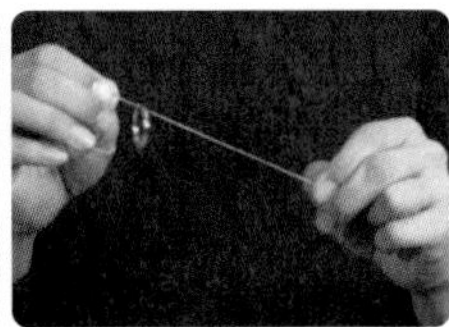

● 주의 : 잡고 있던 왼쪽의 고무줄을 서서히 놓을 때, 양손 사이의 고무줄 간격이 처음과 달라지지 않도록 해야 들키지 않는다.

- 반지가 아래쪽으로 미끄러지지 않는 이유는 무엇일까?
- 반지가 올라가는 이유는 무엇일까?

아하, 그렇구나!

해보기 해설

- 고무줄과 반지의 마찰력 때문에 반지는 아래쪽으로 미끄러지지 않고 그대로 있을 수 있다.
- 마술 주문을 외우고 나면(실제로는 팽팽하게 당긴 아래쪽 고무줄을 살살 놓아주기 시작하면) 반지는 위쪽으로 움직이기 시작한다. 고무줄의 탄성력 때문에 늘어났던 고무줄이 다시 줄어들어, 마치 반지가 거꾸로 올라가는 것처럼 보이게 된다.

아래쪽 손으로 잡은 고무줄을 놓을수록 고무줄은 처음보다 점점 굵어진다.

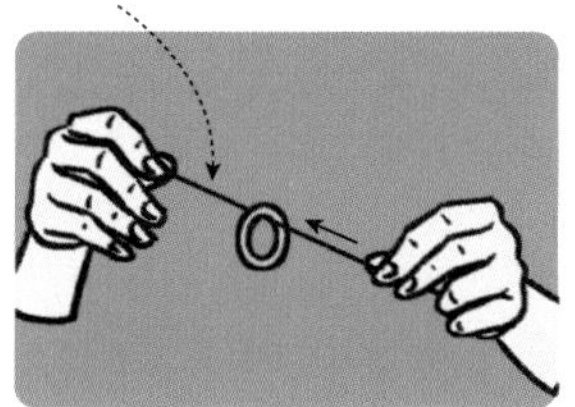

아래쪽 손으로 잡은 고무줄을 살살 놓으면, 늘어났던 고물줄이 원래 모양으로 줄어들면서 반지가 위쪽으로 올라간다.

2장 얼굴에 걸치는 패션 물리

안녕하세요, 여러분! 저는 스넬 박사님의 제자인 샤넬입니다. 저는 예쁜 걸 보면 무조건 반해버리고 말죠. 특히 제 미모와 관련된 것이라면 호기심까지 발동한답니다. 아름다움에서 과학을 찾는다고나 할까? 그러다 보니 엉뚱한 질문을 많이 해서 주위 사람들이 의아해할 때도 많아요. 이 미모에 머리까지 좋으니…. 아무래도 전 천재인가봐요! 앗! 이러다 제 안티만 생긴다고요? 알겠습니다~ 급사과 드리고요!

스넬 박사님을 소개해 드릴게요. 스넬 박사님은 빛에 대한 연구를 하신 유명한 과학자이시자 수학자이십니다. 여러분도 아마 아실 거예요. 수영장이나 계곡에서처럼 물 속에 들어가면 다리가 실제보다 짧아 보이잖아요. 그것은 공기에서 물 속으로 들어갈 때 빛의 속도가 변하기 때문이에요. 그게 바로 우리 박사님의 이름을 딴 '스넬의 법칙'이랍니다.

자, 그럼 지금부터 저와 함께 스넬 박사님의 연구실로 가보실까요?

멋스러움은
얼굴에서부터 시작하지.
하지만 위험한 멋부림은 금물이야.
원리를 안다면
진정한 멋쟁이로 거듭나겠지?
자, 그럼 얼굴에 쓰는 것들에 대해
한번 알아볼까?

스넬

멋으로 쓰는 선글라스?

주말이라 DVD를 한 편 빌려왔다. 그 동안 보고 싶지만 시간이 없어서 못 본 영화다. 검은 선글라스를 낀 두 명의 주인공이 나와서 우주인의 침략으로부터 지구를 지킨다는 내용이다. 재밌는 것은 두 주인공은 항상 악당들을 물리친 후, 선글라스를 끼고는 주변 사람들에게 빛을 비추는 것이다. 그러면 놀랍게도 사람들은 그 전에 자기네들이 보았던 상황들을 전혀 기억하지 못하게 된다. 저런 빛하고 선글라스가 있다면 참 좋으련만. 며칠 전 자전거 타다가 옆집 자동차를 들이받은 사건을 사람들의 기억에서 지워버릴텐데….

정말로 기억을 지울 수는 없지만 나도 한 손에는 손전등을 들고 다른 손에는 아빠의 선글라스를 꺼내 들고 거울 앞에 서서 폼나게 끼어 보았다. 음~ 나도 영화 속의 주인공 못지않게 멋지군! 그런데 어딘가 모르게 영화 속 주인공과는 다른 느낌이 나는 게 뭔가가 이상하다. 눈이 비쳐 보이는 것이다. 어? 선글라스가 까만색이 아니네. 녹색이다!

그러고 보니 선글라스 색깔도 여러 가지가 있었던 것 같다. 멋쟁이 우리 엄마는 옷이 바뀔 때마다 선글라스 색도 바뀐다. 드라이브를 갈 때는 노란색 점퍼에 노란색 선글라스를, 그리고 눈병 걸려서 안과에 갔을 때는 갈색 원피스에 갈색 선글라스를 끼시더니, 쌍꺼풀

수술을 받고 나온 날은 까만 티에 너무도 까만 선글라스를 껴서 결국은 앞에 있는 계단을 보지 못해 발을 헛디뎌 넘어지셨다.

스키장에 갔을 때는 아빠께서 고글을 챙겨 주셨는데, 고글은 선글라스와 비슷하게는 생겼지만 표면이 반짝거려서인지 더 화려해 보였다. 고글을 끼고 있을 때는 몰랐는데, 벗으니까 스키장의 많은 눈 때문에 눈이 너무 부셔서 제대로 뜨지 못할 지경이었다. 고글은 멋있게 보이려고 쓰는 것이 아니라, 눈을 편안하게 보호하기 위해서 쓰는 것이라고 아빠가 설명해 주셨던 기억이 난다.

색이나 모양에 따라 선글라스가 기능이 다른가 보다. 어떤 차이가 있을까?

갑자기 드는 생각인데, 항상 선글라스를 낀다고 하는 가수 박상뮌 아저씨한테는 시간과 장소에 관계없이 색깔이 자동으로 바뀌어 벗을 필요가 없는 선글라스를 선물해 주고 싶다. 크크 내가 생각해도 참 기특하다.

스넬과 샤넬의 연구실

교과서에서 찾아보기

중학교 1학년 빛
중학교 2학년 자극과 반응
고등학교 1학년 자극과 반응

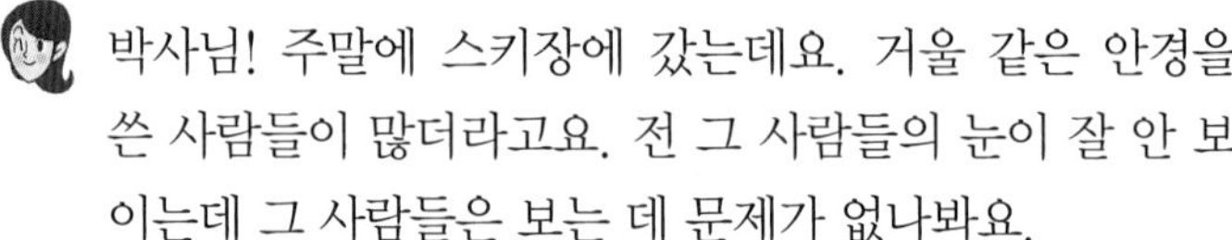

박사님! 주말에 스키장에 갔는데요. 거울 같은 안경을 쓴 사람들이 많더라고요. 전 그 사람들의 눈이 잘 안 보이는데 그 사람들은 보는 데 문제가 없나봐요.

그럼! 사람이 쓰는 안경의 일종인데 앞이 보이지 않으면 안 되지.

그래도 그냥 투명한 일반 안경만큼 잘 보이기는 할까요?

나노미터란?

1나노미터(nm)는 1미터의 10억 분의 1이다. 여기서 n(나노 nano)는 10^{-9}라는 뜻이다. 1nm라는 길이는 수소 원자 10개의 길이, 바늘 머리 부분의 백만 분의 일 정도의 길이이다.

❋ 빛의 차단, 선글라스

우리가 무엇을 본다는 것은 우리 눈 속으로 들어온 빛을 감각기관으로 받아들여 신경을 통해 뇌로 전달한 것을 느끼는 거란다. 이때 선글라스는 눈으로 들어오는 빛을 차단하거나 빛의 양을 줄여주는 역할을 한단 말이지.

파장에 따라 빛이 눈과 피부에 미치는 영향

파장범위(nm)	눈에 미치는 영향	피부에 미치는 영향
자외선 C (200~290)	광 각막염	홍반(태양화상), 피부암
자외선 B (290~320)	광 각막염	피부노화 가속, 기미나 주근깨 증가
자외선 A (320~400)	백내장	피부가 검게 됨, 피부 화상
가시광선 (400~780)	열에 의한 망막 손상	피부색깔 변화, 기미나 주근깨 생김, 피부 화상
적외선 A (780~1400)	백내장, 망막 화상	피부 화상
적외선 B (1400~3000)	각막 화상, 적외선 백내장	피부 화상
적외선 C (3000~10000)	각막 화상	피부 화상

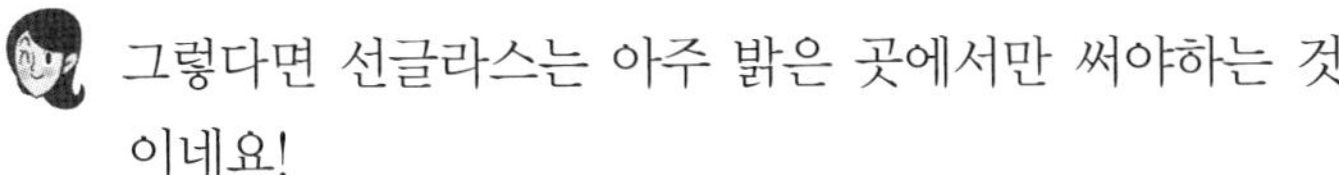

그렇다면 선글라스는 아주 밝은 곳에서만 써야하는 것이네요!

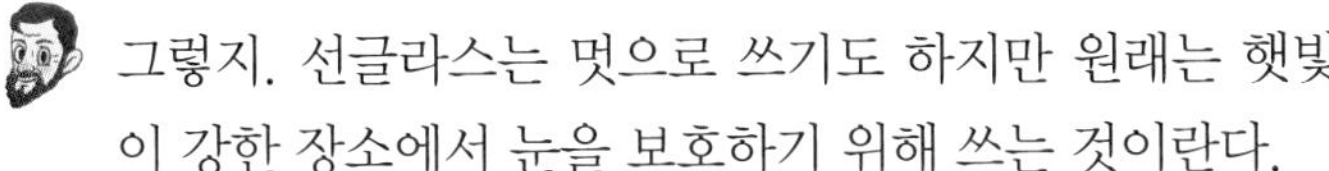

그렇지. 선글라스는 멋으로 쓰기도 하지만 원래는 햇빛이 강한 장소에서 눈을 보호하기 위해 쓰는 것이란다.

햇빛이 강하면 우리 눈에 나쁜 영향을 주나요?

햇빛이 강하다는 것은 빛이 아주 밝다는 것뿐만 아니라 자외선의 양이 많다는 것을 의미하기도 하지. 눈이 강한 자외선에 오랫동안 노출되면 각막, 수정체, 망막에 이상이 생기게 되는 거야.

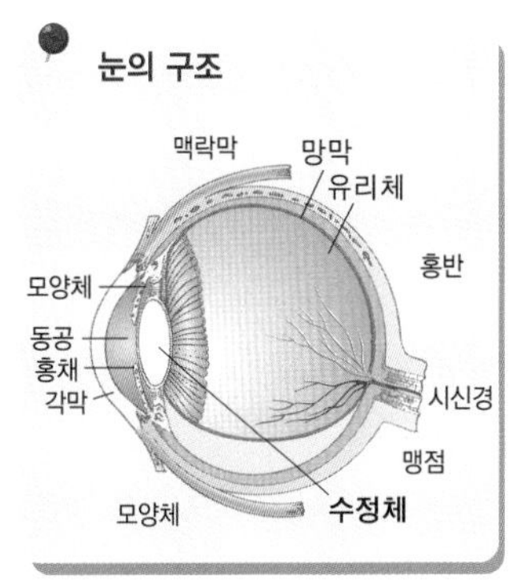

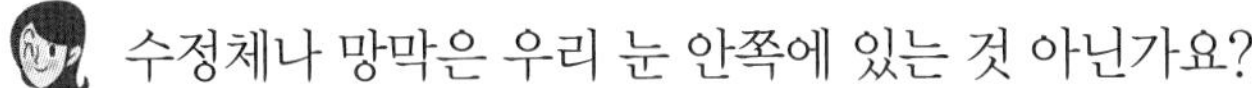

수정체나 망막은 우리 눈 안쪽에 있는 것 아닌가요?

파장에 따라 다르지만 일부 자외선은 눈 안쪽에까지 투과 되어 영향을 주지.

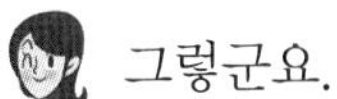

그렇군요.

각막은 260～280nm의 비교적 짧은 파장의 자외선에 더 민감하단다. 이보다 좀 긴 337nm 정도의 파장은 수정체에 영향을 줘서 손상을 일으키게 된단다. 그리고 이런 현상이 반복되면 백내장이 생기는 것이지.

백내장

눈은 사진기의 구조나 원리와 거의 비슷한데 그 중에서 눈 속의 수정체는 사진기의 렌즈에 해당한다. 백내장은 여러 원인에 의해 수정체가 뿌옇게 흐려지는 것이다.

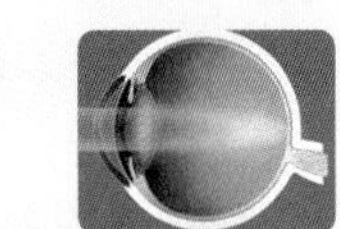

백내장이 생기면 빛이 퍼져 보인다.

물체가 흐릿하게 보인다.

❋ 선글라스의 진하기

그럼 햇빛에 안 나갈 수도 없고 어떻게 해요?

자외선을 좀 더 확실하게 막으려면 외출할 때 모자를 쓰거나 자외선 차단 기능이 있는 고글이나 선글라스를 착용하는 것이 좋아.

선글라스는 눈 보호장비네요.

기왕이면 안경알이 크고, 이마와 밀착시킬 수 있는 것일수록 눈에 와 닿는 자외선을 더 많이 차단할 수 있단 말이지.

그럼 색이 진한 선글라스일수록 좋은가요?

꼭 그렇지도 않아. 너무 색이 진한 선글라스 착용은 피하는 것이 좋다는 말이지. 주위가 어두워서 잘 보이지 않으면 우리 눈의 동공이 더 크게 확장되어 오히려 더 많은 자외선을 흡수하게 되기도 하거든. 상대방 눈동자를 볼 수 있는 80% 정도의 진하기가 자외선 차단에 적당하다는 말이지.

❇ 레이저와 선글라스의 색깔

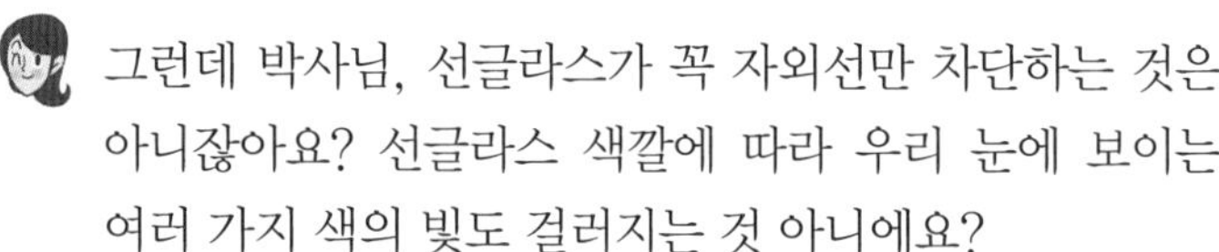

그런데 박사님, 선글라스가 꼭 자외선만 차단하는 것은 아니잖아요? 선글라스 색깔에 따라 우리 눈에 보이는 여러 가지 색의 빛도 걸러지는 것 아니에요?

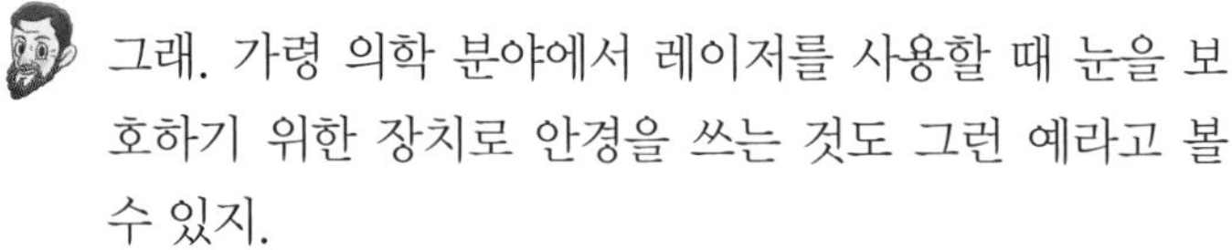

그래. 가령 의학 분야에서 레이저를 사용할 때 눈을 보호하기 위한 장치로 안경을 쓰는 것도 그런 예라고 볼 수 있지.

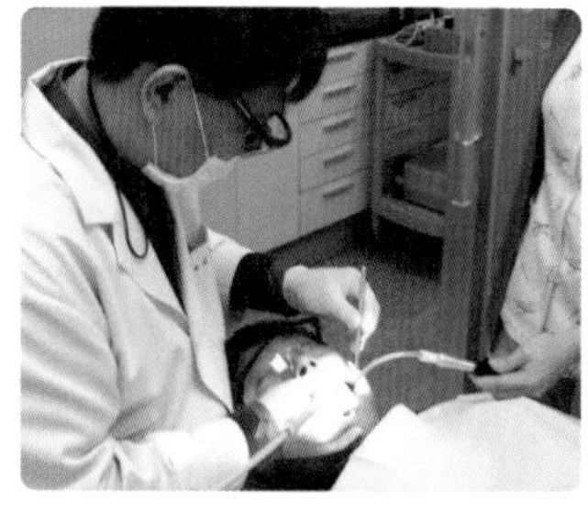

레이저 치료

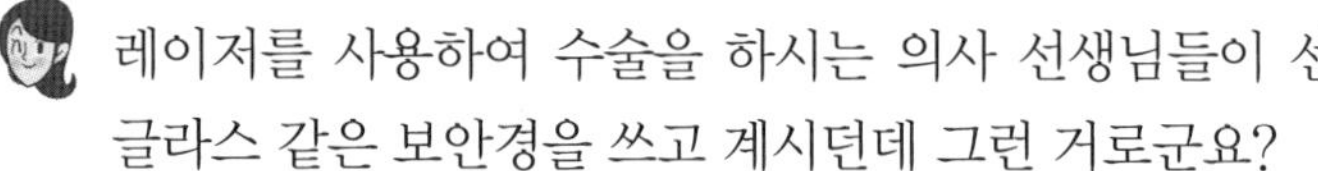

레이저를 사용하여 수술을 하시는 의사 선생님들이 선글라스 같은 보안경을 쓰고 계시던데 그런 거로군요?

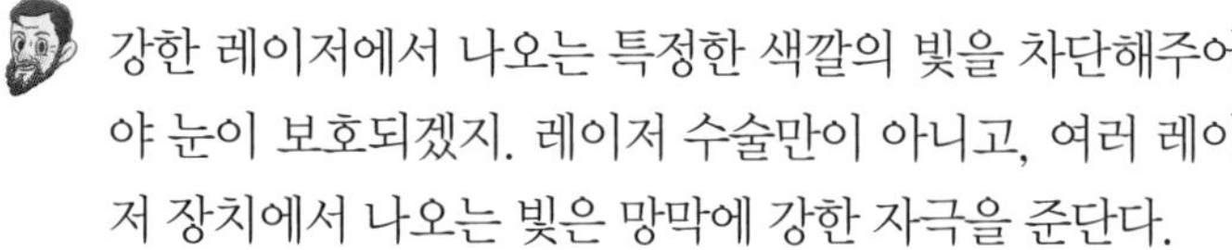

강한 레이저에서 나오는 특정한 색깔의 빛을 차단해주어야 눈이 보호되겠지. 레이저 수술만이 아니고, 여러 레이저 장치에서 나오는 빛은 망막에 강한 자극을 준단다.

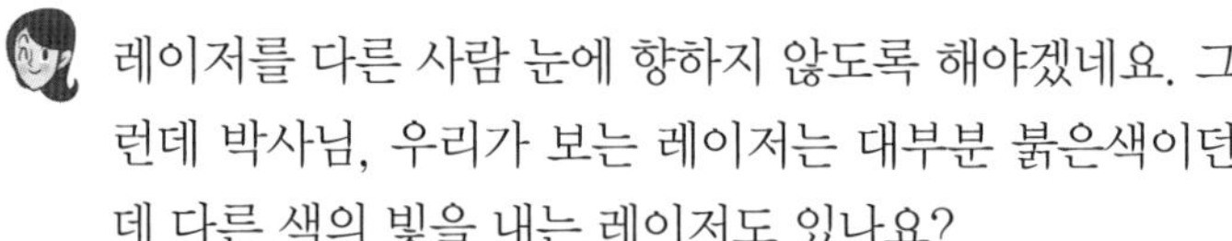

레이저를 다른 사람 눈에 향하지 않도록 해야겠네요. 그런데 박사님, 우리가 보는 레이저는 대부분 붉은색이던데 다른 색의 빛을 내는 레이저도 있나요?

빛의 발생에 사용되는 물질에 따라 다른 색을 얻을 수 있지. 놀이 공원 같은 곳에서 녹색 레이저로 레이저 쇼하는 것 본 적 있을텐데.

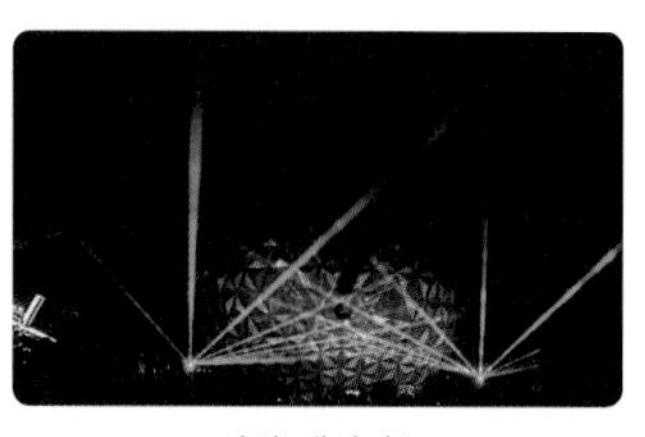

야간 레이저쇼

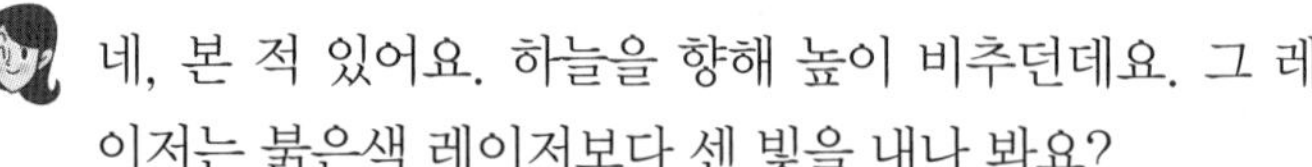

네, 본 적 있어요. 하늘을 향해 높이 비추던데요. 그 레이저는 붉은색 레이저보다 센 빛을 내나 봐요?

짧은 파장의 빛은 에너지가 더 크지. 물론 빛의 양에 따라 밝기가 다르기도 하고.

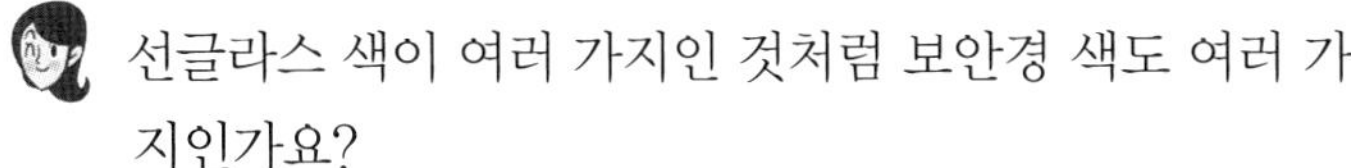

선글라스 색이 여러 가지인 것처럼 보안경 색도 여러 가지인가요?

그래. 특정한 색의 레이저 빛을 거르기 위해 다른 색의 보안경이 사용된다.

색깔있는 렌즈로만 빛을 거를 수 있나요? 스키장에서 본 어떤 사람은 거울같은 고글을 낀 사람도 있던데, 멋있더라구요.

선글라스 렌즈 색과 빛의 차단 효과

렌즈 색	기능	사용대상
갈색	단파장 차단, 청색 투과	눈병환자, 백내장 수술환자, 운전자
녹색	장파장 차단	망막 보호, 시원한 느낌
노란색	빛 소량 차단	야간 운전, 야간 스포츠
회색	전체 파장 차단	자연색 가능, 야외 활동

❊ 렌즈 종류도 가지가지

장소나 사용 목적에 따라 다양한 기능의 렌즈들이 사용된단다. 거울같은 렌즈를 미러렌즈라고 하는데 자외선을 반사하여 눈을 보호해주지.

그런 선글라스가 자외선 차단에 더 효과적인가요? 그래도 보는 것에는 지장 없겠지요?

우리 눈의 색 인식

우리가 눈으로 보는 색과 실제 가시광선의 파장은 어떤 관계가 있을까? 우리 눈에는 원뿔세포(원추세포)가 있어 여기에 빛이 도달하게 되면 색을 인식하게 된다. 원뿔세포에는 빨강(L), 초록(M), 파랑(S)을 각각 구별하는 세포들이 있고, 각 세포에서 인식하는 정도에 따라 다른 색으로 인식하게 된다. 예를 들어 560nm의 빛이 들어오면, S원뿔세포는 반응하지 않고, L(빨강)과 M(초록)원뿔세포가 비슷한 정도로 반응한다. 이때 우리 뇌는 이 빛을 노랑으로 느낀다.

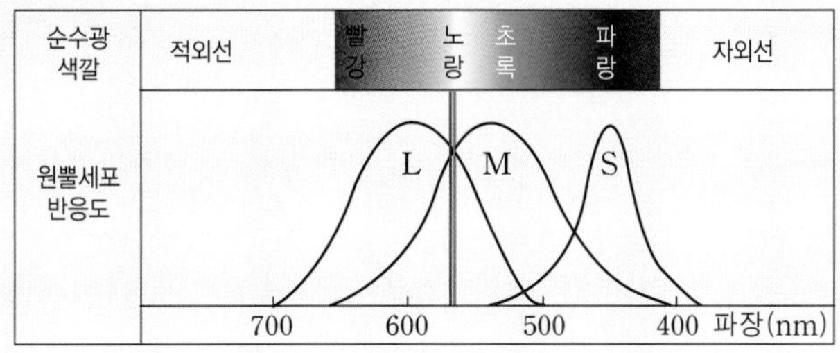

L은 570nm 부근의 빛에 가장 강하게 반응하고,
M과 S는 각각 540nm, 430nm 부근의 빛에 가장 민감하게 반응한다.

물론이지. 또 이런 것도 있단다. 어떤 특정한 색만 계속 보는 일을 해야 하는 경우엔 눈의 피로를 덜기 위해서 특정한 색을 띤 선글라스를 사용하게 되지.

눈을 보호하려고 특정한 색깔의 선글라스를 쓴다고요?

렌즈를 통과하는 빛의 색은 그 렌즈색과 같으니까 다른 색의 빛은 흡수되거나 반사되는 것이지. 특정한 강한 빛만을 차단하기 위한 것이라면, 그 빛을 흡수하거나 반사하는 색의 렌즈를 사용하여야 한단 말이지.

그래도 선글라스나 고글을 쓰고 장소에 따라 계속 벗었다가 끼었다가 하니깐 좀 불편해요. 제가 그런 것을 해결한 렌즈를 한번 발명해 볼까요?

그런 불편을 해소한 특별한 렌즈가 이미 있다는 거! 조광렌즈라는 것인데 빛의 양에 따라 렌즈 색이 변하는 것이야. 너무 아쉬워하지 말거라. 그런 네 태도가 바로 발명의 첫걸음이지.

렌즈의 종류와 기능

편광렌즈 | 어떤 특정 방향으로 진행하는 빛을 중심으로 통과시켜 나머지 방향의 빛을 차단하여 간섭에 의한 눈의 피로를 덜어준다.

자외선차단렌즈 | 파장이 315～380nm인 자외선들이 차단된다.

컬러렌즈 | 과도한 빛에너지가 눈에 일시에 들어오는 것을 막아주고, 자외선을 흡수하여 70% 정도 차단하여 준다.

미러렌즈 | 거울처럼 코팅이 되어있어 자외선이 100% 차단되는 효과가 있다. 코팅의 소재로 수은을 사용해 왔으나 최근에는 백금과 티타늄을 소재로 한 첨단 기법이 사용되고 있다.

미러렌즈

조광렌즈 | 빛의 종류와 양에 따라 색의 진하기가 바뀌는 렌즈로, 변색렌즈라고도 한다. 자외선 및 파장이 짧은 가시광선이 많을 때는 은과 할로겐원소의 포화농도가 높아져서 반응속도가 빨라지고 색이 진해지지만, 백열등처럼 적외선과 파장이 긴 가시광선이 많을 때는 은과 할로겐원소의 포화농도가 낮아져 반응속도가 느려지고 색이 옅어진다. 또 추운 겨울에는 반응속도가 빠르고, 더운 여름에는 반응속도가 느려져 색의 진하기에 차이가 난다.

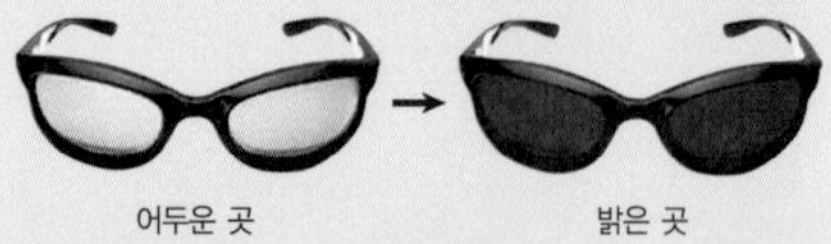

조광렌즈

과학상식 톡톡

비상시에 더 잘 보이는 비상구

일상생활에서는 보색 관계를 이용하여 눈에 잘 띄도록 만들어지는 안전판 표지판이나 생활 기구, 전문 기구들을 많이 볼 수 있다. 그 중에서 비상구 안내문은 특히 사람들의 눈에 잘 띄어야 할 것이다. 그런데 소방 장치나 소화기 등은 붉은색으로 주의를 끄는데 비해, 비상구 표지판은 그렇게 눈에 띄지 않아 평상시에 잘 인식하지 못하고 그냥 지나치게 되는 경우가 있다. 예를 들어 비상구를 알리는 등은 주로 녹색이다. 화재처럼 위급상황에서 탈출로를 빨리 찾도록 만든 표시인데도 눈에 잘 띄지 않는 녹색으로 되어있다. 주의 경고를 위해 도로의 중앙선이나 어린이 차량엔 노란색을 사용하고 위험물질이나 공사 지역임을 알리는 곳엔 붉은색을 사용하는 것이 상식이다. 그런데 위급상황에서 탈출구를 나타내는 비상등은 왜 눈에 잘 띄지 않는 녹색으로 만들어졌을까?

우리는 눈의 망막에 있는 원뿔세포(원추세포)와 막대세포(간상세포)라는 두 가지 시세포에 의해 색을 느낄 수 있다. 밝은 곳에선 원뿔세포가 물체의 형태와 색깔을 구별하고 어두운 곳에선 막대세포가 밝고 어두움이나 물체의 형태를 구별하는 것이다. 화재 같은 위급상황에서는 흔히 정전사고도 함께 일어나므로 색을 구분하는 원뿔세포라 할지라도 이런 어두운 위급상황에서 제 구실을 하지 못한다. 오히려 색을 잘 구분하지 못하는 막대세포가 중요한 역할을 하게 된다. 그런데 막대세포에는 '로돕신'(시홍)이라는 색소가 있어 녹색 빛은 잘 흡수하지만 붉은 빛은 흡수하지 않는다.

평소에 눈에 잘 띄던 붉은색도 어두운 곳에선 잘 보이지 않고, 오히려 녹색이 눈에 더 잘 보이는 것도 이 때문이다. 이런 이유로 탈출로를 알리는 비상구의 표시판은 녹색으로 만든다.

한번 해봐요

자외선 차단 선글라스를 만들어보자!

준비물

시리얼(알루미늄 라미네이트) 봉지, 두꺼운 도화지 또는 빈 안경테, 가위, 양면테이프, 자외선 발생 장치(등이나 펜 형태), 자외선 확인용 형광물질 시료(복사지, 휴지, 지폐 등)

해보기

그림과 같은 안경 테를 도화지에 그려 자신에게 맞는 크기로 만든다(또는 빈 안경테를 준비한다).

시리얼 봉지를 안경 테의 눈에 붙일 수 있는 크기로 잘라낸다.
접착제나 테이프를 이용하여 잘라낸 시리얼 봉지를 붙인다.
이렇게 만든 선글라스를 쓰고 사방을 둘러본다.

- 완성된 선글라스를 쓰고 앞을 보면 사물이 보이는가?
- 완성된 선글라스가 어느 정도 자외선 차단 효과가 있는가?

자외선 발생 장치를 이용하여 차단 정도를 확인해보자.

아하, 그렇구나!

해보기 해설

- 시리얼 과자봉지로 만든 선글라스를 써도 앞이 보인다.
- 시리얼 봉지는 알루미늄 라미네이트 포장재로 만든다. 폴리프로필렌에 입혀진 얇은 알루미늄 라미네이트 포장재는 햇빛을 차단하는데, 이는 식품이 자외선에 노출되어 변질되는 것을 방지하는 역할을 한다.

  자외선을 쪼인 형광물질은 강한 형광을 낸다. 이것은 형광물질이 들어 있는가를 확인해보는 방법이기도 하다. 지폐에는 위조방지를 위한 형광섬유가 들어있다는데, 자외선등으로 쉽게 확인해볼 수 있다.

  이를 이용하면 자외선 차단 여부를 확인할 수 있다. 형광물질이 들어있는 휴지, 복사지, 지폐 등을 준비하고 완성된 선글라스를 쓰고 확인해보자.

  선글라스를 만들어 쓰지 않고 포장지 자체로 직접 차단 정도를 확인해도 된다. 왼쪽 사진은 자외선 발생 장치를 직접 형광물질에 비추어 형광이 잘 나타나는 것이고 오른쪽 사진은 시리얼 봉지에 자외선이 차단되어 형광이 잘 나타나지 않는 것이다.

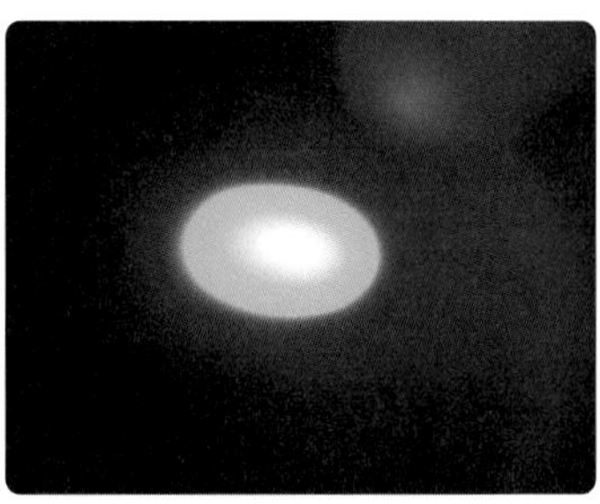
자외선 차단 전

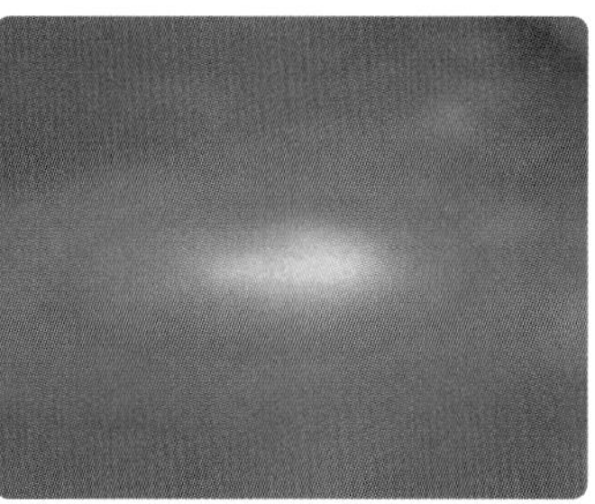
자외선 차단 후

안경을 벗은 이모는 연예인

아침부터 집안이 소란스럽다.

우리집엔 32살의 노처녀 이모가 같이 사는데 오늘 선을 본단다.

크크크. 또 변신이 시작되겠군.

여자의 변신이란 그야말로 놀랍다.

우리 이모는 알아주는 범생이라 공부만 해서 눈이 돌아갈 만한 두꺼운 안경을 쓰고 다닌다. 덕분에 눈동자가 보이지 않을 정도로 눈이 작게 보인다. 게다가 워낙 남자같은 옷차림을 하고 다녀서 대학 때는 웬 여자애가 따라 오기도 했다. 졸업하고 취직한 곳도 게임 프로그램을 개발하는 회사라 밤을 새는 경우가 허다하여 어떤 때는 머리까지 부스스하다.

이 모든 조건이 선 볼 때 딱지 맞기에 꼭 안성맞춤이다. 10대인 내가 봐도 꽝이다.

몇 번을 딱지 맞는걸 보시던 엄마는 안되겠다며 이모의 코디를 자청하셨다.

엄마의 도움을 받은 이모는 그야말로 변신을 하였다.

우선 그 무게만으로도 코가 눌릴만한 두꺼운 안경을 벗고, 가련해 보이는 살랑살랑한 원피스를 입고, 드라이로 가닥가닥 정성스럽게 핀 머리에, 쌩얼로 당당히 다니던 얼굴에 뽀샤시 화장까지 한 이모를 보니, 이건 신데렐라보다 더 예쁜 공주님이 탄생하셨다.

8월 3일 날씨: 화창

'야~, 이모 눈이 저리 컸었나?'

특히나 검은 동자가 눈의 반을 넘는 것 같았다. 반짝반짝 완전히 연예인의 눈이다. (나중에 안 사실이지만 이건 서클렌즈를 낀 것이란다.)

아무튼 오늘 이모의 모습으로는 성공예감 100%이다.

부디 좋은 사람을 만나 엄마의 시름을 덜었으면 좋겠다.

낼은 우리반 영희한테도 렌즈를 껴보라고 해봐야겠다. 걔두 꽤나 두꺼운 안경을 쓰고 있던데…. 큰 눈을 가진 영희는 안경을 벗으면 더 이뻐보이겠지?

그런데 렌즈를 끼면 눈이 아프지는 않을까? 세상은 어떻게 보일까?

궁금하다.

이따가 이모가 오면 물어봐야겠다. 어떤 남자가 나왔는지도….

스넬과 샤넬의 연구실

교과서에서 찾아보기
초등학교 6학년 우리 몸의 생김새
중학교 1학년 빛의 성질

콘택트렌즈
1888년에 피크(A.E. Fick)가 처음으로 콘택트렌즈라는 용어를 사용하였으며, 시력교정용 콘택트렌즈를 착용할 수 있도록 설명하였다.
뮬러(Muller) 등이 유리를 이용한 렌즈를 개발하였는데, 비용이 많이 들고 산소부족, 각막 부종 등의 부작용으로 실용화 되지는 못하였다.
우리나라는 1957년 공병우 박사가 미국으로부터 기술을 도입, 하드렌즈(PMMA)를 제조하였으며, 1972년 한일콘택트에서 국내 최초 소프트렌즈 재료를 개발하였다.

(눈을 계속 비비며) 아이 참….

샤넬, 무슨 일이냐?

눈에 먼지가 들어갔는지 따끔거리고 불편해서요. 먼지도 이렇게 불편한데 눈이 나빠서 콘택트렌즈를 끼는 사람들은 굉장히 불편하지 않을까요?

네가 생각하는 것만큼 콘택트렌즈가 불편하지는 않아. 그래도 좀 더 착용감이 편한 렌즈가 개발되어 나오는 것을 보면 전혀 불편하지 않다고는 할 수 없겠지.

어쨌든 우리 눈 속에 무엇인가를 넣어서 잘 볼 수 있도록 해 준다는 생각을 처음에 어떻게 했을까요?

❊ 콘택트렌즈의 시작

레오나르도 다빈치는 각막의 볼록한 정도가 일정치 않기 때문에 상이 흐리게 보인다는 것을 알고, 물이 담긴 반원통을 통해 사물을 보면 잘 보인다는 것을 알아냈지.

참 기발한 생각이네요. 역시 레오나르도 다빈치에요.

그래. 그렇지만 얼굴 전체를 가려야 하기 때문에 실제로 사용하기는 어려웠지. 오른쪽 그림을 보렴. 숨쉬기도 힘들어 보이지 않니? 이후 데카르트가 생각한 렌즈 원리는 이보다 좀 더 간단하단다.

데카르트의 콘텍트렌즈는 작은 물기둥을 눈 앞에 놓은 모양이로군요.

그 이후에 발명한 콘택트렌즈로는 각막과 공막에 장착하는 공각막렌즈와 각막부에 장착하는 각막렌즈 등이 있지.

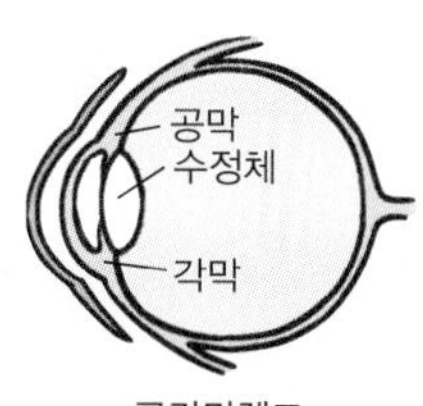

공각막렌즈

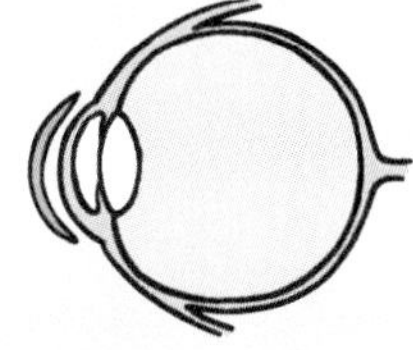

각막렌즈

공각막렌즈는 커서 밀리거나 빠지는 일이 없지만, 오래 끼고 있으면 각막이나 공막이 상할 수 있다. 그래서 특별한 경우를 제외하고는 거의 각막렌즈를 사용한다.

❇ 눈에도 산소(O_2) 공급을

좁은 부분을 가리는 각막렌즈는 보는 정도에서는 차이가 없나요?

우리가 보는데 주로 사용하는 부분인 각막과 동공만을 중심으로 덮게 되기 때문에 보는 정도에는 차이가 없고, 공각막렌즈보다 자연스럽다는 말이지.

그래도 많은 부분을 덮고 있는 것이 눈에서 잘 빠지지 않고 눈동자에 더 잘 부착되어있을 것 같은데요?

그렇지만 우리 눈의 각막은 산소를 공급받아야 투명한 상태로 유지될 수 있다. 그래야 외부로부터의 빛이 잘 통과하게 된단다. 하지만 콘택트렌즈로 공막까지 덮게 되면 산소공급이 잘 안된단다.

콘택트렌즈의 원리

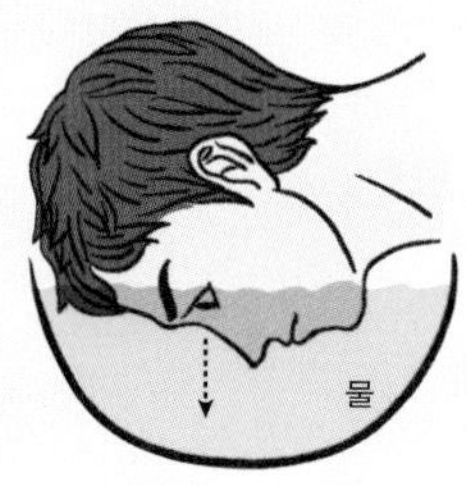

레오나르도 다빈치의 콘텍트렌즈 원리

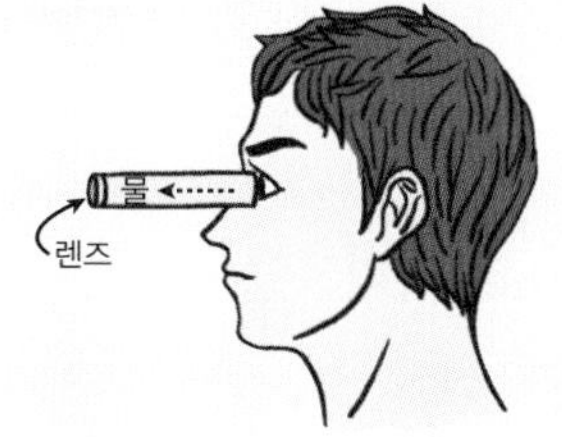

데카르트의 콘텍트렌즈 원리

1508년 레오나르도 다빈치는 안경으로 교정할 수 없는 부정 난시 같은 각막의 불균형은 물을 담은 큰 용기를 눈앞에 놓음으로써 교정할 수 있으리라는 추측을 하였다.

1636년 데카르트는 〈시력을 완벽하게 하는 길〉이라는 논문에서 눈의 굴절이상을 교정하기 위해 물이 담긴 용기를 직접 눈에 접촉시킨다는 이론을 제시하였다.

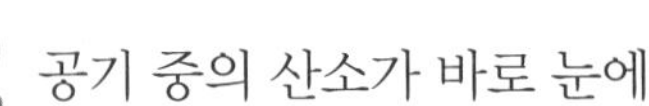
공기 중의 산소가 바로 눈에 공급이 되나요?

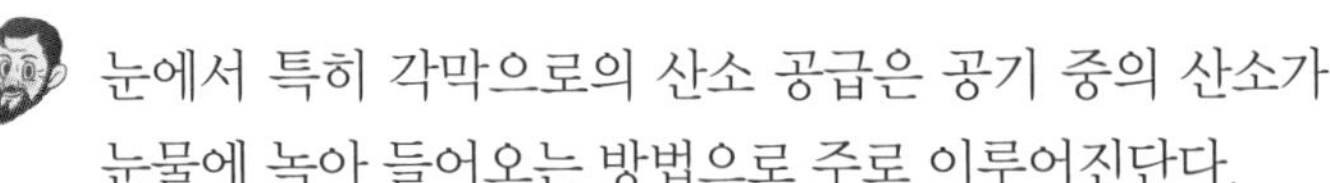
눈에서 특히 각막으로의 산소 공급은 공기 중의 산소가 눈물에 녹아 들어오는 방법으로 주로 이루어진단다.

검사지에 흡수되는 눈물의 정도를 보면, 눈물의 양을 알 수 있다.

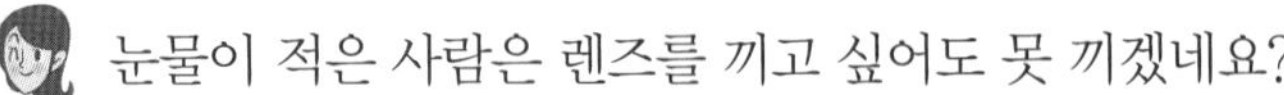
눈물이 적은 사람은 렌즈를 끼고 싶어도 못 끼겠네요?

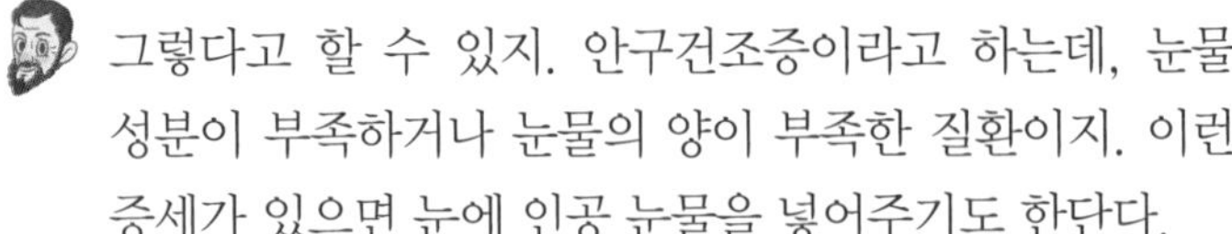
그렇다고 할 수 있지. 안구건조증이라고 하는데, 눈물 성분이 부족하거나 눈물의 양이 부족한 질환이지. 이런 증세가 있으면 눈에 인공 눈물을 넣어주기도 한단다.

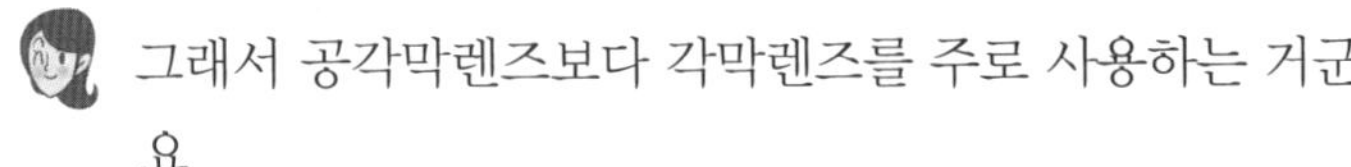
그래서 공각막렌즈보다 각막렌즈를 주로 사용하는 거군요.

❇ 부드러운 렌즈, 딱딱한 렌즈

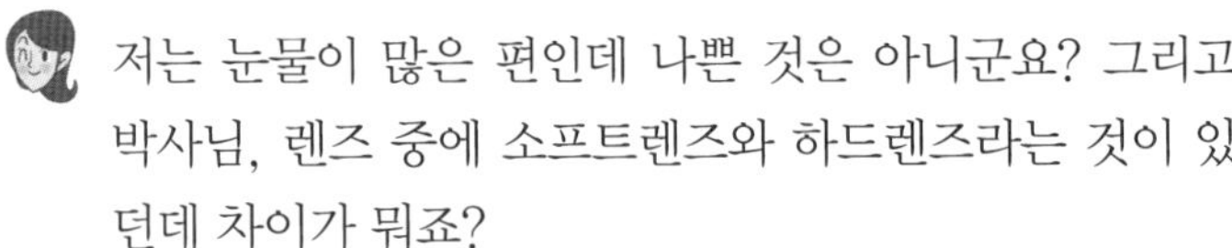
저는 눈물이 많은 편인데 나쁜 것은 아니군요? 그리고 박사님, 렌즈 중에 소프트렌즈와 하드렌즈라는 것이 있던데 차이가 뭐죠?

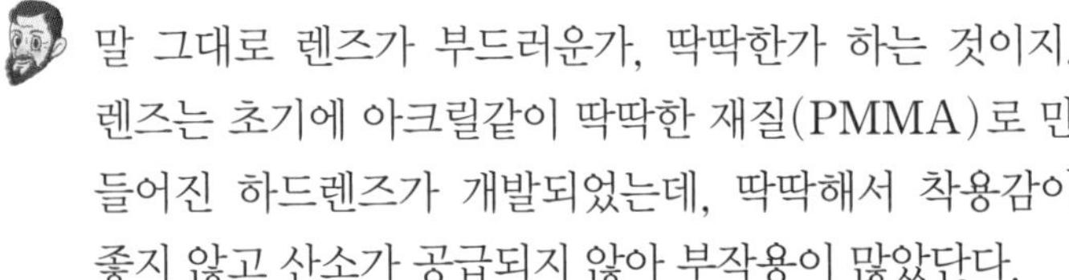
말 그대로 렌즈가 부드러운가, 딱딱한가 하는 것이지. 렌즈는 초기에 아크릴같이 딱딱한 재질(PMMA)로 만들어진 하드렌즈가 개발되었는데, 딱딱해서 착용감이 좋지 않고 산소가 공급되지 않아 부작용이 많았단다.

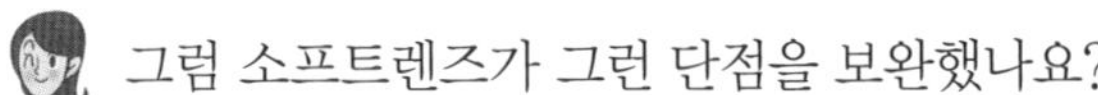
그럼 소프트렌즈가 그런 단점을 보완했나요?

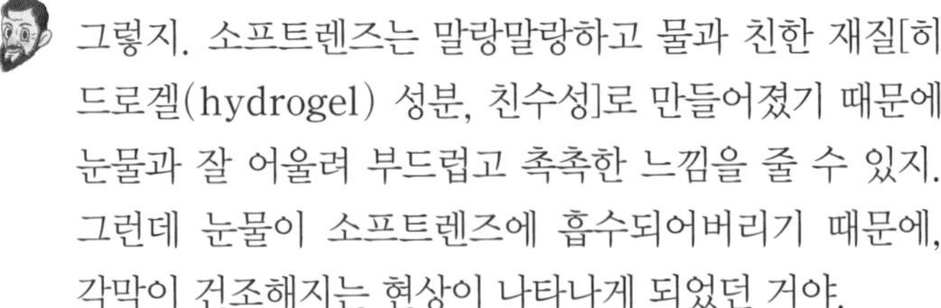
그렇지. 소프트렌즈는 말랑말랑하고 물과 친한 재질[히드로겔(hydrogel) 성분, 친수성]로 만들어졌기 때문에 눈물과 잘 어울려 부드럽고 촉촉한 느낌을 줄 수 있지. 그런데 눈물이 소프트렌즈에 흡수되어버리기 때문에, 각막이 건조해지는 현상이 나타나게 되었던 거야.

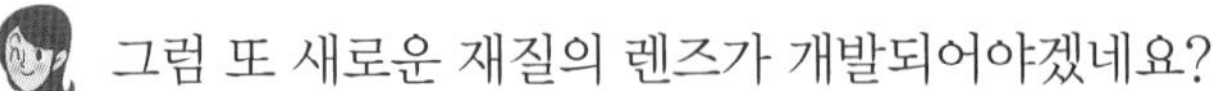
그럼 또 새로운 재질의 렌즈가 개발되어야겠네요?

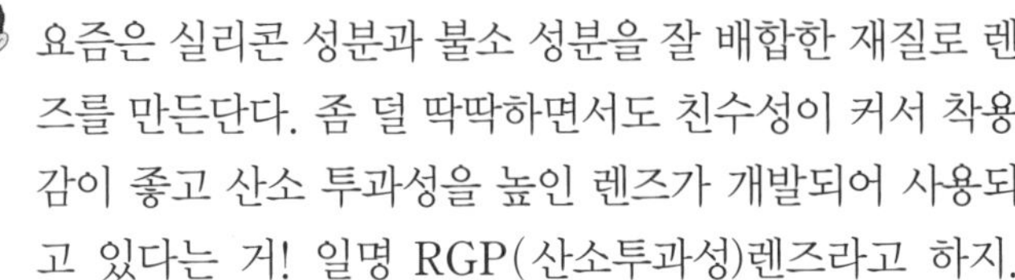
요즘은 실리콘 성분과 불소 성분을 잘 배합한 재질로 렌즈를 만든단다. 좀 덜 딱딱하면서도 친수성이 커서 착용감이 좋고 산소 투과성을 높인 렌즈가 개발되어 사용되고 있다는 거! 일명 RGP(산소투과성)렌즈라고 하지.

각막과 산소 공급

일반적으로 대기 중의 산소분압은 약 155mmHg인데 이 산소가 눈물에 녹아서 각막에 공급된다. 그런데 콘택트렌즈를 착용하면 공기와의 접촉 면적이 줄고, 눈물의 순환이 느려져 산소 공급량이 줄어들게 된다.
최근에 개발되는 렌즈들은 산소의 투과율을 높이고는 있으나 그래도 콘택트렌즈를 끼지 않을 때보다는 각막으로의 산소 공급률이 약 20~50% 정도 떨어진다.

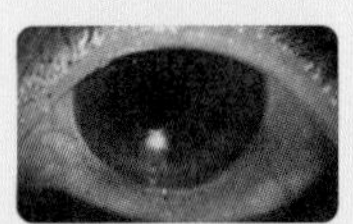
산소 공급 부족으로 충혈된 각막

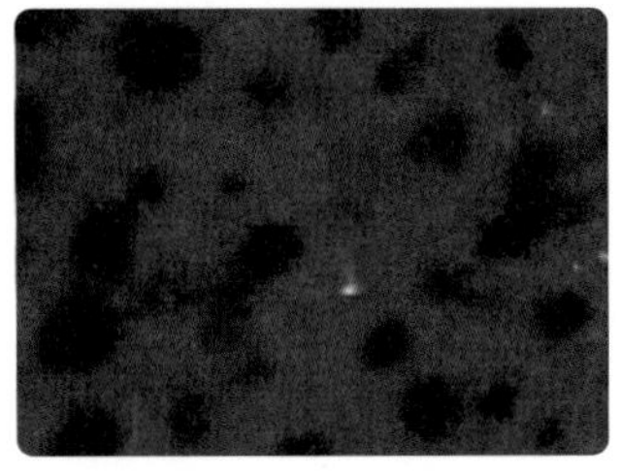
AFM(원자력 현미경)영상에 의한 RGP 렌즈 표면으로 어두운 부분들은 홈이다.

요즘엔 이것을 하드렌즈라고 부르기도 한단다.

렌즈 만드는 기술이 끊임없이 발전했네요.

그렇단다. 소프트렌즈의 장점을 살리고, 단점을 보완하는 방향으로 발전하고 있단 말이지.

❋ 렌즈는 깨끗하게

AFM(원자력 현미경)으로 영상화된 소프트렌즈 표면(1μm × 1μm)이며, 구멍부분은 폭 170nm, 깊이 150nm이다. 여기에 단백질이나 이물질들이 쌓이게 된다.

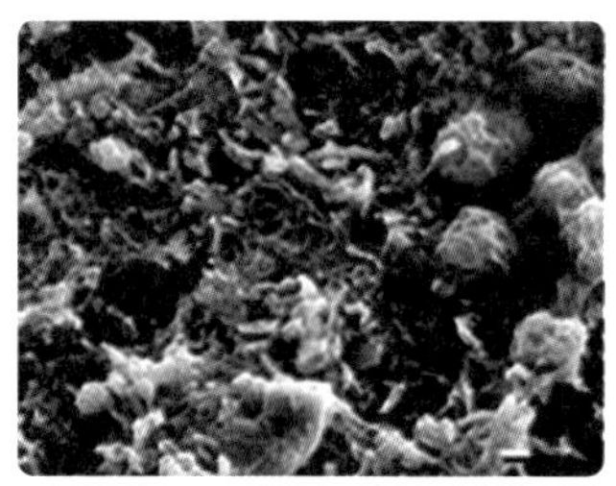

콘택트렌즈에 낀 박테리아

박사님, 콘택트렌즈는 잘 세척해야 한다던데요?

눈 속의 단백질이나 분비물이 콘택트렌즈에 붙어서 쉽게 세균이 번식하기 때문이지. 더구나 안구는 습하기까지 해서 세균이 번식하기 아주 좋은 환경이거든. 장마철에 음식이 잘 상하듯이 말이지.

그래서 렌즈를 만지기 전 손을 잘 씻으라고 하는 거군요. 박사님, 콘택트렌즈도 시력을 교정해주는 것이잖아요. 그럼 안경이랑 많이 다른가요?

❋ 마이너스(−) 시력

안경렌즈는 눈동자에서 떨어져 있고, 콘택트렌즈는 수정체에 붙어 있지. 그렇기 때문에 콘텍트렌즈의 굴절효과가 안경렌즈보다 큰 것이고, 안경렌즈보다 낮은 도수를 적용하는 거란다.

도수요? 그게 무엇이어요?

음, 도수는 원래 디옵터라고 하는데 D라는 값으로 나타낸단다. 렌즈의 초점거리를 역수로 나타낸 값이지. 초점거리가 짧을수록 D가 크고, 굴절이 많이 되는 렌즈란다. 렌즈를 사용할 때 중요한 값이지.

좀 복잡하네요. 그러고 보니, 시력이 마이너스(−)라고 하던데, 그게 눈이 나쁜 것인가요?

그건 아니야. 도수, 즉 디옵터에서 +는 볼록렌즈, −는 오목렌즈를 의미하는데 근시인 사람은 오목렌즈 쓴다는 것은 알지? 디옵터(D) 숫자가 클수록 눈이 나쁜 것이지.

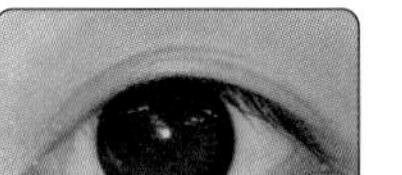

컬러렌즈

아 참! 눈동자 색이 이상한 사람들 있던데요? 그 사람들은 색깔이 달라 보일까요?

그렇지는 않아. 컬러렌즈는 우리 눈으로 빛이 들어오는 동공 부분은 색이 없고, 각막을 덮는 부분만 색이 들어 있단다. 그러니까 보는 것은 차이가 없지만 이것도 각막을 덮으니 눈에 좋은 것은 아니야. 더러 색이 눈물에 녹아나와 각막에 염증을 유발하고 이상을 가져오는 경우도 있다더구나.

저도 컬러렌즈 해볼까 했는데 말아야겠네요. 지금도 한 미모 하는데, 눈동자까지 화려해지면 다른 사람들이 힘들겠지요.

어이쿠. 또 공주병이 시작되는구나.

디옵터와 렌즈 종류

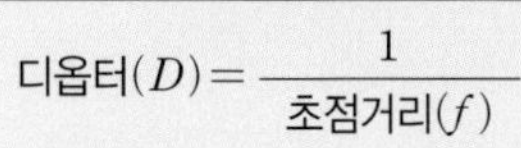

$$\text{디옵터}(D) = \frac{1}{\text{초점거리}(f)}$$

플러스(+) 0.5D는 초점거리 2m인 볼록렌즈임	마이너스(−) 0.5D는 초점거리 2m인 오목렌즈임
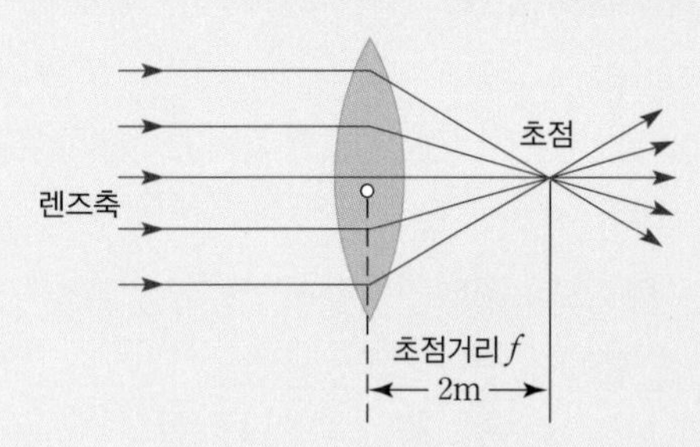	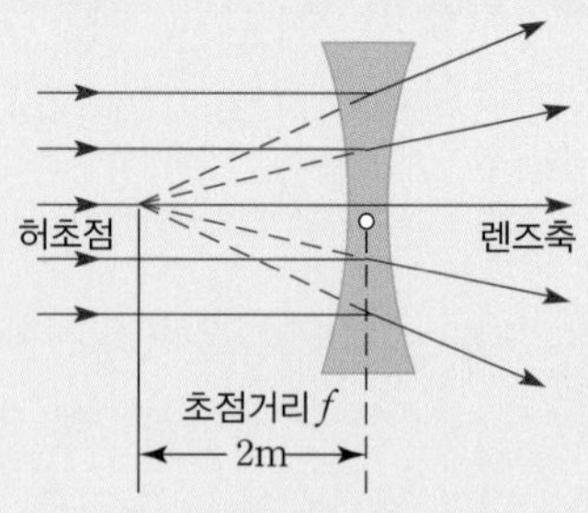

디옵터는 초점거리 값에 따라 달라진다. 볼록렌즈는 햇빛이 실제로 한 점에 모이는 실초점이라서 양(+)값인 +디옵터이다. 오목렌즈는 햇빛이 퍼지게 되는 허초점이라서 음(−)값인 −디옵터이다. 시력에서는 +값이 크면 원시가 심한 것이고, −값이 크면 근시가 심한 것이다.

과학상식 톡톡

눈체조를 하자!

우리는 하루 종일 사물을 보면 살아간다. 주위의 여러 가지 모습을 보고 살아가는 것은 눈에 크게 피로를 주지 않지만 오랜 시간동안 책을 본다든지 텔레비전, 모니터 등을 보는 것은 눈에 상당한 피로를 가져오며 눈을 나쁘게 하는 원인이 된다. 적당한 운동이 몸에만 필요한 것이 아니고, 눈에도 필요하다.

안구운동

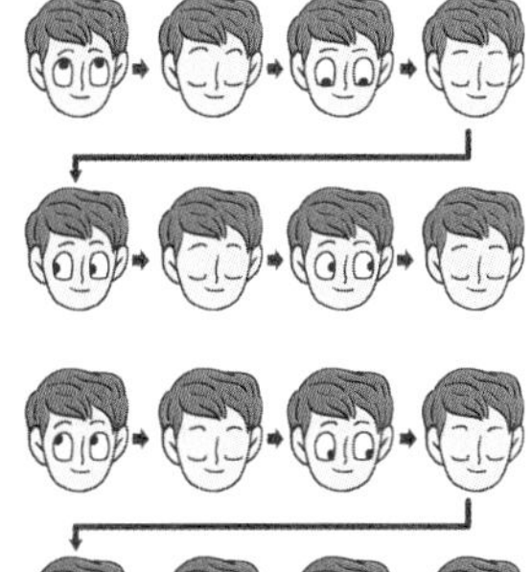

1. 상하좌우 운동 – 위, 아래, 오른쪽, 왼쪽
   눈을 감는다 → 눈을 뜬다(위) → 감는다 → 뜬다(아래)
   → 감는다 → 뜬다(오른쪽) → 감는다 → 뜬다(왼쪽)

2. 사선 운동 – 우상, 좌하, 좌상, 우하
   눈을 감는다 → 눈을 뜬다(우상) → 감는다 → 뜬다(좌하)
   → 감는다 → 뜬다(좌상) → 감는다 → 뜬다(우하)

3. 회전 안구운동
   지름 50cm정도의 큰 시계판을 그려 벽에 부착한 후 20~30cm 떨어진 거리에 서서 한다.
   - 눈을 크게 뜨고 한다.
   - 각 방향의 최대한 끝부분으로 시선을 향한다.
   - 오른쪽 시계방향으로 15바퀴를 회전하다.
   - 1회가 끝날 때마다 눈 깜박이기를 실시한다.
   - 반복 5회 후 눈 가림법을 실시한다.(15초간)

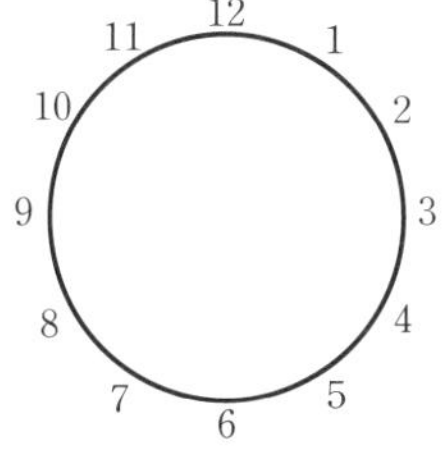

4. 안구운동을 할 때는
   감고, 뜨기에서는 자신의 힘으로 눈을 꼭 감거나 크게 떠야한다.
   각 방면(상, 하, 좌, 우) (우상, 좌하, 좌상, 우하)을 확실하게 주시한다.
   목과 얼굴을 움직여서 어떤 방향을 보는 것이 아니라, 눈만 향하게 하는 것이 중요하다.

출처 | 충북교육청 '맑은 눈 밝은 눈'

한번 해봐요

흑백도 컬러처럼 보일 수 있다!

준비물 아래와 같이 맥 콜로 효과가 나타나는 그림

해보기 ❶ 아래의 흑백으로 된 그림을 들여다본다.
흑백으로 처리된 선이 잘 보이는가?

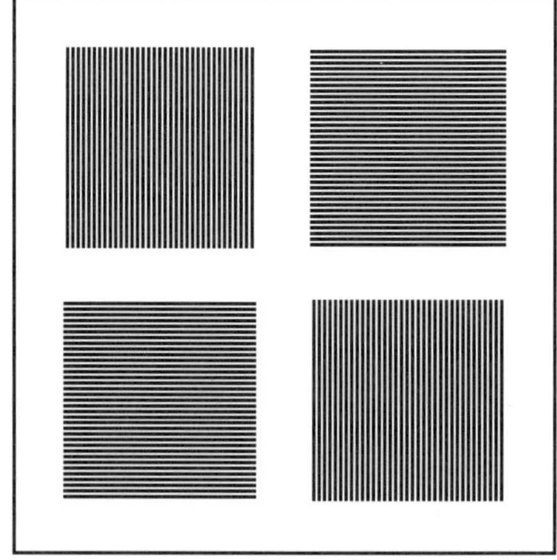

❷ 아래의 색깔 그림을 2～3분간 가만히 집중하여 들여다본다.

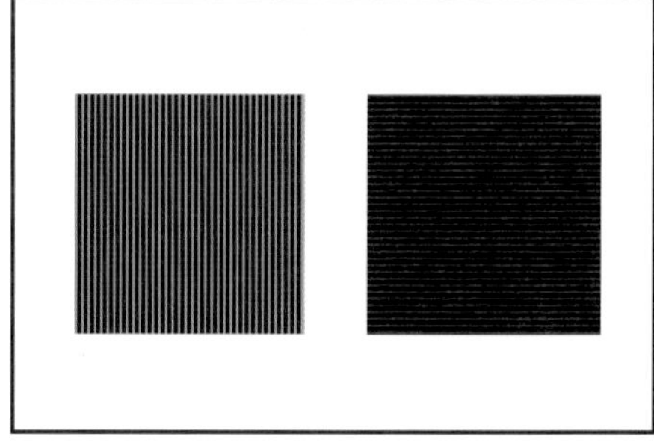

❸ 다시 ❶의 흑백 그림을 들여다본다.
처음 볼 때와 같은 그림이 보이는가?

아하, 그렇구나!

해보기 해설

그림의 모양 자체는 변화가 없으나 마치 배경에 색깔이 있는 것처럼 바뀌어 보인다. ❶번 그림에서 세로줄은 희미한 빨간 바탕에 있는 것처럼, 가로줄은 희미한 녹색 바탕에 그려진 것처럼 보인다. 실제로는 흰색 바탕임에도, ❷번 그림과 반대 색깔로 착색된 것처럼 보이게 된다. 개인마다 보이는 정도에 차이가 있다.

이 현상은 맥 콜로(McCollough) 효과라고 하는 것으로 컬러 모니터를 오래 보고 난 후 일시적으로 생기는 이상 현상이다. 색이 없는 사물이 착색되어 보이는 것인데 일시적으로 생기는 현상으로, 눈에 이상이 생긴 것은 아니다.

실생활에서도 컴퓨터 모니터나 비디오, 텔레비전 등을 오랫동안 보고나면 색의 혼란이 오게 된다. 이는 눈이 피곤함을 느끼게 되는 원인의 하나이다. 색이 없는데 색이 있게 보이거나, 한 가지 색을 오래 보고 나면 다른 색을 볼 때 한참동안 보던 색으로 보이게 되는 것이다.

이는 일시적인 현상이기 때문에 곧 정상적으로 돌아오긴 하지만 색의 혼란이나 가물거리는 현상은 정신적인 피로를 가져오고 스트레스의 원인이 되기도 한다. 이런 이유로 컴퓨터 작업을 하는 경우 매 시간 15분 정도의 휴식 시간이 필요하다고 한다.

안경은 더 얇게, 눈은 덜 작게

요새 뿔테 안경은 멋쟁이들의 필수품이라고 한다. 텔레비전에 나오는 최고의 스타들만 보더라도 배영준, 다니엘 헤니, 이훌이 등 패션 감각이 뛰어나다고 뽑히는 그들도 뿔테 안경을 즐겨 쓰고 나오니 말이다. 멋있는 연예인들이 뿔테안경을 쓰고 손으로 흘러내린 안경을 올리는 모습을 보면 왠지 지적으로 보이기까지 한다. 그래서 나도 그러면 안 되는 줄 알면서도 안경이 쓰고 싶어서 텔레비전을 가까이서 보기도 하고, 어두운 곳에서 책을 읽기도 했었다.

그런데 내 작전이 성공했던 것일까? 언제부턴가 칠판 글씨가 뿌옇게 흐려 보이기 시작했다. 어쩔 수 없이(?) 엄마를 모시고 안과에 가서 시력측정을 하고 안경을 맞추었다.

안경을 처음 꼈던 날, 왠지 나 역시 지적으로 보이는 것 같아 만족스러웠다. 수업시간에도 연신 코 아래로 흘러내린 안경을 바로잡으며 지적으로 보일 내 모습에 뿌듯해하곤 했는데….

6월 25일 날씨: 맑음

그러나 한 해 두 해 해가 갈수록 내 시력은 점점 나빠졌고 안경렌즈는 점점 두꺼워졌다. 이젠 잠잘 때와 세수할 때를 제외하면 항상 안경을 써야한다. 아침에 눈을 떴을 때 뿌영게 보이는 천정을 보면 마음도 뿌영게 흐려지기 일쑤다. 문제는 그뿐만이 아니었다. 안경렌즈가 점점 두꺼워지면서 점점 눈이 작아 보인다는 것과 안경 두께 때문에 옆모습에 자신감을 가질 수 없게 된 것이다. 이젠 안경이 없는 초롱초롱한 눈을 가진 학생들이 예쁘게 보인다.

더욱 나빠진 시력 때문에 안경을 새로 바꾸러 갔더니 안경점 아저씨가 들려준 반가운 소식. 압축을 세 번이나 했다는 초고굴절 비구면렌즈를 쓰면 두께가 얇고 눈도 덜 작아 보인다는 것이었다. 엄마께 당장 세 번 압축한 렌즈로 바꾸어 달랬다. 정말 가볍고, 눈도 커보인다. 할아버지의 돋보기 안경도 압축렌즈로 바꾸어 드리자고 해야지!

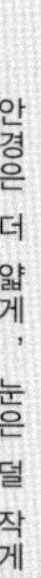

스넬과 샤넬의 연구실

교과서에서 찾아보기
초등학교 3학년 그림자놀이
초등학교 5학년 거울과 렌즈
중학교 1학년 빛

샤넬! 뭘 그렇게 뚫어지게 쳐다보고 있니?

박사님, 왜 이렇게 늦으셨어요? 궁금한 게 있어서 얼마나 기다렸는데요.

그게 뭔데? 네가 오늘 또 무슨 엉뚱한 질문을 할지 벌써부터 기대가 되는데?

박사님! 오늘은 진짜 물리에 대한 질문이에요. 저도 '초고굴절 비구면렌즈'를 끼면 눈이 덜 작아 보일까요?

갑자기 웬 눈 타령이냐?

늘 눈이 작아 보여서 고민이었는데, 그게 두꺼운 안경렌즈 때문이라고 하더라고요. 제가 원래 계란형 미녀 얼굴에 부리부리한 눈을 가지고 있는데 안경만 쓰면 실눈이 되어버리잖아요.

글쎄, 네 눈이 작아 보이는 것은 안경과 그다지 상관이 없어 보이는데?

박사님!

알았다, 알았어. 사실 안경과 눈의 크기는 밀접한 관련이 있지. 빛의 굴절을 잘 이용하면 눈을 덜 작게 만들 수 있거든. 관심이 있을 테니 한번 들어보거라.

물질의 굴절률

상태	물질	굴절률
고체	얼음	1.31
	다이아몬드	2.42
	경납유리	1.58
액체	물	1.33
	벤젠	1.50
	식용유 (콩기름)	1.47

❊ 렌즈의 굴절률

샤넬, 그동안 배운 빛의 성질을 말할 수 있니?

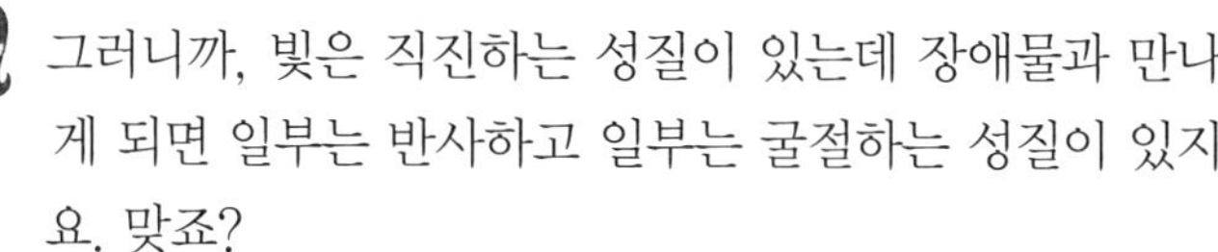

그러니까, 빛은 직진하는 성질이 있는데 장애물과 만나게 되면 일부는 반사하고 일부는 굴절하는 성질이 있지요. 맞죠?

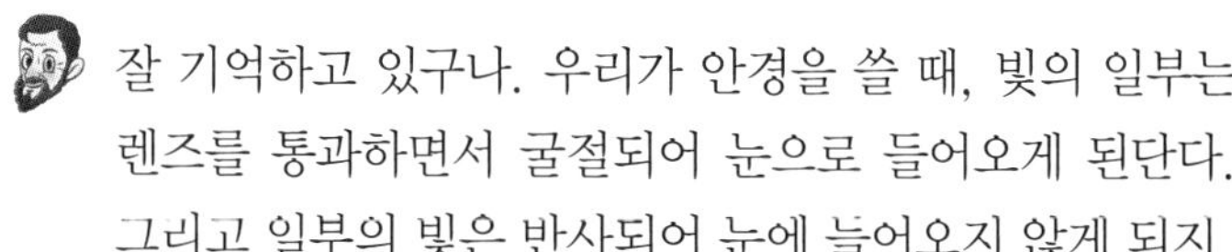

잘 기억하고 있구나. 우리가 안경을 쓸 때, 빛의 일부는 렌즈를 통과하면서 굴절되어 눈으로 들어오게 된단다. 그리고 일부의 빛은 반사되어 눈에 들어오지 않게 되지.

그 정도는 기본이라고요. 제가 궁금한 것은 초고굴절렌즈라고요.

혹시 압축렌즈라고 들어봤니?

그럼요. 안경점에 갈 때마다 압축렌즈로 하라고 권해주시는 걸요. 그게 초고굴절과 무슨 상관이 있나요?

빛의 성질

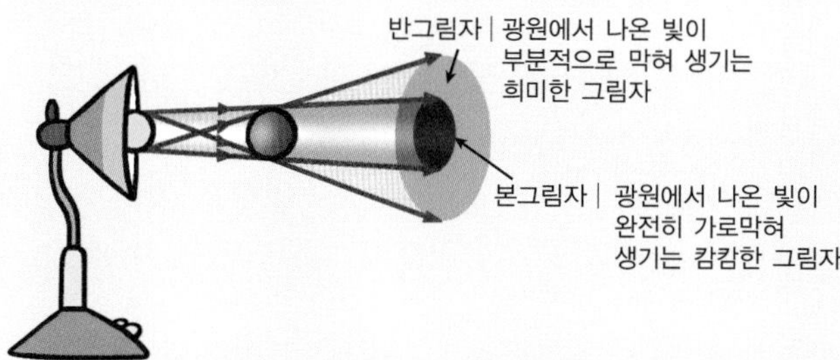

직진 | 빛은 장애물이 없는 한 똑바로 직진하는 성질이 있다. 불투명한 장애물을 만나면 물체 뒤쪽에 그림자가 생긴다.

반사 | 직진하는 빛이 물체에 부딪혀 진행하던 경로가 바뀌는 현상이다. 예를 들어 거울에 부딪힌 빛은 일정한 각도로 방향을 바꿔 진행한다.

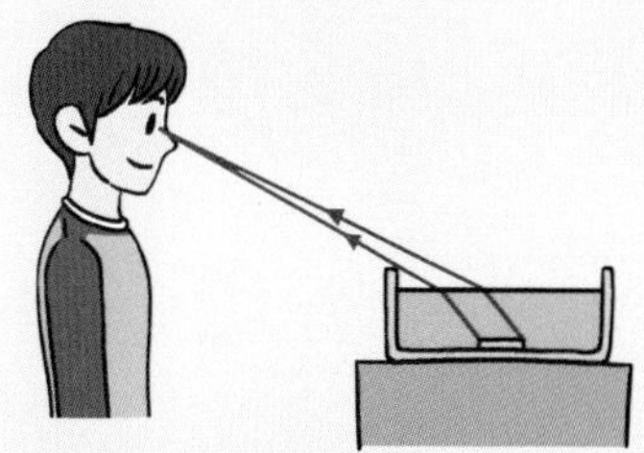

굴절 | 빛이 진행하다가 성질이 다른 물질을 통과하면서 두 물질의 경계면에서 경로가 꺾이는 현상이다. 빈 수조에 동전을 눈에 안 보이게 놓았더라도 물을 부어주면 보이는 경우가 있는데, 빛이 물 표면에서 굴절하여 생기는 현상이다.

렌즈에 따른 굴절률

종류	굴절률
일반렌즈	1.50~1.56
중굴절렌즈	1.56~1.59
고굴절렌즈	1.60~1.66
초고굴절렌즈	1.67 이상

렌즈의 굴절률은 물질의 종류에 따라 달라지며 굴절률이 클수록 빛이 더 많이 꺾인다.

그래. 안경렌즈를 두고 흔히 '한 번 압축이다', '두 번 압축이다' 라고 하여 이미 가공된 렌즈를 눌러서 얇게 만드는 것처럼 말하는데 이건 잘못된 표현이란 말이지.

렌즈를 눌러서 압축한 것이 아니라고요?

그래. 일반적으로 렌즈는 일반렌즈, 중굴절렌즈(흔히 말하는 한 번 압축), 고굴절렌즈(흔히 말하는 두 번 압축), 초고굴절렌즈(흔히 말하는 세 번 압축)로 나눌 수 있다.

그렇군요.

이것은 말처럼 렌즈를 눌러서 얇게 만든 것이 아니라, 렌즈를 제조할 때 굴절이 더 많이 되는 재료로 렌즈를 만드는 것이란다.

그러니까 똑같은 렌즈를 얼마나 눌러서 압축을 하느냐가 아니라, 다른 재료로 렌즈를 만든다는 말씀이시군요.

역시 잘 이해했구나.

다시 말하면 압축렌즈란 굴절률이 큰 재료로 만든 렌즈군요. 그렇다면 다이아몬드처럼 굴절률이 큰 재료로 안경렌즈를 만들면 제 부리부리한 눈이 조금도 작아지지 않겠네요?

그렇지는 않단다. 초고굴절렌즈가 일반렌즈보다 두께는 얇지만 굴절률이 크기 때문에 일반렌즈와 마찬가지로 눈이 작아 보인단 말이지.

그래요?

네가 근시니까 어쩔 수 없단다. 만일 볼록렌즈 안경이라면 눈이 커 보이겠지만.

그럼 압축렌즈든 아니든 도수가 높아질수록 굴절률이 커지니까 눈이 점점 더 작아지겠네요?

그렇지. 너무 슬픈 소식이냐?

안경을 끼면 어쩔 수 없이 눈이 작아보이게 되는군요. 너무 아쉬워요. 제 멋진 눈을 보여줄 수 없다니….

하지만 콘택트렌즈나 비구면렌즈 안경을 착용하면 눈이 작아 보이는 걸 좀 줄일 수 있다는 거!

비구면렌즈

비구면렌즈란 렌즈가 '구면'이 아니라는 뜻이다. 원래 모든 렌즈의 단면은 완벽하게 둥근 구의 일부인데 비구면렌즈는 렌즈의 단면 일부를 타원이나 포물선으로 만들어 구면이 아닌 다른 곡선 모양이 된다.

❇ 비구면렌즈의 비밀

박사님! 비구면렌즈가 뭐예요?

말 그대로 구면이 아니라는 얘기지. 비구면(非球面) 렌즈는 중앙이 구면이고 그 주변부는 타원면인 렌즈란다.

그럼 구면렌즈와 굴절이 다르게 일어나겠네요?

그렇지. 구면렌즈는 렌즈의 가장자리 면이 곡선을 이루기 때문에 가장자리로 갈수록 상이 휘어지고 왜곡된단다. 그래서 구면수차가 생기게 되지.

안경의 구면수차

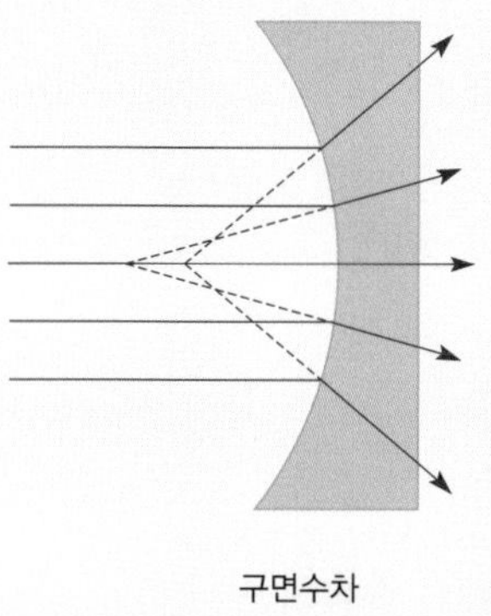

구면수차

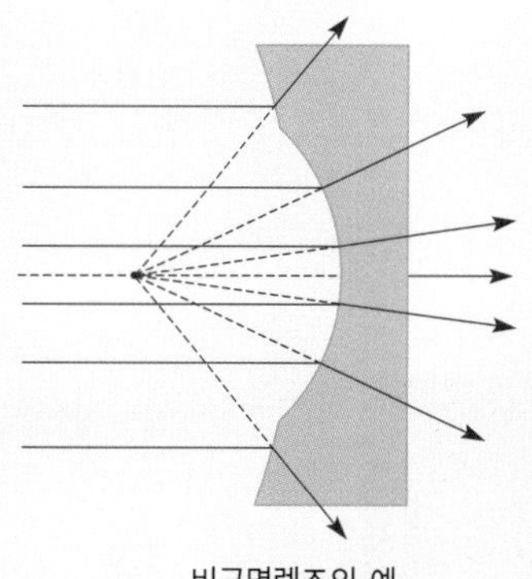

비구면렌즈의 예

안경렌즈에서 주로 시선이 가는 범위는 동공 중심점에서 지름 30mm정도이며, 그 주변부를 사용하는 경우는 약 10%에 불과하다. 가장 선명한 상을 망막에 만들기 위해 안경을 만들 때 동공 중심에 안경렌즈의 광학중심점을 일치시킨다. 광학중심점 밖에서 들어온 광선에 의한 상은 흐리고 약간은 일그러진 상을 만드는데, 광학중심점으로부터 멀어지면 멀어질수록 더욱 상이 흐려지고 일그러진다. 이때 주변부에서의 상의 흐림과 일그러짐은 구면수차와 그에 따른 왜곡수차에 의한 것이다.

구면수차란 빛이 어느 위치로 들어오느냐에 따라서 초점의 위치가 서로 달라 나타나는 수차이다. 이는 렌즈의 중심부에서 먼 쪽에서 투과한 빛은 초점이 맺히는 거리가 짧고 가까운 쪽은 초점이 맺히는 거리가 길어지는 현상 때문에 발생한다. 이런 문제는 렌즈를 비구면으로 만들어서 해결할 수 있다.

구면수차요?

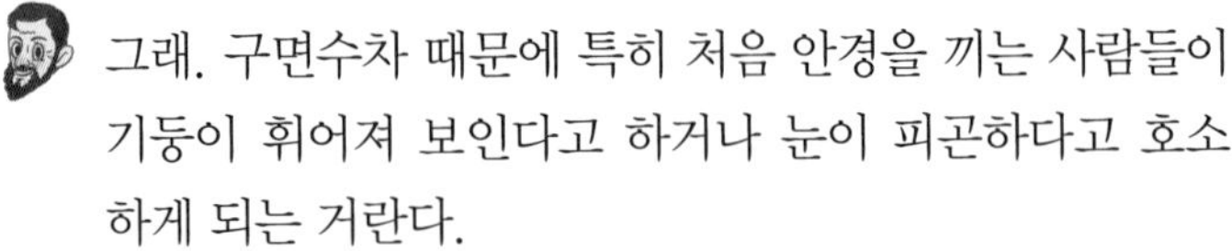

그래. 구면수차 때문에 특히 처음 안경을 끼는 사람들이 기둥이 휘어져 보인다고 하거나 눈이 피곤하다고 호소하게 되는 거란다.

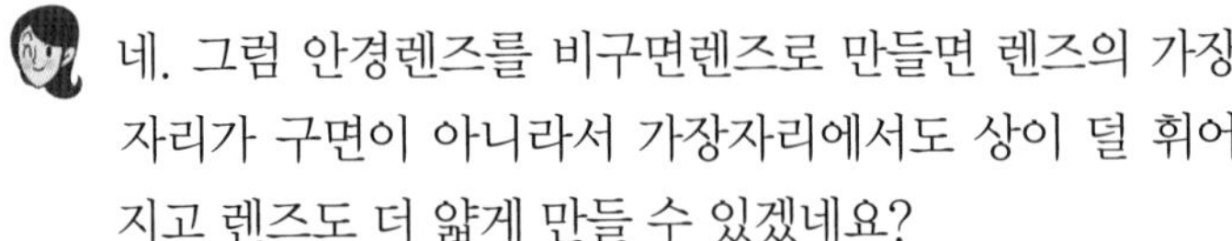

네. 그럼 안경렌즈를 비구면렌즈로 만들면 렌즈의 가장자리가 구면이 아니라서 가장자리에서도 상이 덜 휘어지고 렌즈도 더 얇게 만들 수 있겠네요?

그렇지, 그것뿐만 아니라 상의 선명도도 높일 수 있지. 더욱 놀라운 것은 비구면렌즈의 가장자리는 일반렌즈보다 얇기 때문에 굴절이 작게 일어나서 구면렌즈보다 눈이 덜 작아보인다는 말이지.

와~ 그래요? 저도 비구면렌즈 안경만 있으면 더 이상 눈이 작아 보이지 않겠네요. 그러면 제 멋진 눈에 다들 감탄할 날도 머지않았고요!

쯧쯧쯧, 눈만 크다고 다 김태희가 되는줄 아는 게냐?

박사님! 저도 꾸미질 않아서 그렇지 괜찮은 얼굴이라구요. 초고굴절렌즈로 안경을 얇게 하고 비구면렌즈로 눈을 커보이게 하면 박사님도 놀라실걸요?

카메라 렌즈 속 구조

❊ 비구면렌즈의 이용

껄껄껄, 이 참에 나도 한번 바꿔볼까?

그런데 박사님, 비구면렌즈는 안경에만 쓰이나요?

좋은 질문이구나. 요즘 디지털 카메라를 많이 사용하는데 그 안에도 비구면렌즈가 들어있단다.

디지털 카메라에두요?

그래. 디지털 카메라에는 여러 장의 볼록렌즈와 오목렌즈가 조합하여 이루어져 있는데 일반적으로 가공하기 쉽고 상대적으로 저렴한 구면렌즈를 포함한단다.

그럼 구면수차가 생기게 되잖아요.

그렇지. 구면수차로 인해 물체의 초점이 정확하게 맺히지 않으면 사진이 선명하게 나오지 않지. 그래서 비구면렌즈를 사용해서 구면수차를 줄여준단다. 구면렌즈를 사용하면 다른 구면렌즈로 구면수차를 줄여줘야 되는데 비구면렌즈를 사용하면 렌즈 수를 줄일 수 있어. 좀 비싸지긴 해도 카메라를 더 얇게 만들 수 있는 장점이 있거든.

와~ 그렇구나. 정말 신기하네요. 오늘 박사님 덕분에 제 외모에 더욱 자신감을 가지게 되었어요. 이제 완벽해요, 호호호.

일반렌즈와 초고굴절 비구면렌즈의 비교

렌즈 두께

같은 도수, 즉 같은 굴절률을 가진 일반렌즈와 초고굴절렌즈의 두께를 비교한 것이다. 초고굴절렌즈는 굴절률이 큰 물질로 만들기 때문에 일반렌즈에 비해 두께가 얇다.

일반렌즈 초고굴절 비구면렌즈

눈의 함몰 상태

옆 그림은 같은 굴절률을 가진 일반렌즈와 비구면렌즈의 눈의 함몰 상태를 비교한 것이다. 비구면렌즈는 상의 왜곡정도가 일반렌즈보다 작아서 일반렌즈보다 눈의 함몰이 적게 일어나고 훨씬 선명하고 편안한 시야를 제공한다. 특히 일반 오목렌즈와 비교하여 볼 때, 비구면 오목렌즈는 가장자리의 두께가 일반렌즈보다 얇고 평면에 가깝게 설계되어 상대적으로 굴절이 작게 일어난다. 따라서 안경을 착용한 상태에서 눈이 축소되어 보이는 현상이 월등히 적다. 쉽게 말해 눈이 덜 작게 보인다.

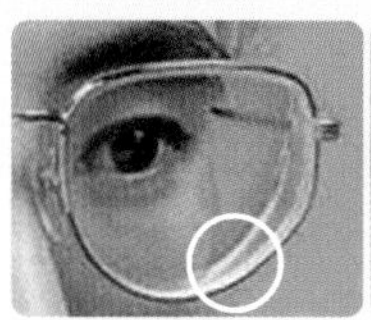

일반렌즈

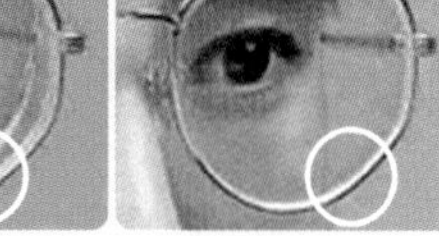

초고굴절 비구면렌즈

상의 왜곡 정도

일반 안경렌즈는 구면수차가 생겨 왜곡현상이 나타난다. 이에 비해 비구면렌즈는 렌즈의 전면, 또는 후면을 타원형으로 만들어 렌즈의 중심부와 주변부의 곡면을 다르게 함으로써 구면수차를 없애 왜곡현상을 방지한다.

일반렌즈

초고굴절 비구면렌즈

한번 해봐요

물질에 따른 굴절률

준비물 컵 2개, 식용유, 물, 동전 2개, 설탕

해보기 물질의 종류에 따른 굴절률을 살펴보자.

❶ 비어 있는 컵에 동전을 넣고, 동전이 보이지 않을 때까지 뒤로 물러서자.

❷ 다른 사람이 컵에 물을 부어보자. 동전이 보이는가?

❸ 동전이 보이면 다시 동전이 보이지 않을 때까지 뒤로 물러선 뒤 물을 비우자.

❹ 다른 사람이 컵에 식용유를 부어보자. 다시 동전이 보이는가?

더 해보기 농도에 따른 굴절률의 변화를 살펴보자.

❶ 해보기와 같은 방법으로 하되, 두 개의 컵을 각각 농도가 다른 설탕물로 채우자.

❷ 농도가 짙은 설탕물에 있는 동전과 농도가 옅은 설탕물에 있는 동전을 비교해보자. 어느 쪽의 동전이 더 위로 떠 보이는가?

아하, 그렇구나!

해보기 해설 물이나 식용유에 담긴 동전은 빛의 굴절에 의해 위로 떠보이게 되는데 이 때 식용유의 굴절률이 더 크므로 식용유에 담긴 동전이 더 위로 떠 보인다. 따라서 물에 넣은 동전이 보이지 않을 때 까지 물러선 뒤 물을 비우고 그곳에 다시 식용유를 채우면 사라졌던 동전이 다시 보인다.

더 해보기 해설 농도가 짙은 설탕물에 담긴 동전이 더 위로 떠 보인다. 그것은 농도가 짙은 설탕물이 농도가 옅은 설탕물보다 굴절률이 더 크기 때문이다.

치아교정만 했더라면

장래 미스코리아를 꿈꾸는 나는 이효리나 전지현 같은 연예인도 부럽지 않다. 키면 키, 외모면 외모, 성격이면 성격, 지금도 난 이미 완벽한 퀸카라구! 유후~

하지만 이런 완벽한(?) 나에게도 딱 한 가지 고민이 있으니, 그것은 바로 치아 배열이 매우 심하게 비뚤비뚤하다는 것이다. 들쭉날쭉한 치아들 때문에 어떤 때에는 말이 헛나오기도하고, 음식물도 자주 끼어 신경이 쓰이고, 양치질 하는 데도 불편하다. 거기에 덧니까지 있다 보니, 말을 하거나 웃을 때는 항상 입을 가리는 것이 습관이 되어 버렸다. 그러다 보니 나를 처음 보는 사람들은 내가 굉장히 내성적이고 소심한 줄 안다. 알고 보면 정반대인데도 말이다.

그런데, 치아교정을 해야겠다는 결심을 하게 된 결정적인 사건이 일어났다.

축구계의 신동 지훈이가 나에게 사귀자고 말을 건네 온 것이다! 모든 여자애들이 지훈이랑 사귀고 싶다고 얼마나 난리인데, 지훈이가 나한테 먼저 사귀자고 하다니…, 드디어 나에게도 이런 기회가 오는구나. 그래 가는 거야~

당근 사귀어야지!!

그런데 지훈이에게 예쁘게 보이고 싶은 나는 지훈이가 내 못생긴 치아를 보면 실망할까 봐 우물쭈물 했다. 이런 내 행동에 지훈이는 자기가 맘에 안들어 거절하는 줄 알고 되돌아 가버리고 말았다.

오 마이갓, 그게 아니야! 이럴수가….

당장에 치아교정을 해야겠다. 그 동안 아프다, 기간이 길다, 보기 흉하다 뭐다 해서 미루고 있었는데 이러다가는 내 사랑을 놓치겠다.

그런데 어떻게 해서 치아가 교정이 되는 걸까?

해정이도 치아교정한다고 무슨 철사같은 것을 아래위로 붙이고 다니던데…. 이게 어떻게 치아를 교정하는 거지? 치과 갔다올 때마다 아파서 말도 제대로 못하던데…. 치아에 무슨 짓을 해서 그런 걸까? 왜 그렇게 교정 기간은 긴 거야?

엄마랑 낼 치과에 가기로 했다.

치과 선생님께 꼭 물어봐야겠다.

스넬과 샤넬의 연구실

교과서에서 찾아보기

초등학교 4학년 수평잡기
초등학교 6학년 편리한 도구
중학교 1학년 힘
중학교 3학년 일과 에너지

샤넬! 어째 네가 오늘 독서좀 한다했더니 그 새 엎드려 자고 있는 거냐?

잔 거 아니거든요.

그럼 무슨 고민이라도 있는게냐?

너무 예쁜게 고민이죠.

허걱…. 어쨌든 그렇게 엎드려 있으면 너의 그 예쁜(?) 얼굴이 미워질 수도 있다는거!

에이~ 설마요. 좀 엎드려 잔다고 해서 얼굴모양이 변하겠어요?

이 녀석! 내가 제자한테 없는 소리를 한다는 거냐? 치아들이 묻혀 있는 뼈는 죽은 듯 보여도, 실은 살아있는 세포란 말이지.

치아가 받는 힘

- 엎드려서 잘 때 : 머리 무게나 자는 자세에 따라서 약 0.3~3N
- 음식물 씹을 때 : 600~700N
- 이갈이나 악물기 : 1500~2000N
- 작은 어금니 : 최대 650N
- 치아 교정시 : 약 1N

❋ 치아의 구조

박사님, 그럼 뼈도 다른 세포처럼 끊임없이 세포분열이 일어나나요?

그러니까 키가 점점 크지. 그리고 비뚤비뚤한 치열을 고르게 바꾸는 치료를 할 수 있는 것 아니겠니?

실은, 제가 다 완벽한데 다만 한가지, 치아가 고르지 않아서 고민이에요. 그래서 교정치료를 받아볼까 생각 중이에요.

치아교정이란 치아에 적절한 힘을 가해서 비뚤비뚤한 배열을 바로 잡아주는 것을 말하지. 특히 뼈세포의 생물학적인 특성을 함께 고려해서 말이지.

치아에 힘을 가하면 어떻게 움직이는데요?

치아의 뿌리 주변에는 치주인대라고 하는 조직이 있는데, 이 부분이 힘을 받으면 파골세포가 형성되어 뼈를 흡수하게 되지. 힘을 받지 않는 쪽에서는 조골세포가 형성되어 새로운 뼈를 만들게 되는 것이고.

파골세포
불필요한 뼈를 파괴하는 세포

조골세포
세포 밖으로 뼈물질을 분비하고 스스로는 골질에 싸여 뼈세포로 변함

아, 그렇군요. 그러면 어떻게 힘이 치아에 작용하는지에 따라 치아가 움직이는 것이 달라지겠네요.

그래. 정상적인 위치에서 벗어난 치아나 틀어진 치아를 정상적인 위치와 각도로 돌리기 위해서는 힘의 방향과 크기를 적절히 조절해야 한단 말이지.

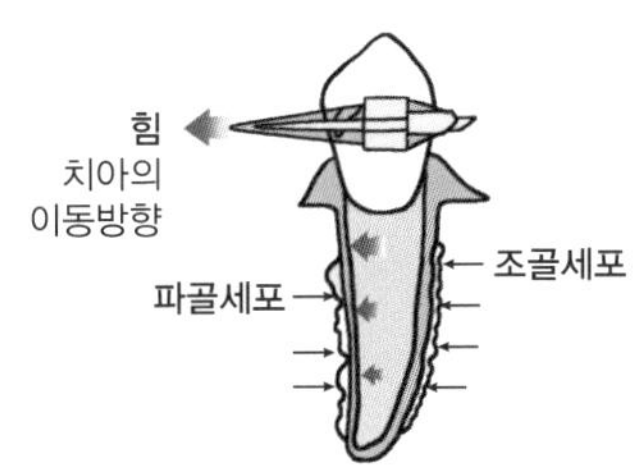

❊ 치아교정을 위한 힘의 크기

박사님, 그러면 힘의 크기가 크면 클수록 치아도 빨리 이동하나요?

치아의 구조

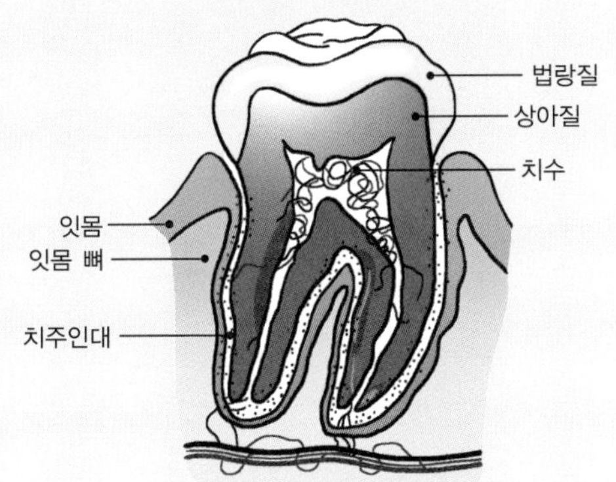

법랑질 | 인체에서 가장 단단한 물질로 치아 보호
상아질 | 법랑질 아래 치아의 대부분을 이루는 물질
치수 | 혈관과 신경이 있는 부분으로 이 조직이 손상되면 신경치료를 해야 함
치주인대 | 치아와 잇몸뼈 사이에서 쿠션 구실을 함
잇몸 뼈 | 치아를 단단히 붙들어주는 뼈
잇몸 | 치아와 입안이 연결되는 경계부의 연조직

 그렇게 생각할 수 있지만, 실제로는 그렇지 않지. 왜냐하면 뼈도 다른 세포처럼 성장과 분열이 지속적으로 일어나는 세포이기 때문에, 치아의 이동 역시 잇몸 뼈의 세포가 파괴되고 생성되는 시간들을 고려해야 하거든.

 그래서 교정하는 데 시간이 1년 이상 오래 걸리는 것이로군요. 그렇다면 힘의 크기가 얼마 정도인 것이 좋을까요?

 치아에 가하는 이상적인 힘의 크기는 치주 조직의 혈액순환을 방해하지 않으면서 새로운 뼈세포가 생성될 수 있을 정도여야 하지. 경우에 따라 다르겠지만, 치아 한 개에 약 1N의 힘이 적당하다는 말이지.

 더 큰 힘을 작용하게 되면 어떻게 되나요?

만일 그렇다면, 치아 뿌리가 잇몸 뼈에 흡수되어 뿌리가 짧아질 수 있지. 너무 작은 힘이 작용하면, 치아가 이동하지 않을 테고.

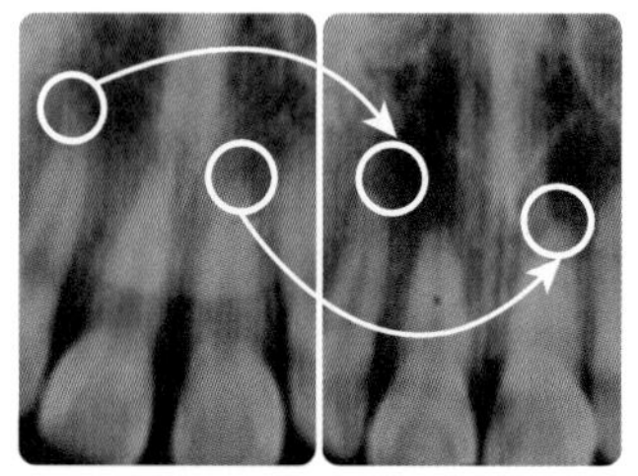

치아의 뿌리가 흡수된 경우
치아에 무리한 힘을 주어 치아 뿌리가 흡수되어 교정 전(좌)보다 교정 후(우) 뿌리가 짧아짐

치아교정 장치 모식도

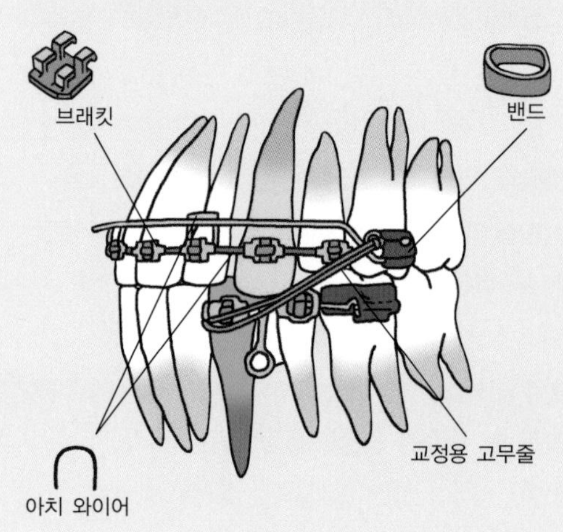

브래킷(brackets) | 치아에 붙이는 교정장치로 실제 치아를 움직이는 힘을 전달하는 장치이다. 재질에 따라 금속, 플라스틱, 세라믹 등이 있다.

밴드(band, 반지) | 얇은 금속으로 된 반지 모양의 장치로 브래킷이나 튜브를 여기에 붙여 어금니에 끼우는 장치이다.

아치와이어(arch wire) | 브래킷이나 튜브에 연결되는 긴 철사를 말한다.

교정용 고무줄(elastics) | 치아와 치아 사이에, 혹은 위턱과 아래턱 사이에 끼워 치아나 턱을 움직이는 역할을 한다.

❊ 치아에 작용하는 힘의 방향과 작용점

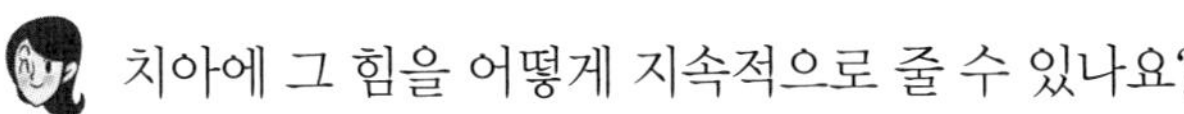

치아에 그 힘을 어떻게 지속적으로 줄 수 있나요?

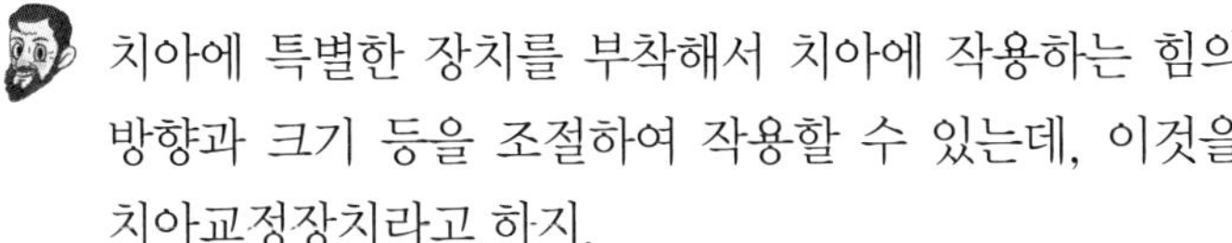

치아에 특별한 장치를 부착해서 치아에 작용하는 힘의 방향과 크기 등을 조절하여 작용할 수 있는데, 이것을 치아교정장치라고 하지.

박사님, 그러면 치아교정장치를 통해 치아에 힘을 주어서 위치를 바꿔주는 것인가요?

그렇지. 자, 그럼 치아에 힘을 줘서 이동시키는 것에 대해 얘기해 볼까?

치아로 말하면 어려운 것 같으니까 좀 단순한 물체를 가지고 설명해 주세요.

그래. 치아가 고르지 않다는 것은 크게 3가지로 생각해 볼 수 있는데, 물체를 가지고 설명하면 정상 위치에서 벗어난 경우, 정상 각도에서 벗어난 경우, 제자리에서 돌아간 경우로 나눌 수 있게 되지.

첫 번째 경우는 저도 알 수 있을 거 같아요. 물체의 무게 중심을 밀어주면 되잖아요.

그래, 맞았어. 그럼 두 번째 경우는 어떻게 해야 할지 생각해 보렴. 예를 들어 앞니가 튀어나왔다면?

힘의 3요소

힘의 크기
힘의 방향
힘의 작용점

크기가 같은 두 힘의 합성

크기가 f인 두 힘이 한 점에서 작용할 때, 합력 F는 두 힘이 이루는 각도에 따라 다르다.

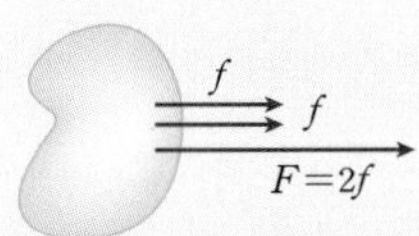

두 힘의 각이 0° 일 때
합력(F)의 크기는 $2f$
$F=2f$

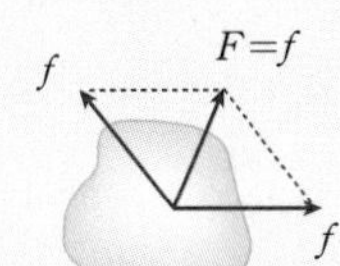

120° 일 때
합력(F)의 크기는 f
$F=f$

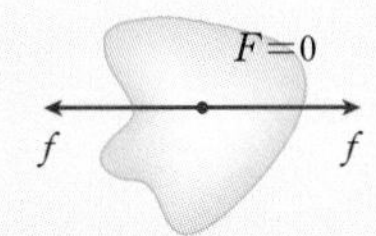

180° 일 때
합력(F)의 크기는 0
$F=0$

잠시만요, 박사님. 아까처럼 치아의 가운데를 밀면, 치아 전체가 이동하겠죠?

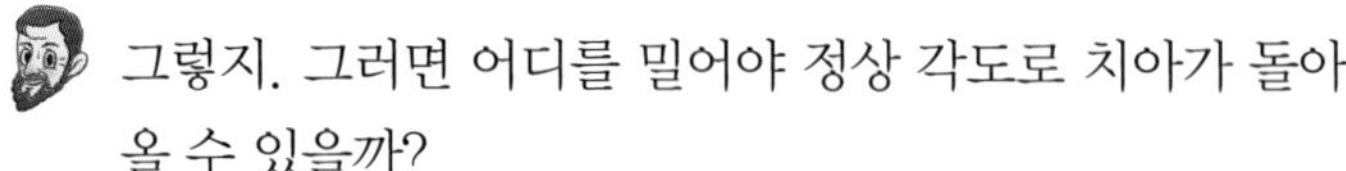

그렇지. 그러면 어디를 밀어야 정상 각도로 치아가 돌아올 수 있을까?

한쪽 끝을 밀면 될 것 같은데요?

그래. 두 번째도 역시 맞았다! 물체가 한 점이 고정되어 있고, 정상 위치에서 벗어났다면 한쪽 끝에 돌림힘을 주어 물체를 회전시켜주면 되지.

앗싸~! 박사님, 이제 저도 다 알죠? 앞으로는 저 무시하지 마세요.

녀석. 쉬운 거 하나 맞혔다고 잘난 척은. 좋아, 그럼 세 번째 경우도 한번 설명해 볼까? 세 번째는 치아가 제자리에서 돌아가 있는 경우야. 방향이 틀어진거지.

무게중심을 미는 것도 아니고, 한쪽에 돌림힘을 작용하는 것도 아니고…. 어려워요. 박사님이 알려주세요.

그럼 이제는 좀 겸손해지기로 한거냐? 오케이~ 알려주지. 이땐 짝힘을 주어야 한단 말이지.

돌림힘

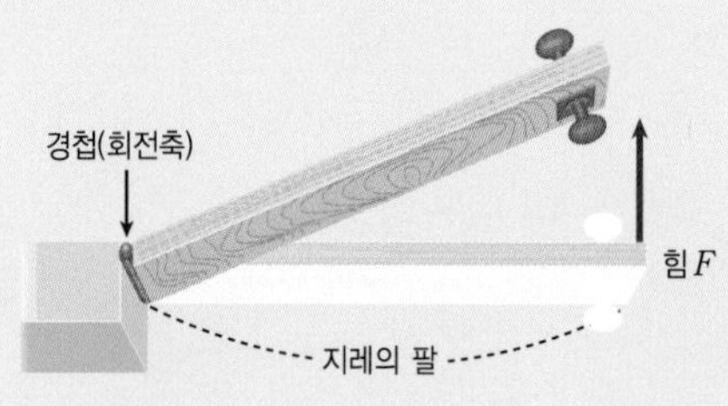

여닫이 문을 열면, 경첩을 중심으로 문이 회전한다. 이처럼 물체의 회전을 일으키는 힘을 '돌림힘'이라고 한다. 이때 손잡이가 경첩으로부터 멀리 떨어져 있을수록 문을 열기 쉬워진다. 회전축(경첩)으로부터 힘이 작용하는 점(손잡이)까지의 수직거리를 '지레의 팔'이라고 한다. 문을 쉽게 열려면 손잡이에 작용하는 힘의 방향이 중요한데, 문의 손잡이에 가하는 힘이 문의 평면과 수직이어야 한다. 이처럼 돌림힘의 크기는 경첩으로부터 거리가 멀수록, 문의 평면에 수직으로 작용하는 힘의 크기가 클수록 커진다.

문을 여는 돌림힘 = 문의 평면에 수직으로 작용하는 힘 × 경첩에서 손잡이까지 수직거리

짝힘이요? 혹시 글자 그대로 짝을 이루어 힘을 작용하라는 말씀이세요?

그래. 맞았어. 짝힘은 크기가 같은 두 힘이 한 물체에 대해 서로 반대방향으로 작용하는 것이지.

박사님, 한 물체에 크기가 같은 두 힘을 반대로 당기면 물체가 안 움직이는 거 아니에요? 줄다리기할 때처럼요.

그래. 그럴 경우를 힘의 평형이라고 한단다. 짝힘은 힘의 평형과 단 한 가지 조건만 빼고 똑같단다.

그 한 가지가 뭔데요?

같은 작용선상에서 반대방향으로 같은 크기의 두 힘이 작용하면 물체는 정지하지만, 작용선이 일치하지 않으면 물체는 회전하게 된단 말이야.

그렇군요. 오늘 좀 어려운 걸 배웠어요. 엎드려 있던 덕분에 치아교정도 알게 되고, 물체에 힘이 어떻게 작용하느냐에 따라 물체가 이동한다는 것도 알게 되었네요.

짝힘
크기가 같고 방향이 반대인 두 힘이 서로 다른 작용점에 평행하게 작용하는 상태

크기가 같은 두 힘이 서로 반대방향으로 작용할 때

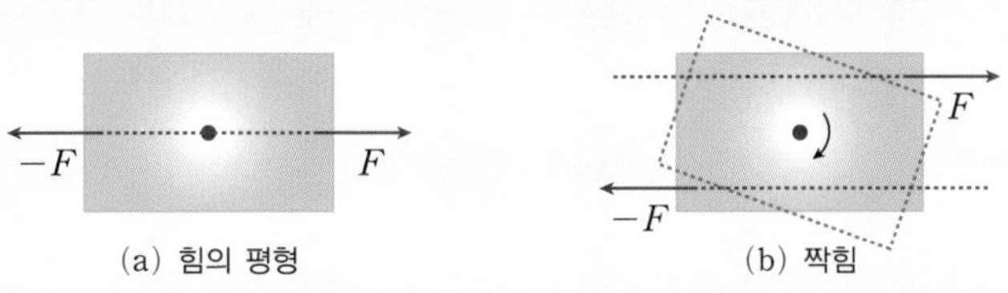

(a) 힘의 평형 (b) 짝힘

물체에 작용하는 힘의 합력 $F+(-F)=0$

한 물체에 힘의 크기가 같은 두 힘이 서로 반대방향으로 작용 할 때에, 힘의 작용점이 같고 같은 작용선상에 있으면 물체는 제자리에 정지한 상태로 있는다(a). 그러나 두 힘의 작용점이 다르면 물체는 제자리에서 회전하게 된다(b).

힘의 3요소	힘의 평형	짝힘
힘의 크기	서로 같음	
힘의 방향	반대 방향	
작용점	같은 작용점, 또는 같은 작용선	서로 다른 작용점, 또는 서로 평행

치아 배열이 비뚤비뚤한 경우와 그 때 힘을 가하는 방법

치아가 정상 위치에서 벗어났을 때

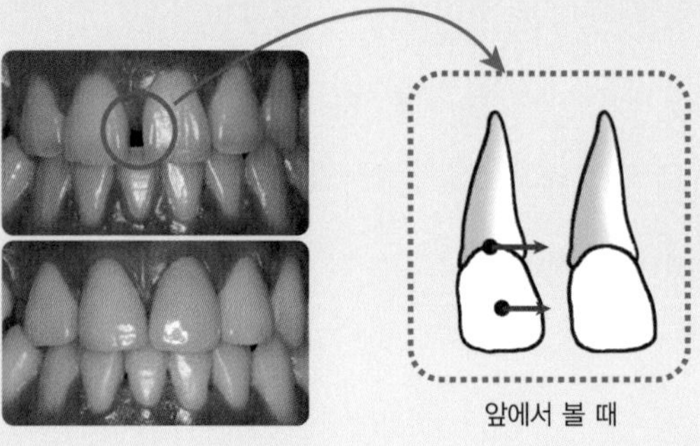

물체의 무게 중심에 힘을 가해 그대로 원하는 위치까지 이동시킨다.

치아가 정상 각도에서 벗어났을 때(치아가 앞으로 돌출되었을 때)

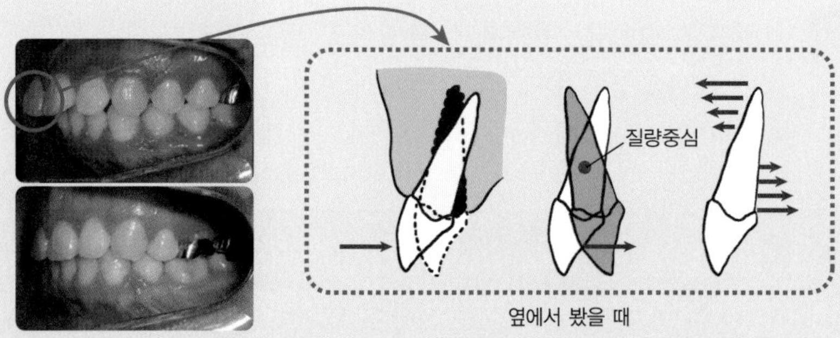

물체의 한 점을 고정점으로 하여 돌림힘을 작용하여 물체를 회전시킨다.

치아가 제자리에서 돌아간 경우

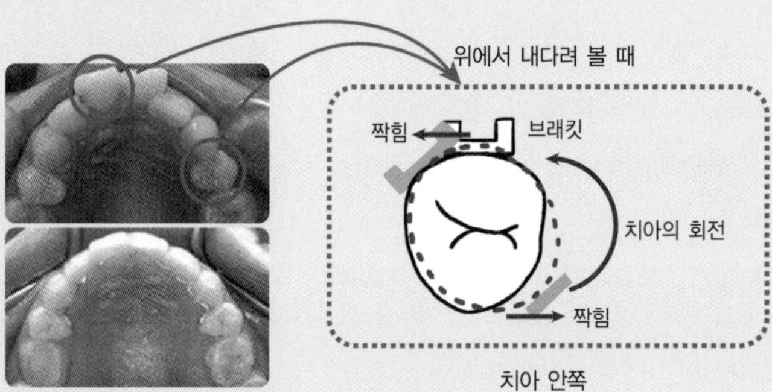

치아에 짝힘을 가해 치아를 제자리에서 회전시킨다.

과학상식 톡톡

부정교합을 만드는 생활 습관

덧니나, 아래윗니가 잘 맞지 않는 것을 일컬어 부정교합이라고 하는데, 이러한 부정교합은 선천적인 이유나 후천적인 환경에 의해, 혹은 이 두 가지가 복합적으로 작용해서 생길 수 있다.

선천적인 부정교합으로는 턱뼈나 치아 크기가 태어나면서부터 지나치게 크거나 또는 작아서 아래턱이 앞으로 튀어나오는 주걱턱, 윗턱은 앞으로 나와 있고 아랫턱은 아주 작은 무턱증, 턱뼈에 비해 치아의 크기가 커서 치아가 삐뚤게 나거나 치아 사이가 벌어지는 증상 등이 있다.

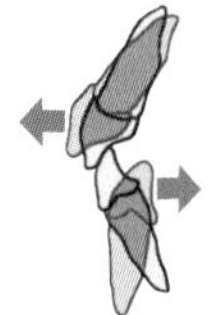

손가락 빠는 습관과 치아의 이동

후천적인 부정교합으로는 충치나 잇몸관리가 제대로 되지 않아 젖니가 일찍 빠져 나중에 영구치가 나올 자리가 없어지는 증상이 대표적이다. 이렇게 되면 치열이 삐뚤어지고 치아의 위치나 턱뼈의 성장을 나쁘게 만들기도 한다.

또한 장기적인 나쁜 습관도 후천적인 부정교합을 만드는 원인이 된다. 손가락 빨기, 입술 빨기, 혀 앞으로 내밀기, 손톱 물어뜯기, 핀 물기, 이갈기, 엎드려 자기 등의 습관으로 인해 부정교합이 될 수 있는데, 이 중에서 가장 문제가 되는 것이 손가락을 빠는 습관이다.

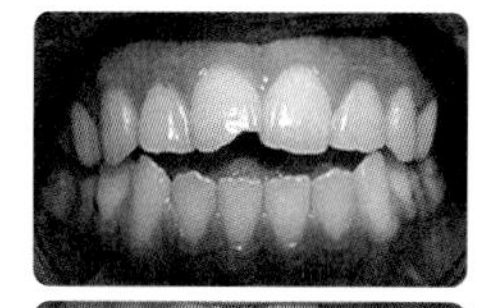
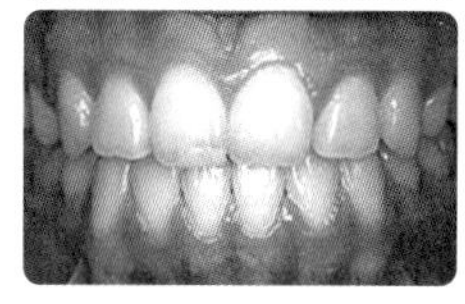

(위) 손가락 빨기 습관으로 인한 개방교합 (앞니 사이가 떠서 음식물 자르는 것이 어려움)
(아래) 정상교합

통계에 의하면 전체 유아의 약 반 정도가 손가락을 빠는데, 만일 네 살이 넘어서도 손가락을 빨면 부정교합이 될 확률이 매우 높아진다. 손가락을 빨면 위의 앞니가 유난히 튀어나오고 아래 앞니는 안쪽으로 기울어져 아랫니와 윗니의 간격이 생기거나, 벌어진 윗니와 아랫니 사이로 혀를 내밀어 발음에 이상이 생기기도 한다.

손가락을 빠는 습관을 없애기 위해서 손가락에 쓴 맛이 나는 물질을 바르거나 인공 젖꼭지 또는 손가락 빨기 교정기 같은 도구를 사용하기도 한다.

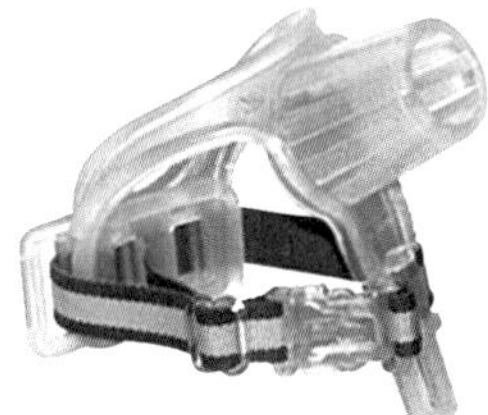

손가락 빨기 교정기

출처 | www.drthumb.com

한번 해봐요

물체에 힘 가하기

준비물 상자(또는 책), 유리문(또는 상당히 무게가 나가는 문)

해보기 ❶ 한 손으로 상자의 여러 곳을 밀어보자. 또 양손으로 같은 힘의 크기로 밀어보고, 서로 다른 두 힘으로도 밀어본다.

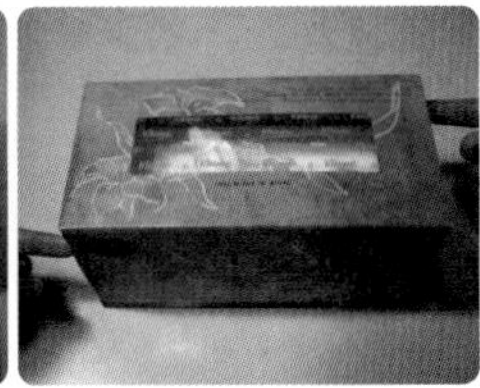

❷ 유리문을 밀어 열어보자. 이때 회전축에서 먼 곳과 가까운 곳을 밀어본다.

- 한 손으로 밀 때, 상자는 어느 쪽으로 움직이는가?
- 두 손으로 밀 때, 상자는 어느 쪽으로 움직이는가?
- 유리문을 여는 데 힘이 적게 드는 위치와 힘이 많이 드는 위치는 어디인가?

아하, 그렇구나!

해보기 해설

- 한 손으로 상자를 밀 때, 상자의 중심부를 밀면 손가락이 미는 방향으로 상자는 직진한다.

한 손으로 가운데를 밀 때

그렇지만 중심에서 벗어난 곳을 밀면 상자는 한쪽만 밀려 결국 큰 호를 그리며 움직인다.

한 손으로 물체 끝을 밀 때

- 두 손으로 밀 때 힘의 작용선이 나란하고 두 힘의 크기가 같으면 상자는 이동하지 않는다. 한편, 양쪽 힘의 크기가 차이가 나면서 작용선이 나란하면 한쪽으로 직선이동 하고, 힘의 크기가 차이가 나면서 작용선이 나란하지 않으면 힘을 크게 받는 쪽이 더 많이 이동하여 상자가 돌게 된다.

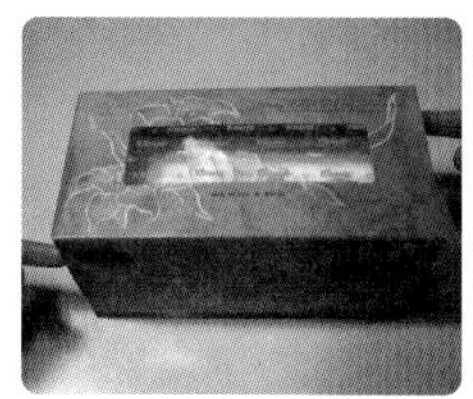

두 손으로 양 끝을 밀 때

- 유리문을 열 때, 회전축으로부터 거리가 멀수록 더 쉽게 문이 밀린다.

황사, 이젠 안녕!

이번 주말에 마야중 축구부 애들이랑 시합이 있다. 저번 경기에서 종료 5분을 남겨놓고 2-1로 역전패를 당해 억울해 죽는 줄 알았다.

조만간 이 아픔을 되갚아주리라 단단히 맘먹은 우리팀은 지난 2개월 동안 수업이 끝난 후 운동장에 모여 하루도 빠짐없이 훈련을 하였다.

흙먼지를 뒤집어 써가며 열심히 훈련을 하는데 오늘따라 눈도 따갑고, 목도 아프다.

'훈련을 넘 열심히 했나?'

그런데 체육선생님께서 오시더니 황사가 심하니 그냥 집으로 돌아가라는 것이었다.

선생님께 떠밀려 집에 돌아오기는 했지만, 훈련을 마저 못한 게 안타깝기만 하다.

집에 돌아오자 엄마께서는 내 옷을 홀러덩 벗기시더니 욕실로 나를 밀어넣으셨다. 황사 때문에 집에 돌아오면 깨끗이 씻어야 한다는 것이었다. 황사에는 단순히 흙만 들어있는 것이 아니라 구리, 납, 실리콘, 카드뮴 등 건강에 매우 좋지 않은 중금속도 포함되어 있다고 하시며….

아빠께서는 퇴근길에 삼겹살을 사 들고 오셨다. 먼지를 많이 마셨으니 삼겹살을 먹어야 한대나? 먼지랑 삼겹살이랑 무슨 관계가 있담? 궁금해서 여쭸더니 목에 쌓인 먼지를 삼겹살이 쓸어낸다고 하신다. 정말? 진짜 효과가 있는지는 잘 모르겠지만, 여튼 황사 덕분에 간

만에 삼겹살을 원없이 먹었다. 이만하면 황사도 다 쓸려나갔을 거야. 크크크.

숙제를 하고 있는데 엄마께서 담임선생님으로부터 문자를 받으셨다고 했다. 황사경보가 발령되어 내일은 임시휴교령이 내렸으니 학교에 안가도 된다고 하셨다.

이 기쁜 소식을 소리에게 알리러 나가려는데, 이모가 퇴근해서 돌아왔다.

"황사가 너무 심해, 다들 외출 삼가도록 해요!"

이모가 마스크를 벗으면서 말을 했다.

그런데, 이모가 벗은 마스크는 일반 마스크랑 달라 보였다. 하도 빤히 쳐다보니, 이모가 이건 황사마스크라고 하는데 미세먼지를 차단하는 특수한 소재로 만들어졌다고 한다. 일반 마스크는 추위를 방지하는 용도로 사용되는 것이라 성근 면으로 되어 있어, 황사 같은 작은 입자를 걸러낼 수 없다나?

'그래, 바로 이거야!'

낼 이걸 쓰고 축구연습을 해야겠다.

'으흐흐, 기다려라 마야중 축구부! 이번엔 기필코 이기고야 말테다!'

스넬과 샤넬의 연구실

교과서에서 찾아보기

초등학교 3학년 고체혼합물 분리하기
초등학교 4학년 혼합물 분리하기
초등학교 6학년 일기예보
중학교 2학년 전기
중학교 2학년 혼합물 분리하기
고등학교 1학년 환경

샤넬, 얼굴에 쓰고 있는 것이 무엇이냐?

이거요? 황사용 마스크요. 오늘 황사바람이 분다고 엄마께서 챙겨주셨어요.

혹시 나한테 주려고 준비한 것은 없니?

이거뿐인데요. 박사님도 하나 사세요.

의리 없는 녀석 같으니라고. 이젠 나한테 뭐 물어보지도 마라.

헤헤~ 박사님 질문하지 말라시니 갑자기 궁금한 것이 생겼어요. 황사가 왜 나쁜가요?

궁금한 것이 생길 때만 나를 찾는구나. 네 스스로 찾는 습관을 길러야 한다는 거!

친절한 박사님, 그러지 말고 좀 알려주세요.

황사
주로 중국 북부의 황토 지대에서 바람에 의하여 하늘 높이 불어 올라간 무수의 미세한 모래 먼지가 대기 중에 퍼져서 하늘을 덮었다가 서서히 강하하는 현상 또는 강하하는 모래 먼지를 말한다.

미세먼지(PM10)

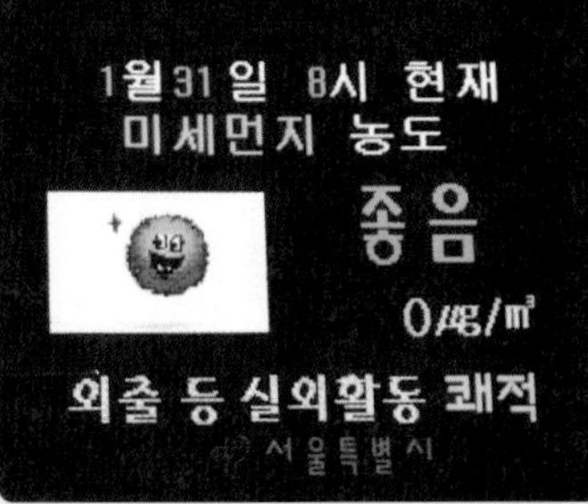

PM10은 Particle Matter 10으로서, 지름이 10μm(1μm $=10^{-6}$m) 이하인 먼지를 말한다. 이러한 미세먼지는 대기 중의 황산화물이나 질소산화물 같은 가스 물질 또는 중금속 물질과 쉽게 결합한다. 그러다가 우리가 숨을 들이쉴 때 호흡기관을 통해 폐의 기관지나 폐포 부위에 들러붙어서 호흡기 질환을 일으키거나 면역력을 약하게 만든다. 우리나라 대기환경 기준으로 미세먼지의 농도는 연간 평균치 70μg/m^3 이하, 24시간 평균치 150μg/m^{3}이다.

❊ 먼지를 거르기 위한 장치들

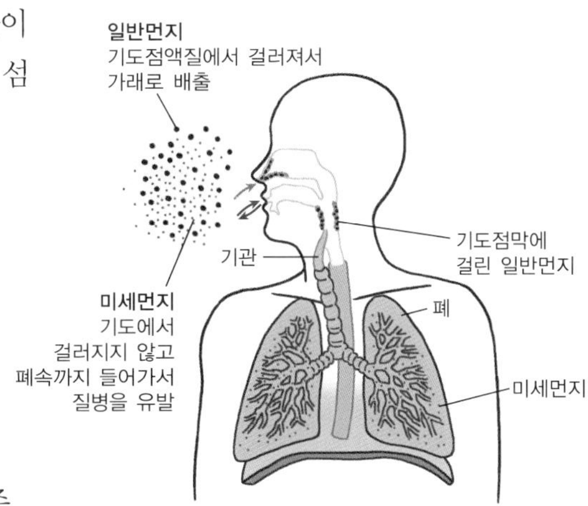

공기 중에는 먼지가 있다. 우리가 숨을 들이쉴 때, 일반적으로 먼지는 코털, 기관지 섬모, 기도점액질에 의해서 걸러지게 되지.

코 안에 털이 괜히 있는 것이 아니군요.

그렇지. 그런데 황사의 미세먼지는 일반 먼지 크기보다 작아서, 여기서 걸러지지 않고 폐 속까지 들어가서 호흡기 질환을 일으킨다는 말이지.

그래서 마스크를 써서 미세먼지를 막아준다는 것이로군요.

그렇단다. 하지만 면 거즈로 만들어진 일반 마스크로는 이러한 미세먼지를 막을 수 없다는 거!

다양한 호흡 보호용 마스크

방진 마스크 | 석탄, 납, 카드뮴과 같은 금속산화물의 분진 등을 제거하는 마스크

방독 마스크 | 유기용제, 암모니아, 염소 등 유해가스를 제거하기 위한 마스크

송기 마스크 | 산소농도가 낮은 곳에서 산소를 공급하여 주는 마스크

공기 호흡기 | 유해가스, 연기, 산소결핍으로 위험이 있을 때 착용하는 마스크

예를 들어 유해가스가 발생하는 곳에서 방진 마스크를 착용하는 것은 별 도움이 되지 않는다. 호흡보호용구를 부적절하게 선택하는 것은 오히려 위험을 초래하므로 각 호흡보호용구를 착용할 때는 용도와 기능, 주의사항 등을 잘 파악하고 이용해야 한다.

안면부 여과식 방진 마스크

필터식 방독 마스크

송기 마스크

출처 | 한국 3M

그러면 황사용 마스크에는 무엇인가 특별한 비밀이 숨어 있나요?

그래. 황사용 마스크에는 좀 더 특별한 필터가 부착되어 있단다.

필터는 무엇인가를 걸러주는 것 아닌가요? 그렇다면 황사용 마스크 속의 필터가 황사나 미세먼지를 걸러 주는 것이군요.

그래. 황사 마스크는 일종의 방진 마스크로서 미세한 먼지나 분진 등을 걸러주는 기능이 있단다.

어떻게 필터가 먼지를 거르는 거죠?

마스크로 먼지를 거른다는 것은 숨을 들이쉴 때 들어온 공기 중의 먼지들이 마스크 섬유에 붙잡혀 더 이상 우리 몸속으로 들어오지 못하는 것을 말한단다.

그러면 먼지 크기보다 필터가 촘촘하면 먼지가 걸러질 것 같은데요?

그래, 맞았어. 마치 촘촘한 체가 성근 체보다 잘 거를 수 있는 것과 같은 원리란다.

그럼 황사나 미세먼지는 일반 먼지보다 훨씬 크기가 작으니까 그만큼 마스크에 사용하는 필터도 촘촘해야겠네요.

좀 어려운 말로 하자면, 그게 바로 '체효과' 라고 할 수 있어. 그 밖에 먼지를 거르는 원리 중에는 '관성효과' 와 '확산효과' 라는 것도 있단다. 이는 마스크를 통과하는 공기 중의 먼지들이 관성이나 확산운동을 하다가 섬유와 충돌해서 붙잡히게 되는 것을 말한단다.

그럼 이런 필터는 아주 특별한 것으로 만들겠네요.

그래서 초극세사섬유나 탄소섬유 같은 특수 소재를 이용해 만들거나 부직포를 만드는 가공 방식으로 필터를 만든단다.

필터(filter)
라틴어 필트럼(filtrum)이라는 말에서 나왔으며 펠트(felt), 펠트럼(feltrum), 또는 압축물과 연관되는 말로서 동물의 털(hair)을 상징한다. 한 물질을 다른 물질로부터 분리하는 장치를 말한다.

부직포(不織布)
날실과 씨실을 교차하여 직물을 만드는 과정을 거치지 않고, 일정한 모양 없이 서로 엉키게 하여 만든 평면 모양의 섬유원단이다. 기저귀, 필터, 클리너 등의 용도로 사용된다.

✻ 초극세사로 더 촘촘하게

초극세사? 그거 요새 걸레나 먼지털이개로 선전하는 거 그거 맞죠?

어디서 보긴 봤구나. 극세사 혹은 초극세사라고 하는데, 말 그대로 굵기가 아주 가는 특수한 섬유란다.

일반 섬유의 굵기와 차이가 많이 나나요?

그래. 머리카락의 굵기의 약 $\frac{1}{100}$ 정도 된단다.

우와~ 극세사 섬유 100가닥 정도를 모아야 머리카락 1개 정도 굵기가 된다는 말이네요? 그런데 그렇게 해서 뭐가 좋아지는 것인가요?

초극세사 섬유조직은 빈 공간이 10μm 이하일 만큼 촘촘하게 만들기 때문에, 일반 직물에 비해 먼지가 통과하기 어렵단 말이지. 이것으로 직물이 아닌 부직포를 만들어도 마찬가지이고.

섬유의 굵기

일반섬유 | 약 10~30μm로 머리카락 굵기의 약 1/10

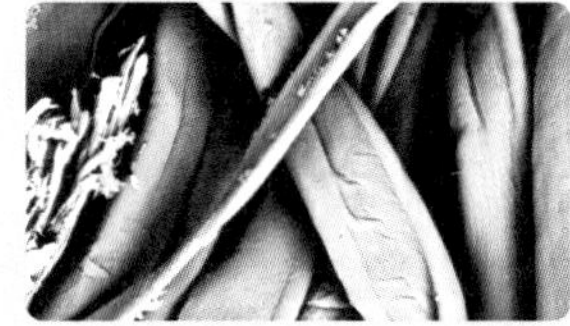

×2000

극세사 또는 초극세사 | 섬유 한 가닥의 굵기가 1~2μm(머리카락 굵기의 약 1/100) 이하

×2000

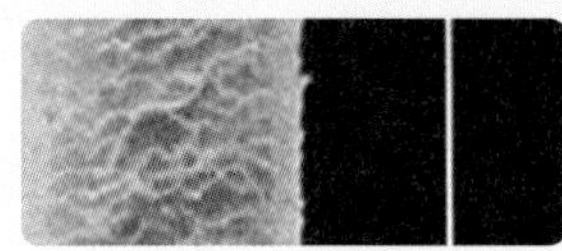

(왼쪽) 머리카락 | 약 100μm(10^{-4}m)
(오른쪽) 초극세사 | 1 μm
= 1/1000 mm
= 10^{-6} m

✻ 정전기로 먼지를 끌어 당겨

섬유조직이 촘촘하니까 먼지가 통과하기 어렵다는 것이로군요.

그리고 먼지를 거르는 원리 중 한 가지는 바로 정전기적 효과를 이용하는 것이다.

정전기적 효과요?

털스웨터나 합성섬유로 만든 옷을 입고 벗을 때 정전기가 잘 나지?

네. 그리고 먼지도 얼마나 잘 붙는지 털어내려고 할수록 더 잘 붙는다니까요.

그래. 그런 특성을 오히려 더 적극적으로 활용한 것을 정전필터라고 한단다.

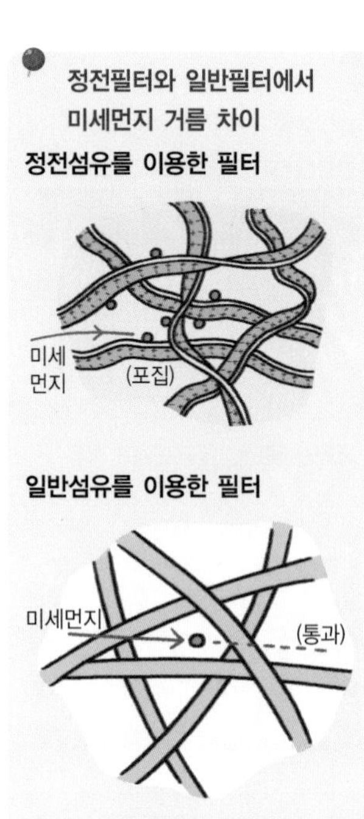

 오히려 정전기를 활용했다고요?

 입자의 지름이 0.1～1μm인 먼지들은 정전기적인 인력에 의해 쉽게 걸러질 수 있거든. 그런데 정전기는 오랫동안 지속되지 않기 때문에 예전에는 잘 사용되지 않았지.

 그럼 요즘의 정전필터는 정전기가 오래 지속되도록 만든 것이겠네요.

 그래. 가공을 통해 정전하를 지속적으로 띠고 있는 섬유를 만든 것이지. 그러면 전기적 성질을 띤 먼지들은 필터에 더 잘 붙게 되니까, 결국 먼지를 잘 거를 수 있게 되는 것이지.

 마스크라고 우습게 봤는데, 그게 아닌 것 같네요. 마스크에도 많은 과학이 숨어 있었어요.

정전기 유도

플라스틱 책받침을 옷에 여러 번 문지르면 머리카락이나 작은 종이조각이 책받침에 붙는다. 책받침과 옷의 마찰에 의해 (−)전기로 대전된 플라스틱 책받침이 종이 분자의 (+)전하를 당기고 (−)전하를 밀어내기 때문에 종이조각이 책받침 쪽으로 끌리게 되는 것이다.

도체의 정전기 유도

외부에 (+)전하로 대전된 물체를 가까이 가져가면, 도체 속의 자유전자들이 당기는 힘을 받아 이동을 하게 되며, 결국 (+)대전체와 가까운 쪽은 (−)로, 먼 쪽은 (+)전기를 띠게 된다.

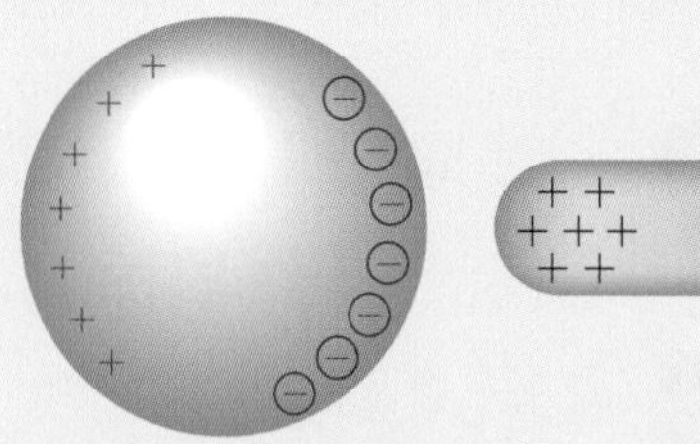

부도체의 정전기 유도(유전분극)

도체는 전자가 자유롭게 이동할 수 있지만, 부도체는 전자가 자유롭게 이동할 수 없다. 다만 원자 안에서만 조금씩 이동하여 그림과 같이 된다. 가운데 부분은 (+)전하와 (−)전하가 만나서 전기적으로 중성이 되는 효과가 있지만, 양 끝은 그렇지 않기 때문에 각각 (+)전기와 (−)전기를 띠게 된다.

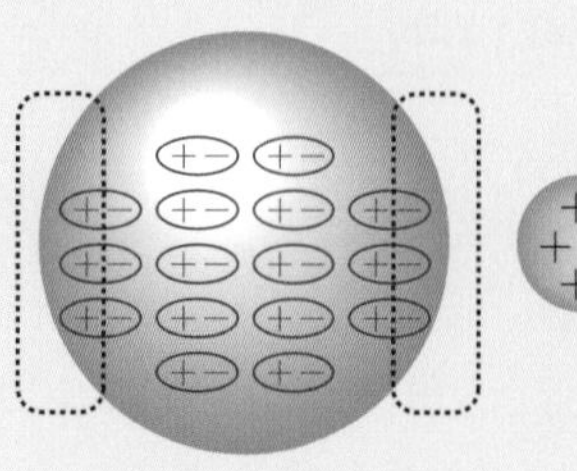

생활 속의 필터

커피메이커와 거름종이

우리는 생활 속에서 필터를 얼마나 이용하고 있을까? 가정에서 인스턴트커피가 아닌 원두커피를 마시기 위해서는 갈아 놓은 원두 커피가루를 커피메이커에 넣고 물을 부어준 후 거름망과 거름종이로 걸러야 한다.

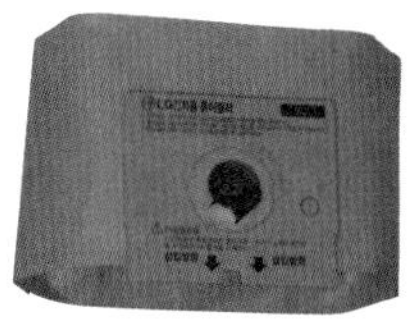
진공청소기 먼저봉투

또 진공청소기, 에어컨, 공기청정기 속에도 필터가 들어있다. 진공청소기는 먼지를 빨아들이는 쪽으로 공기를 흡입하고, 반대편으로 공기를 배출한다. 그런데 만일 청소기가 밖으로 공기를 배출할 때, 흡입한 먼지를 걸러내지 않고 그대로 배출한다면, 오히려 먼지가 더 날리게 된다. 그렇기 때문에 먼지를 걸러서 배출하기 위해 청소기에 먼지봉투를 끼워 넣는 것이다.

또한 정수기에도 필터가 들어 있는데, 한 가지가 아니라 정수 단계별로 다른 기능을 하는 여러 종류의 필터가 들어있다. 예를 들어, 침전필터, 선카본필터, 멤브레인필터, 후카본필터 등이 그것이다. 이런 필터들은 물속의 유기화합물, 금속, 먼지 같은 오염물을 걸러주는 역할을 한다.

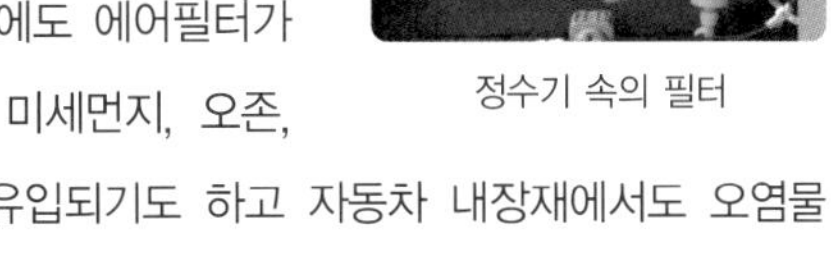
정수기 속의 필터

자동차 에어필터

우리가 타는 자동차에도 에어필터가 있다. 자동차 주행시 미세먼지, 오존, 각종 배기가스 등이 유입되기도 하고 자동차 내장재에서도 오염물질이 발생하기 때문에 외부나 내부 공기 순환 유입부에 필터를 설치하여 항상 신선한 공기가 유입되도록 한다. 그 밖에도 수혈 후 부작용을 방지하기 위하여 수혈된 혈액에서 백혈구를 제거할 때, 또는 하수처리나 폐수 처리 같은 수처리 분야 등에서도 필터가 사용된다.

필터는 깨끗할 때 제 기능을 다 한다. 필터가 오염되면 필터로서의 기능이 떨어지기 때문에 청소를 해 주거나 적절한 때에 교환해 주어야만 한다.

한번 해봐요

커피 거름종이로 여러 가지 음료 거르기

준비물 커피 거름종이, 마스크, 투명한 유리잔 2개, 김칫국물, 토마토 주스 등

해보기

❶ 투명한 유리잔 2개를 준비한다.

❷ 한 개의 잔에는 원두커피 거름종이를 놓고 김칫국물을 부어서 거른다.

❸ 거르지 않은 김칫국물과 거른 김칫국물을 비교해 본다.

- 거른 김칫국물과 거르지 않은 김칫국물의 색깔이 같은가 다른가?
- 거르지 않은 국물과 거름종이로 거른 국물의 맛은 차이가 있는가 아니면 별 차이가 없는가?
- 커피 거름종이 위에 무엇이 남아 있는가?

더 해보기 토마토 주스를 가지고 위의 실험을 반복해 본다.

아하, 그렇구나!

해보기 해설

• 커피 거름종이로 김칫국물을 거르면, 거르기 전보다 맑아지는 것을 확인할 수 있다.

(왼쪽) 거르지 않았을 때, (오른쪽) 거름종이로 걸렀을 때

• 거른 국물과 거르지 않은 국물은 맛이 차이가 나는 것을 느낄 수 있다.
• 거름종이에는 고춧가루와 양념 건더기 등이 남아 있다.

더 해보기 해설

토마토 주스를 가지고 실험을 반복하면 거른 후 약간 맑아지지만, 그 차이는 김칫국물보다 덜하다. 또 맛에 있어서도 차이를 느낄 정도는 아니다. 거름종이 위에 남은 것은 마치 케첩과 같았으나, 그 입자들이 눈에 보일 정도는 아니었다.

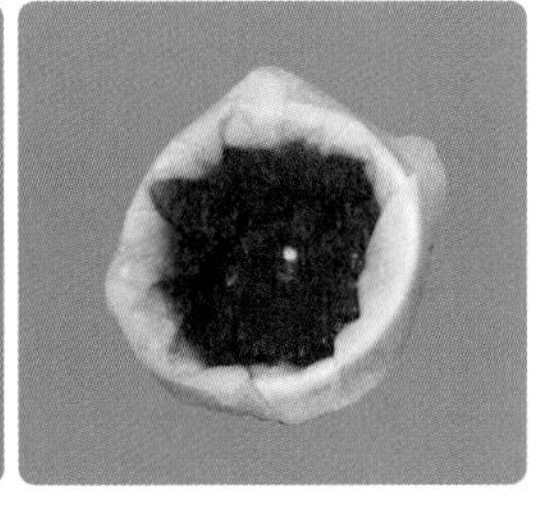

(왼쪽) 거르지 않았을 때, (오른쪽) 거름종이로 걸렀을 때
커피 거름종이로 토마토 주스를 거른 후

3장 몸에 걸치는 패션 물리

반가워요. 켈빈 박사님의 제자 텅빈입니다. 전 멋내는 것을 좋아하죠. 그러니까 저를 돋보이게하는 옷, 옷에 맞는 가방, 포인트를 주는 벨트, 조끼 같은 거요. 멋만 부린다구요? 아니예요! 전 그런 것에서 과학을 생각해보기도 한답니다. 텅 빈 것 같지만 속이 알찬 거죠. 과학은 멀리 있는 게 아니잖아요? 우리 주변이 온통 과학 천지랍니다.

켈빈 박사님은 19세기 여러 과학 분야에서 많은 연구를 하신 분이랍니다. 박사님은 열역학과 역학에서 처음으로 '에너지'라는 용어를 사용하시고, 그 기본 개념을 만드신 분이에요. 그래서 절대 온도라는 것을 표시할 때는 K(켈빈)이라는 단위를 사용합니다. 영국에서는 박사님을 귀족으로 높여, 켈빈경이라 부르지요. 이론뿐만이 아니라 실험에서도 많은 연구를 하신 박사님을 본받아, 저도 '텅빈의 법칙'을 만들어 보렵니다.

이제 몸에 걸칠 수 있는
물건들을 살펴볼까?
입는 옷들이 있을 테고 바르는 것,
메는 것도 있지.
여기에도 숨은 과학이 있단다.

켈빈

소풍가는 날에 내리는 비

더울 때 입는 얼음조끼

전신수영복의 위력

배낭 꾸리기

한복 허리띠도 편하게

따끔 따끔 내 피부

소풍가는 날에 내리는 비

오늘은 우리 학교 소풍가는 날.

엄마께서 정성스럽게 싸주신 김밥을 가지고 선생님과 반친구들과 신나게 노래를 부르며 산을 오르고 있었는데, 날씨가 꾸물꾸물 해진다 싶더니 갑자기 소나기가 내리기 시작했다.

후두두둑….

젤 한통을 다 발라가며 1시간동안 공들여 만든 머리는 비에 젖어 힘없이 늘어져 버리고, 엄마를 졸라 어제 새로 산 점퍼는 비가 새서, 속옷까지 다 젖어 버렸다.

쫙쫙 내리는 비는 그칠줄을 모른다. 아침부터 비가 왔으면 소풍이 취소라도 되었을 텐데…. 산을 중간정도 오를 때까지는 비가 오지 않았다. 역시 학교를 지을 때 운동장 터에서 나온 뱀을 죽여서 저주를 받아, 소풍날마다 비가 온다는 전설이 맞나보다. 어쨌든 우리 학교 소풍날에는 매번 비가 온다. 어째서 예외가 없냐고?

원망어린 눈으로 선생님을 쳐다보았더니, 선생님은 옷에 달린 모자를 머리에 쓰시고는

"얘들아~ 다시 내려가야겠다!" 하신다.

그런데 선생님 옷은 이상하다. 내 옷은 쫄딱 젖어서 늘어지고 몸에 착 달라붙어 있는데, 선생님 옷은 표면에 물방울이 맺혀있고, 별로 젖지도 않는 것 같다. 치! 선생님만 좋은 옷 입으시고, 비가 올 줄 아셨나? 그런데 선생님이 입으신 옷은 도대체 뭐지? 비옷처럼 생기지는 않았는데….

어쨌든 이번 소풍은 비 때문에 꽝이었다. 장기자랑 때 보여주려고 일주일을 넘게 준비한 노래와 멋진 춤도 말짱 꽝이 되어버렸다. 너무 오돌오돌 떨어서 뼈마디가 쑤신다.

에취!

에구~ 감기 걸렸나보다. 힝~

담 소풍 땐 제발제발 비가 안 왔으면 좋겠다.

켈빈과 텅빈의 연구실

교과서에서 찾아보기
초등학교 4학년 모습을 바꾸는 물
중학교 1학년 물질의 세 가지 상태

박사님, 운동이라도 하고 오신 거예요? 옷이 근사하네요.

나도 등산복이라는 걸 한번 사보았단다.

등산복이요? 등산도 잘 안다니시는 분이 무슨.

이 녀석이! 나도 건강관리를 위해 좀 다녀야겠구나. 네 것도 같이 사왔는데 넌 싫은것 같구나.

아! 아니에요. 저 등산 너무 좋아해요. 제 별명이 다람쥐잖아요.

녀석. 그나저나 이 옷 사느라 보너스 다 썼으니 이제부터 네 용돈 좀 줄여야겠구나.

엥? 싫어요, 싫어. 요 앞에서 파는거랑 비슷하게 생겼는데요? 이만 원 밖에 안하던데….

이녀석아, 이건 요 앞에 파는 옷이랑 차원이 달라요! 이건 고어텍스라는 것으로 만든 아주 고급 등산복이야.

고어텍스
미국 뒤퐁의 W.L. 고어가 발명하였다. 빗물은 밖에서 안으로 들어가지 못하나, 안쪽의 땀이나 증기는 밖으로 내보내는 방수가공품이다.

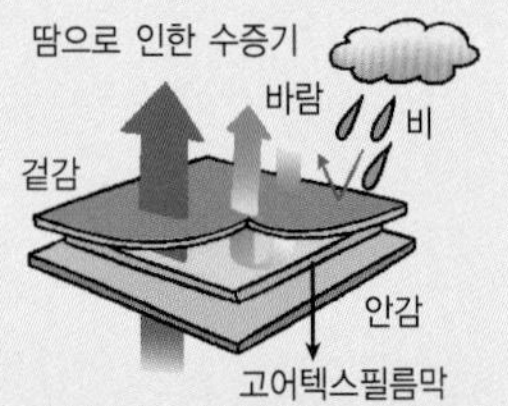

고어텍스 필름막은 구멍이 많은 구조인데, 작은 크기의 수증기는 통과하고 상대적으로 큰 빗방울은 통과하지 못한다.

❄ 고어텍스(Gore-tex)

고어텍스요? 그게 뭔데요?

고어텍스란 비나 눈과 같은 물질은 통과하지 못하고 땀은 빠져나갈 수 있게 만든 물질이지.

네? 아니. 땀도 물이고 비도 물인데 비는 못 들어오고 땀은 빠져 나간다구요?

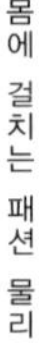

그럼. 대부분의 방수용품은 물이 안으로 들어오지 못하는 대신 땀도 밖으로 방출되지 못하지.

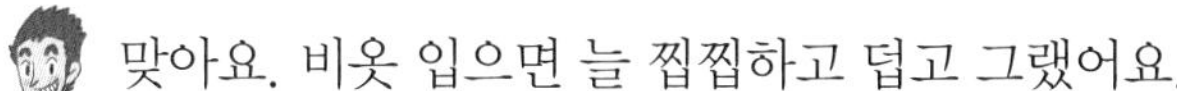

맞아요. 비옷 입으면 늘 찝찝하고 덥고 그랬어요.

바로 그거야. 그런 문제점을 해결할 수 있는 소재가 바로 고어텍스란다. 만약에 고어텍스 장갑이 있다면 한쪽 손에는 고어텍스 장갑을 끼고, 반대쪽 손에는 비닐로 된 일회용 장갑을 낀 다음에 몇 분 가량 있어 보면 그 차이를 확실히 알 수 있을 꺼야.

고어텍스 신발도 되겠는데요. 한쪽 발에는 고어텍스 신발을, 반대쪽 발에는 비닐봉지를 씌우고 말예요. 상상만 해도 벌써 냄새가 다른데요. 그런데 어떻게 땀은 통과하고 빗방울은 통과 못하지요?

물질의 상태변화

물질이 온도에 따라서 기체, 액체, 고체로 변하는 것을 상태변화라고 하며, 이러한 상태변화를 각각 기화, 승화, 융해, 응고, 액화라고 부른다.

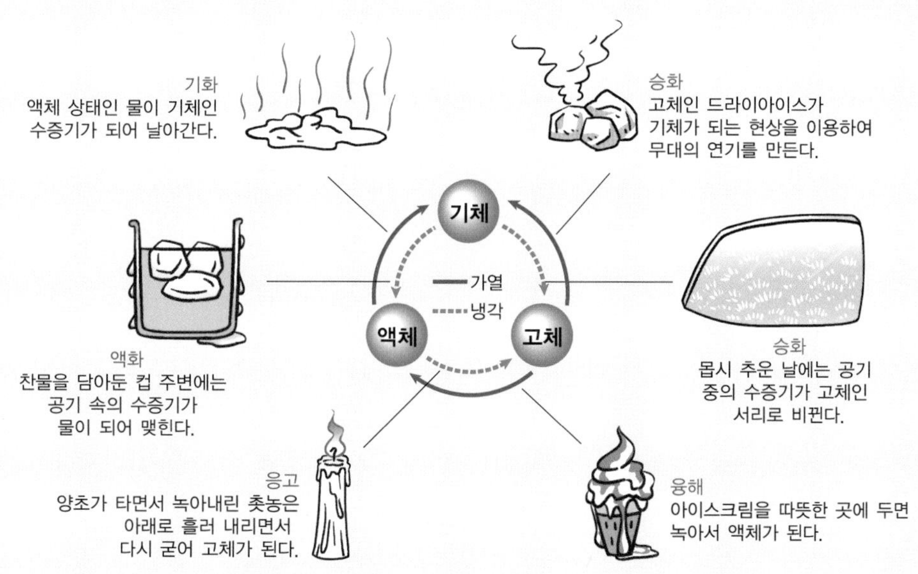

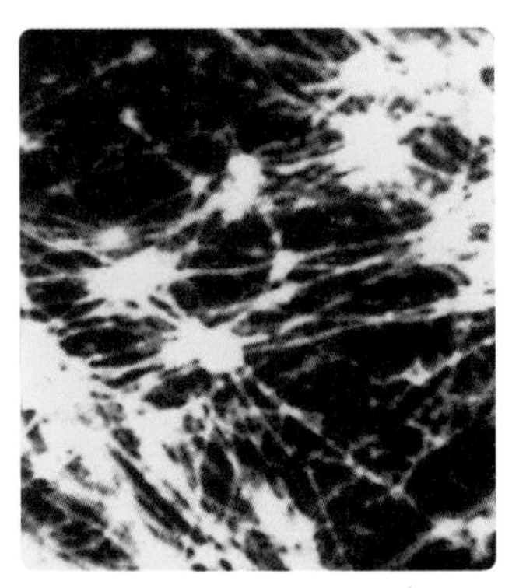

고어텍스 필름막의 현미경 구조
출처 | 디지털시대의 의류 신소재, 안영무, 학문사

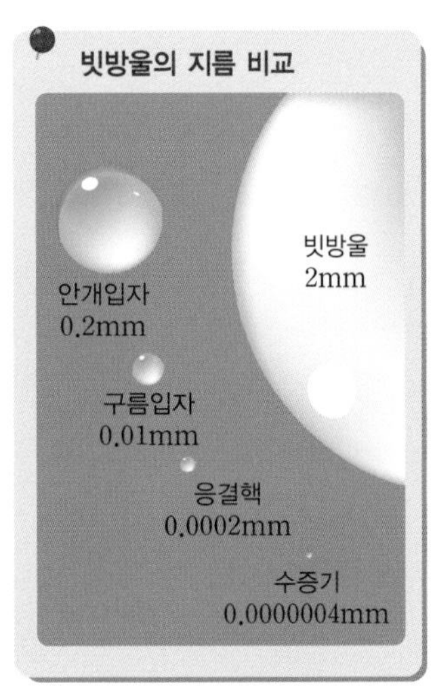

❄ 고어텍스의 구멍크기

그 비밀은 바로 고어텍스의 구멍에 있단다. 고어텍스는 1제곱센티미터 당 구멍 수가 약 14억 개에 이르거든.

14억 개요? 그렇게나 많아요? 그런데 그렇게 구멍이 많으면 비가 더 잘 들어오지 않나요?

하하. 비밀은 구멍의 크기에 있지. 구멍크기가 빗방울보다는 훨씬 작고 수증기보다는 커서 비는 못 들어오고 수증기는 나갈 수 있거든.

아하! 마치 쥐구멍에 쥐는 들락날락 할 수 있는 데 고양이는 못 들어가는 것과 같네요.

옳거니. 땀은 땀샘에서 분비될 때는 액체이지만, 몸에서 기화되면 수증기 상태가 되는 것이고.

그런데 액체인 물방울과 기체인 수증기의 크기 차이가 큰가요?

보통 빗방울은 지름이 2mm 정도이고 수증기는 0.0000004mm 정도의 크기거든. 그런데 고어텍스 구멍은 0.0002mm 정도란다.

수증기 크기< 고어텍스 구멍 크기< 빗방울 크기. 이렇게 되겠군요.

❄ 고어텍스 필름막

그런데 정확하게 말하면 고어텍스는 섬유가 아니라 필름막이란다.

필름막이요? 그럼 그 얇은 필름막을 섬유 위에 코팅하듯이 바르나요?

비슷하지. 일단 고어텍스 필름막이 섬유에 붙도록 하는 작업을 거쳐야 우리가 입을 수 있는 고어텍스 옷을 만들 수 있는 거란다.

그럼 꼭 고어텍스를 사용해야만 땀은 내보내고 비를 막을 수 있나요?

그건 아니야. 요즘은 워낙 섬유산업이 발달해서 다양한 재료들이 나와 있단다. 예를 들어 친수성막을 이용한 제품이 있지.

친수성막이요? 그건 뭐예요?

설명이 좀 긴데…. 간단히 말하자면 친수성막의 바깥층이 (+)전기를 띠고 있고, 물 분자가 (−)전기를 띠게 된다면 물 분자가 자연스럽게 막의 바깥으로 끌려나오겠지? 그런 원리로 물을 밖으로 나가게 한단다.

아~ 그러니까 고어텍스는 크기 차이를 이용해서 비는 막고 땀은 내보내는 거고, 친수성막을 사용한 섬유는 물을 끌어당겨서 밖으로 내보낸다는 것이군요?

친수성과 소수성

친수성은 물을 끌어당기는 성질을 의미하고, 소수성은 물을 끌어당기지 않는 성질을 의미한다.
예를 들어 유리판 위에 물방울을 떨어뜨리면 물방울은 유리판 위에 퍼진다. 이는 유리가 친수성 물질이기 때문이다.

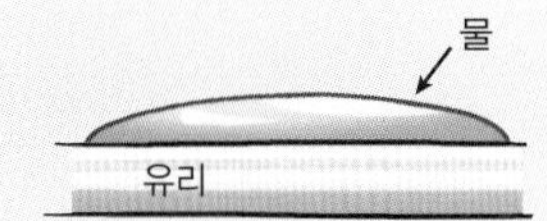

유리판 위에 양초를 칠하고 그 위에 물방울을 떨어뜨리면 물방울이 동그랗게 뭉친다. 이는 양초가 소수성을 띠기 때문이다.

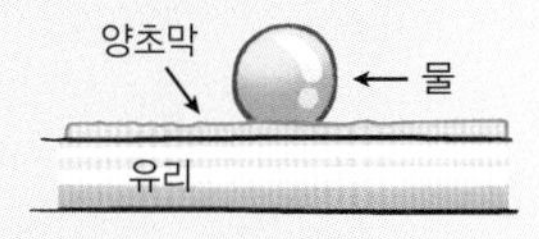

✻ 고어텍스는 어디에 쓰이는가?

박사님, 그럼 고어텍스는 등산복에만 쓰이는 건가요?

등산복에 많이 쓰이지만, 처음에는 우주여행을 위한 것이었단다. 요즘은 전투복이나 방화소방복같은 특수복 재료로도 쓰이지. 그리고 의료용으로도 쓰인단다.

의료용이요?

그래. 인공혈관이나 인공인대, 성형수술 재료로도 쓰이지. 이 밖에도 치실, 바이올린 줄, 기타 줄 등의 소재로 쓰이기도 하지.

고어텍스, 참 다재다능하네요.

그렇지. 빗속에서부터 우주여행까지 다양한 조건들에 적합하도록, 여러 가지 종류의 겉감과 안감 사이에 필름막을 보이지 않게 끼워 넣는 것이지.

와~ 이 옷이 그렇게 좋은 소재로 만든 것이었다니!

고어텍스 등산복

고어텍스의 활용

용도에 맞게 적합한 안감과 겉감에 고어텍스 필름막을 끼워 넣은 다양한 소재를 만들 수 있다.
일반적으로는 스포츠웨어, 군복, 경찰복으로 널리 이용된다. 그리고 화공약품을 다루는 작업자를 보호하기 위한 옷에도 쓰이고, 세균도 막기 때문에 수술복으로 이용된다. 그 외 신발, 장갑, 모자, 가방, 텐트, 액세서리 등에도 쓰인다.

고어텍스 자켓

고어텍스 모자와 신발

그렇다고 해서 고어텍스를 과신하면 안 된다.

왜요? 고어텍스도 고장나요?

고장이라고 하기는 그렇고, 고어텍스 제품을 너무 자주 빨거나 세게 잡아당기면 고어텍스 필름막이 섬유와 분리되거나 늘어날 수도 있거든.

아하, 그렇군요! 그럼 그 틈으로 비가 샐 수도 있겠네요. 그럼 이거 어떻게 하나? 아~! 드라이클리닝 하면 되지 않을까요? 비싼 옷들은 죄다 드라이클리닝 하잖아요.

저런저런. 고어텍스는 드라이크리닝을 하면 절대 안 된다. 그럼 오히려 더 손상을 받게 돼. 그냥 미지근한 물에 살살 문질러 빨고, 보관할 때도 접어서 넣지 말고 옷걸이에 걸어서 넣어두면 오래도록 사용할 수 있을거야.

박사님, 이 등산복을 입고 산에 올라갔을 때 만약 조난을 당하게 되면요. 구출될 때도 옷은 잡아당기지 말아달라고 해야 되겠네요.

에라이! 요녀석아. 사람 목숨이 중요하지 옷이 더 중요하냐. 아무리 귀한 물건이라도 사람이 더 중요한 법이야.

그런데, 박사님. 뒷동산에 올라 가실거 아닌가요? 그게 얼마나 높다고 이런 비싼 옷을 사신대요. 사실 저도 들어서 압니다만, 이런 고어텍스 옷은 히말라야나 험한 산행이 아니면 굳이 입지 않아도 될텐데… 하여튼, 명품 좋아하시는 것도 병이셔.

험험. 요녀석. 콕콕 찔리는 말만 골라서 하는 구나. 어쨌든 이번 주말은 무조건 산에 올라 갈테니 김밥이나 챙겨오너라.

맨날 나만 시키셔. 이번에는 박사님이 맛있는 걸로 준비해 주세요. 제 이름처럼 도시락을 '텅빈'으로 만들어 드릴께요.

조선시대 온실에 사용된 고어택수 古語擇秀

조선시대의 온실

요즘에는 한 겨울에도 딸기를 먹을 수 있으며, 각종 야채도 어느 계절에나 쉽게 얻을 수 있다. 이는 모두 온실의 덕일 것이다.

농촌진흥청 원예연구소 전희 박사가 경기도 서울종합촬영소에 복원한 조선시대 온실

그렇다면 온실은 언제부터 만들어진 것일까? 놀랍게도 지금으로부터 500년 전인 조선시대에도 온실이 있었다고 한다. 당시의 온실은 방 전체가 따끈 따끈해지도록 구들을 깐 뒤 흙으로 빈틈을 촘촘히 메웠다. 그리고 아궁이에 대형 가마솥을 걸고, 솥뚜껑에는 구멍을 내서 나무로 된 관에 연결했다. 이 관은 온실 내부로 이어져, 물이 끓을 때 나는 김을 온실 내부로 옮겨 습도를 높여주었다. 또한 한지에 피마자기름을 발라 잘 말린 후 반투명 상태의 기름종이로 만들어 이것으로 창을 만들어, 45° 기울어진 남쪽 면에 달아 햇빛을 받게 하였는데, 이것으로 난방, 습도, 채광 등이 적절히 조화된 온실이 완성된 것이다.

기름 먹인 한지

한지는 긴 섬유로 이뤄졌는데 섬유와 섬유 사이에는 공기가 차 있다. 그러나 기름을 먹이게 되면 공기가 채우고 있던 공간을 기름이 막아, 물이 들어오는 것을 막게 된다. 온실 안에 이슬이 맺히면 햇빛을 막아 식물이 광합성을 제대로 할 수 없는데, 다행히 기름 먹인 한지를 통해 수증기가 빠져나가 이슬이 맺히지 않는다. 즉 비는 막아주고 수증기는 빠져 나가니 고어텍스와 같은 구실을 한 것이다.

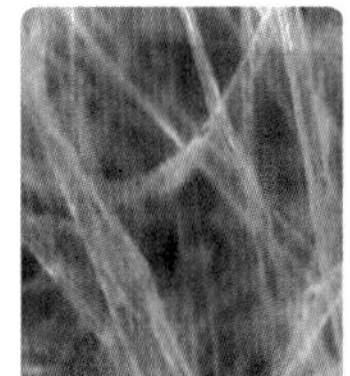
일반 한지

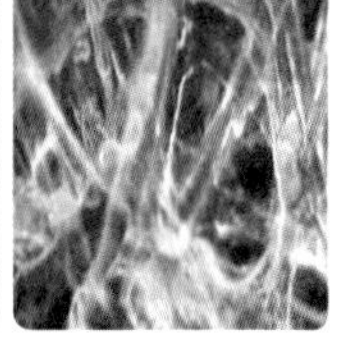
기름먹인 한지

기름먹인 한지와 일반 한지의 구조를 현미경으로 살펴보면, 오른쪽의 기름먹인 한지는 섬유와 섬유 사이의 공간이 기름으로 차 있음을 알 수 있다.
출처 | KBS 역사스페셜

우리 전통의 기름 먹인 한지는 고어택수(古語擇秀: 옛 말씀에 이르길 빼어남을 택하라)라고 불러도 전혀 손색이 없다.

더울 때 입는 얼음조끼

엄마께서 외출을 하시면서 택배가 올 것이 있다며, 꼭 받아 놓으라고 당부를 하셨다.

방학을 해서 심심하지만, 밖이 너무 더워 학원을 다녀온 후에는 집에서 꼼짝을 안하고 있다. 엄마가 썰어 놓으신 수박을 먹으며, 에어컨 아래에서 게임을 하고 있는데, 갑자기 정전이 되었다. 어제도 갑자기 정전이 되었는데, 여러 곳에서 에어컨을 너무 많이 써서 정전이 되었다고 한다. 모두들 더우니 에어컨만 트는구나!

다시 전기 상태가 정상으로 돌아오기를 기다리는데 생각보다 시간이 오래 걸리는 듯 했다. 더위를 참지 못해 물을 떠와 발을 담그고 있었지만 그것도 잠시. 그다지 시원해지지가 않았다.

어찌할 바를 모르고 있는데, 2시경에 초인종 소리가 나서 문을 열었더니, 택배 기사 아저씨가 물건을 가지고 들어오셨다. 그런데 아저씨는 셔츠 위에 조끼까지 입고 있었다. 숨이 턱하고 막히는 것 같았다. 이런 찜통 더위에 조끼까지 입고 있다니….

그래서 난 아저씨에게 왜 조끼까지 입고 계시냐고 물었다. 그랬더니 아저씨는 조끼를 입어서 덜 덥다고 하셨다. 엥? 도대체 무슨 조끼길래 입고 있는데, 오히려 덜 덥지?

이것저것 자꾸 물었더니, 아저씨가 조끼를 한번 입어 보라고 주셨다. 정말로 시원하였다.

얼음이 있는 것 같았다.

'아~ 바로 이거야!'

택배 아저씨가 간 다음에 냉장고를 열었다. 다행히 아직 얼음이 그다지 녹지 않았다.

장롱에서 조끼를 하나 꺼내가지고는 주머니에 얼음을 넣기 시작하였다. 그 조끼는 주머니가 너무 많아 평소에는 싫어했는데, 오늘은 아주 쓸모가 있다. 주머니마다 얼음으로 가득 채우고 입었는데 제법 시원하다.

얼마 후 외출해서 돌아오신 엄마께 자랑스럽게 조끼를 보여드렸다 괜히 야단만 들었다. 멀쩡한 옷 다 버려놨다며, 얼음이 없으니 오늘 팥빙수는 없다고 하신다.

그렇다고 아들의 과학적 재능을 이렇게 무시하시다니….

하지만 내가 누군가? 한 번 실패에 이렇게 포기할 수는 없다.

내일은 얼음을 비닐에 싸서 주머니에 넣어 봐야겠다.

켈빈과 텅빈의 연구실

교과서에서 찾아보기
초등학교 4학년 모습을 바꾸는 물
초등학교 4학년 열의 이동
중학교 1학년 상태변화와 에너지
고등학교 물리II 운동과 에너지

아휴, 덥다. 박사님 오늘 너무 더워요. 땀이 나오자마자 증발하는 것 같아요.

덥다고 하면서도 날마다 어디를 그렇게 쏘다니는 거냐? 그냥 앉아만 있어도 땀이 흐르는구만.

박사님, 저희 연구실에는 에어컨을 안 트나요? 오늘은 정말이지 너무 더워요.

어허, 석유가 한 방울도 안 나는 나라에서 전기를 절약해야지.

그래도 박사님, 이번 여름은 너무 더워요. 태어나서 이런 여름은 처음인 것 같아요.

너는 해마다 생전 처음이라고 하더라.

아이 참, 박사님도. 그런데 이 더위에 박사님은 웬 조끼까지 입고 계셔요?

아, 이거. 여름에 입는 조끼다. 네 것도 있으니 한번 입어보거라!

박사님, 왜 그러세요? 지금도 더워서 너무 힘든데, 조끼까지 입으라고 하시면 어떡해요? 아무리 이열치열이라지만….

어허! 일단 입어보고 나서 불평을 하더라도 해라. 이거 네가 좋아하는 명품인데 싫으면 돌려다오.

아, 정말 박사님도, 참.

어떠냐?

더위와 추위

우리 몸에서 더위나 추위를 느끼는 것은 일종의 열현상이다.
체온을 기준으로 주변 온도가 높으면 몸으로 열이 전달되는데, 이때 우리는 덥다고 느낀다.
그런데 만약 땀이 나와 마르면, 오히려 시원하다고 느낀다. 증발에 필요한 에너지를 몸에서 가져가기 때문이다. 이때는 거꾸로 열이 바깥으로 이동하기 때문에 시원한 것이다.

와, 시원해요. 박사님, 이래서 여름에 입는 조끼라고 하셨군요. 그런데 신기하네요. 얼음이라도 들어있나요?

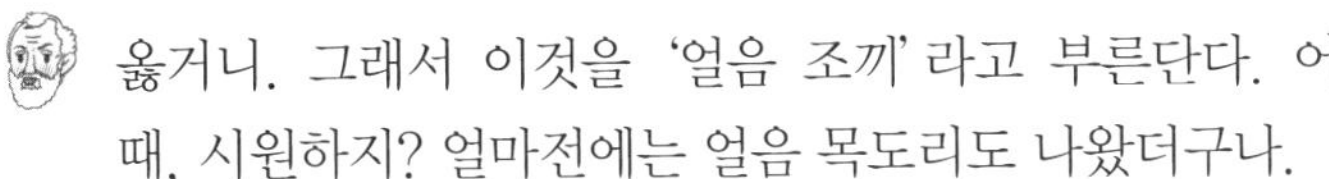

옳거니. 그래서 이것을 '얼음 조끼'라고 부른단다. 어때, 시원하지? 얼마전에는 얼음 목도리도 나왔더구나.

얼음 조끼

출처 | www.xylo.co.kr

❋ 얼음 조끼의 특징

이렇게 꼭 필요한 선물을 주시다니 감사합니다. 그런데 겉에서 보면 그냥 조끼랑 똑같은데, 입어보니 이 조끼는 시원하네요. 조끼를 냉장고에 얼렸다가 꺼냈나요?

냉장고에서 얼리는 것은 맞는데, 조끼를 통째로 얼리는 것은 아니고, 얼음주머니만 얼렸다가 필요할 때 안쪽에 있는 호주머니에 넣으면 된다더구나.

아플 때 비닐봉지에다 얼음 넣어가지고 찜질하는 것과 비슷한 거군요.

그렇지. 평소에 네가 툭하면 장난치다가 다리를 삐는 것이 이럴 때는 이해하는 데 도움이 되는구나.

히힛. 그런데요, 박사님. 왜 하필 얼음이에요? 물론 얼음이 시원한 거는 저도 알지만, 뭔가 또 다른 이유가 있을 것 같거든요.

❋ 왜 하필 얼음인가?

영하의 얼음에서부터 시작해 온도를 올려보자꾸나. 일단 얼음은 금속보다 비열이 크단다. 비열이란 일정한 양의 물질을 온도 1 ℃ 높이는 데 필요한 열량이지. 게다가 물은 쉽게 구할 수 있고, 몸에 해롭지도 않잖아.

잠깐만요, 박사님. 지난번에 박사님이 얼음보다 물의 비열이 더 크다고 하셨던 것 같은데요?

비열

물질 1kg의 온도를 1℃ 올리는 데 필요한 열의 양을 말하며, 물질마다 제각기 다르다. 또 같은 물질이라도 상태에 따라 비열이 각각 다르다.

여러 가지 물질의 비열

물질	비열(kcal/kg℃)
철	0.11
알루미늄	0.21
공기	0.24
나무	0.42
수증기	0.48
얼음	0.50
에탄올	0.57
사람 몸(평균)	0.83
물	1.00

녀석, 제대로 기억하는구나. 얼음보다 물의 비열이 2배 가량 크지. 물론 최근에는 얼음주머니 대신에 얼음보다 비열과 융해열이 더 큰 물질을 쓴단다. 어쨌든 비열이 아무리 커도 온도가 낮은 것이 더 시원하겠지?

하기야 같은 물이라도 책상 위에 있는 물보다는 냉장실에 있는 물이 더 시원하죠.

게다가 얼음이 녹으면 물이 되는데, 오히려 물이 되면서 비열이 커지니 온도가 천천히 올라가겠지.

아하, 그렇군요! 물이 여러 가지로 참 쓸모 있는 물질이었네요.

그게 다는 아니란다. 사실 진짜 중요한 핵심은 바로 얼음에서 물이 되는 과정이지.

진짜는 따로 있다구요?

고체에서 액체로 상태가 변할 때 열이 필요한데, 이것을 융해열이라고 한단다. 그런데 물의 융해열은 80 kcal/kg이야. 쉽게 말하면 0 ℃의 물을 80 ℃로 높이는 데 필요한 열량과 맞먹지.

그럼 제가 일종의 난로군요, 얼음을 물로 만들어주는.

옳거니. 그러니까 0 ℃보다 낮은 얼음이 0 ℃ 얼음이 되고, 그것이 0 ℃의 물로 변한 후에, 체온만큼 물의 온도가 올라갈 때까지는 계속 시원하단다.

융해열

고체가 액체로 바뀌는 데 필요한 열에너지로 대개 물질 1kg이 변화하는 데 필요한 열량으로 표시한다.

단, 이때 온도는 변하지 않는다. 융해열은 물질마다 다르다. 예를 들어 물의 융해열은 1기압에서 0℃의 얼음이 0℃의 물로 변하는 데 필요한 열량인데, 다른 물질에 비하여 상대적으로 크다.

물질	융해열 (kcal/kg)	녹는점(℃)
산소	3	−218
납	5.5	327
금	16	1063
에탄올	25	−114
구리	49	1083
물	80	0

얼음의 상태변화

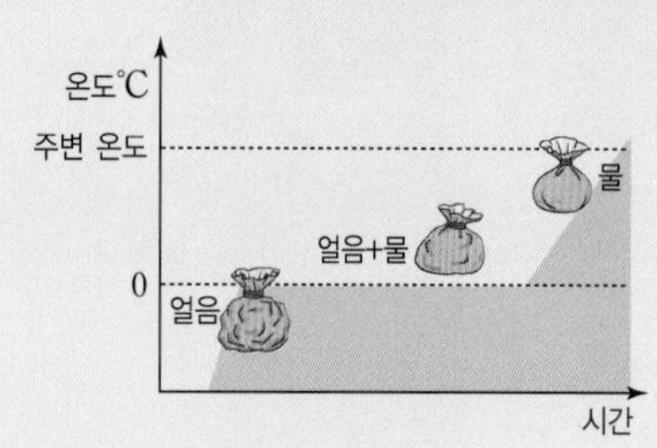

여름철에 냉장고에서 꺼낸 영하의 얼음은 시간이 지나면서 온도가 올라 0℃의 얼음이 된다. 그런 후 상태변화가 일어나 0℃의 물이 된다. 이때 얼음과 물이 함께 있는데, 온도는 여전히 0℃를 유지한다. 나중에 얼음이 다 녹아 물이 되더라도, 이 물이 주변 공기와 같은 온도가 될 때까지 온도가 계속 올라간다.

❇ 최대한 오랫동안 몸을 시원하게

그런데요, 박사님. 워낙 날이 더워 얼음이 빨리 녹으면 어떡하죠?

일리가 있는 말이다. 그래서 얼음 조끼의 경우는 조금 옷을 특별하게 만든단다. 한번 옷을 만져 보거라. 뭔가 좀 느낌이 다르지?

엥? 솜 같은 것이 있는 느낌인데요. 그리고 버적거리는 소리가 나는 것이 왠지 은박으로 된 땀복에서 나는 소리 같아요. 이러면 더 덥지 않나요?

옳거니, 바로 그거다. 바깥에 있는 뜨거운 공기 때문에 얼음이 빨리 녹는 것을 막아주는 재료들이란다. 그래야 최대한 오랫동안 시원하니까.

무슨 말씀이신지 모르겠네요. 솜이 오히려 얼음을 천천히 녹게 해준다구요? 게다가 천이 한 겹도 아니고 이렇게 여러 겹으로 되어있는데요?

얼음 조끼의 속 구조

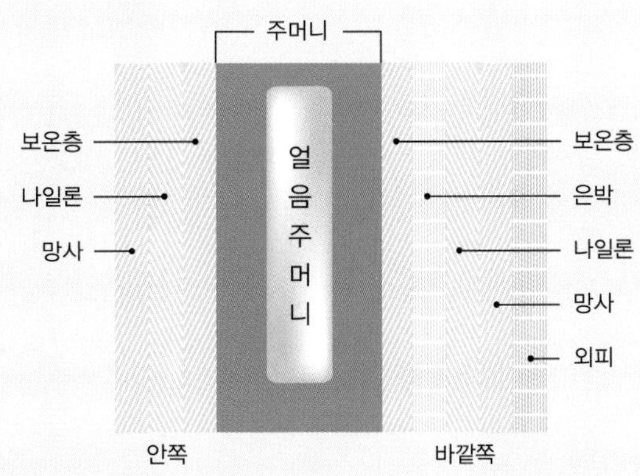

얼음 조끼의 내부는 크게 보온층과 은박으로 이루어졌다. 솜과 같은 보온층은 열전도를 줄여주고, 은박은 바깥에서 들어오는 전자기파를 반사시킨다.

❄ 얼음 조끼에 솜이 들어 있는 이유

반대로 한번 생각을 해보자. 겨울철에 입는 옷은 어떻게 생겼지?

그냥 솜 같은 것이 들어 있죠. 그래야 따뜻하잖아요.

솜이 있으면 왜 따뜻하지? 솜이 난로처럼 열을 내는 것도 아닌데….

맞아요. 솜을 들고 있어도 뜨겁지는 않았어요. 이거 갈수록 점점 복잡해지는데요.

사실 솜은 공기를 잡아두는 구실을 한단다. 이렇게 잡혀 있는 공기는 열을 잘 전달하지 않는단다. 과학적 용어로는 전도율이 낮다고 하지.

그럼 공기만 잘 써도 더위와 추위를 이겨낼 수 있겠네요.

옳거니. 겨울옷의 안쪽에는 두툼한 솜이나 털이 들어 있지. 솜이나 털이 공기를 움직이지 않도록 붙잡아주는 거란다. 그러면 열전달이 천천히 일어나니까, 아무래도 덜 춥지.

라면 끓이기와 열전달

열전도 | 뜨거운 라면냄비에 젓가락을 대고 있으면 잠시 후에 젓가락이 뜨거워진다. 이는 온도가 높은 곳(냄비 안쪽)에서 활발하게 운동하는 알갱이들이 온도가 낮은 쪽의 알갱이들과 충돌하여 자신의 운동에너지를 전달해주기 때문에 일어난다. 이처럼 알갱이가 직접 이동한 것은 아니지만 물체 내의 알갱이 운동에 의하여 열이 전달되는 것을 '열전도'라고 한다.

대류 | 라면을 끓이다보면 냄비 바닥에서 데워진 물이 위쪽으로 올라오는 것을 볼 수 있다. 온도가 높아진 물 알갱이들이 활발하게 움직이면, 알갱이 사이의 거리가 멀어지고 밀도가 작아지므로 상대적으로 가벼워진다. 따라서 이런 물이 위쪽으로 올라가고, 이보다 무거운 물이 아래쪽으로 내려간다. 이와 같이 입자들이 밀도 차에 의하여 유체가 움직이면서 열이 전달되는 것을 '대류'라고 한다.

아하! 그럼 얼음 조끼에 있는 솜도 바깥에서 열이 천천히 전달되도록 하는 것이군요.

내 몸을 시원하게 하려고 얼음주머니를 달았는데, 바깥 공기 때문에 녹아버리면 안 되지. 그래서 이렇게 만들었다고 하더구나.

✻ 선풍기 달린 조끼

그런데요, 겨울에 바람이 불면 춥잖아요. 바람은 공기가 움직이는 것인데, 공기는 열을 잘 전달하지 않는다고 하시니 헷갈리네요.

좋은 질문이다. 역시 가르친 보람이 있구나. 점점 그럴듯한 질문을 하는구나.

칭찬이시죠? 워낙 호기심이 많아서 질문을 많이 하다 보니… '텅빈의 법칙' 을 완성할 날이 그리 머지 않았다구요!

녀석, 꿈은 야무지군. 아무튼 공기가 움직이지 않고 있을 때는 열전달이 느리지. 하지만 공기는 자신이 직접 움직이면서 열을 전달하기도 한단다. 이런 것을 대류라고 하지.

대류도 잘 이용하면 시원하겠네요?

멀리서 찾을 것도 없다. 바로 선풍기가 강제로 대류를 일으켜 시원하게 만들어주는 장치란다. 시원한 바람도 대표적인 대류현상이지.

아하, 그렇군요! 그런데 박사님이 입으신 조끼에 달려 있는 선풍기처럼 생긴 것은 뭔가요?

전기를 이용하여 강제 대류를 일으키도록 한 것이지. 이런걸 냉풍 조끼라고 하더구나.

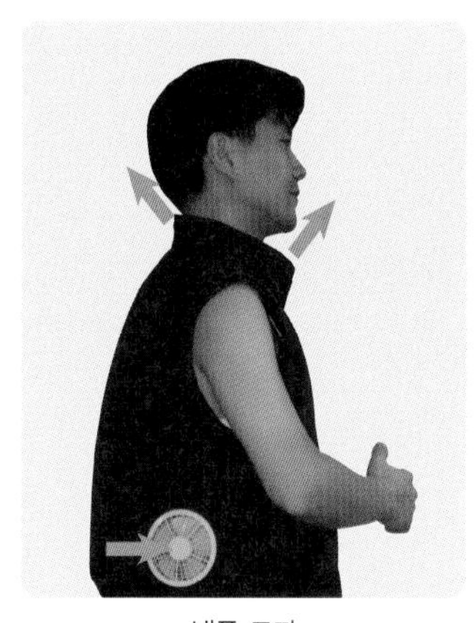
냉풍 조끼

복사
겨울철에 난로 가까이에 손을 대면 따뜻하게 느껴지는데, 바로 앞에 다른 사람이 막아 서 버리면 금방 서늘해진다. 이와 같이 열이 다른 매질을 거치지 않고 직접 이동하는 것을 '복사'라고 한다. 복사는 전자기파가 나오는 것으로, 태양이 지구까지 에너지를 전달하는 방식도 복사이다. 전자기파는 빛처럼 반사가 된다. 그래서 전기난로에 거울같은 반사판을 붙여 원하는 방향으로 열이 전달되도록 만든다.

반사판이 있는 열풍기

❇ 왜 은박 처리를 하였나?

그런데요, 박사님. 아직까지 왜 은박을 입혔는지는 말씀 안 해주셨어요.

그건 이렇게 생각해보자. 보온병의 안쪽에 은도금이 되어 있는 것을 본 적 있지? 왜 은도금을 할까?

그야 물체에서는 그 온도에 해당하는 전자기파가 나오기 때문이죠. 그런데 은도금을 하면 물체에서 나왔던 전자기파가 반사되어 다시 물체로 돌아가지요.

옳거니. 똑같은 이유다. 더운 여름에는 얼음 조끼 밖에 있는 물체에서 얼음 조끼로 들어오는 전자기파가 얼음을 녹일 수 있기 때문에, 이것을 반사시키는 거란다.

그럼 거울을 달고 다니는 거랑 비슷하네요. 가만히 보니, 이 조끼는 보통 조끼가 아니라, 완전 과학 덩어리네요.

그렇지. 과학을 입는다고나 할까?

그러니까 시원하게 입으려면 물질의 상태변화와 열전달을 모두 알고 있어야 하는 것이군요.

여름에 시원하게 지내는 방법을 알면, 겨울에도 따뜻하게 지낼 수 있단다. 이제 이 조끼를 입었으니 올 여름은 에어컨 타령하지 않아도 되겠지?

꼭 36.5℃라야 정상 체온인가?

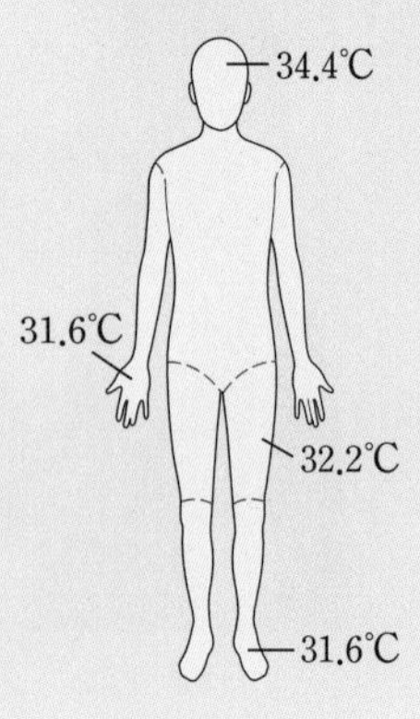

대개 36.5℃가 정상 체온이라고 알려져 있지만, 몸 전체가 모두 같은 온도는 아니다. 사람에 따라 조금씩 차이가 있으나 겨드랑이나 구강 체온의 경우는 35~37.5℃ 사이면 정상이다. 그러나 밖으로 드러난 피부의 경우는 체온이 낮다.

일반적으로 쾌적한 상태에서 피부의 평균 온도는 33.3℃인데, 평균 온도가 30.8℃ 이하로 떨어지면 추위를 느끼고, 35.5℃ 이상이 되면 더위를 느낀다. 참고로 목욕탕에서 뜨거운 열탕의 온도는 40℃ 정도이고, 시원한 냉탕의 온도는 25℃안팎이다.

과학상식 톡톡

겨울철에 따뜻하게 옷 입기

인체에서 외부로 전달되는 열의 약 44%는 복사에 의하여 일어나고, 전도와 대류에 의한 열전달이 31%, 증발에 의한 열전달이 21%라고 한다. 겨울철에 따뜻하게 옷을 입으려면 몸 밖으로 열전달이 천천히 일어나도록 해야 하는데, 어떤 방법들이 있을까?

복사는 전자기파에 의한 열에너지의 이동이다. 마치 태양에서 가시광선이 나오듯이, 인체는 적외선을 방출한다. 이렇게 방출되는 전자기파를 다시 인체 쪽으로 반사시키면 복사에 의한 에너지 손실이 줄어든다. 파카 안쪽에 알루미늄을 얇게 입힌 제품이 더 따뜻한 것도 이 때문이다.

그러나 알루미늄은 약점이 있다. 열전도율이 상대적으로 크다는 점이다. 열전도율이 높으면 열전달이 잘 되므로, 전도율이 낮은 물질이 필요하다. 깃털, 솜, 털 등이 전도에 의한 열전달을 최소화하기 위하여 쓰이는데, 이런 소재로 옷을 만들면 열전도율이 낮은 공기층이 옷 속에 생긴다. 솜이불, 내복, 오리털 겉옷, 털신발 등이 따뜻한 이유가 이 때문이다. 최근 교복 치마를 입는 여학생들이나, 미니스커트를 입는 여성들을 위하여 니트 팬티가 팔리고 있는데, 공기를 많이 포함하는 울과 같은 소재를 섞어 만든다.

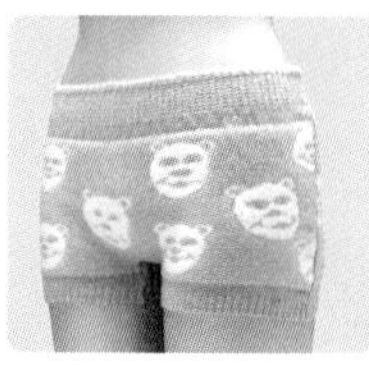

니트 팬티

그러나 공기는 양면성을 지닌다. 전도율은 낮지만, 대류의 방식으로 열전달을 하기 때문이다. 따라서 내부 공기가 되도록 오래 머물러 있으면서 차가운 외부 공기와 접촉하지 않아야 따뜻하다. 그러려면 무엇보다 접촉면적을 줄여야 한다. 그래서 겨울옷은 오밀조밀하기보다는 둥글둥글하게 만든다. 또 옷소매, 바짓단 등을 되도록 좁게 하여 입는 것이 좋다.

그런데 특히 중요한 곳이 얼굴 주위다. 이곳은 다른 부위보다 밖으로 노출되어 있고 전부를 가리기도 어렵다. 게다가 몸 안쪽에서 따뜻해진 공기가 상승하여 목 주위를 통하여 바깥으로 빠져나가기 쉽다. 그러므로 겨울철에는 목도리를 두르고, 모자를 쓰고, 장갑을 끼는 것이 좋다. 이렇게 하면 한결 따뜻하게 겨울을 날 수 있을 것이다.

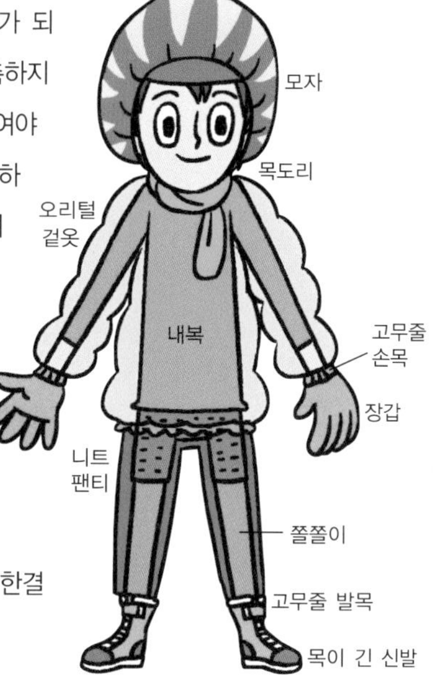

한번 해봐요

시원한 얼음 방석 만들기

준비물 일회용 기저귀, 수건, 솜, 비닐봉지, 알루미늄포일

해보기 여름철에 너무 더워 공부가 안 된다면 시원한 얼음 방석을 만들어 사용해보자. 얼음이 녹으면서 물이 되면 지저분해질 수 있는데, 기저귀를 이용하면 물이 밖으로 새지 않아 깔끔하다.

❶ 일회용 기저귀를 구한다.
❷ 일회용 기저귀에 적당량의 물을 붓는다.
❸ 방석으로 쓸 수 있도록 모양을 만든다.
❹ 이 상태에서 냉동실에 넣어 얼린다.
❺ 얼린 기저귀를 꺼내어 수건이나 다른 천으로 둘러 방석으로 사용한다.

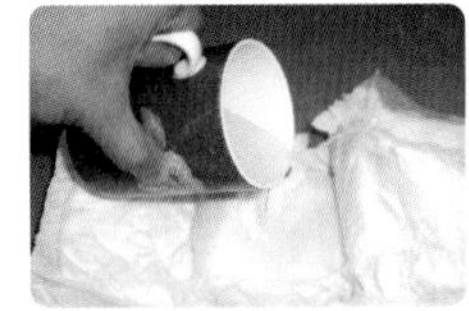

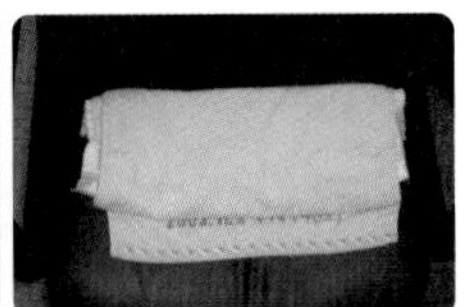

더 해보기 솜과 알루미늄 중 어느 것에서 얼음이 더 천천히 녹을까?

❶ 같은 양의 얼음을 2개의 비닐 봉지에 각각 담는다.

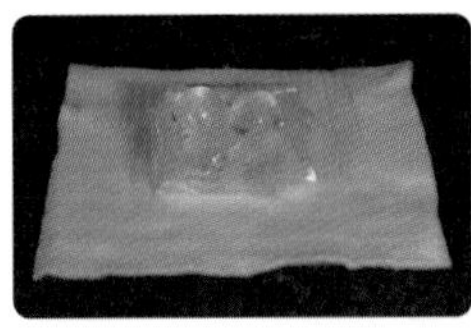
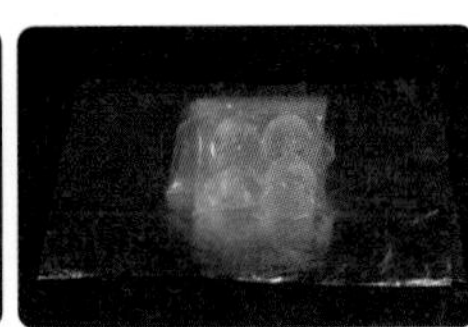

❷ 하나는 솜으로, 다른 하나는 알루미늄포일로 비닐 봉지를 둘러싼다.

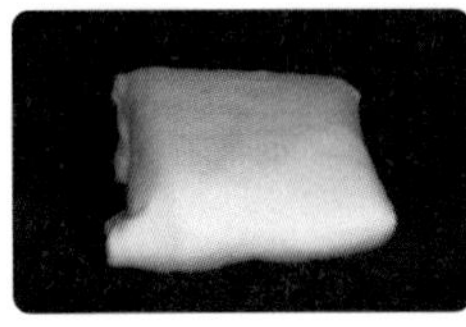
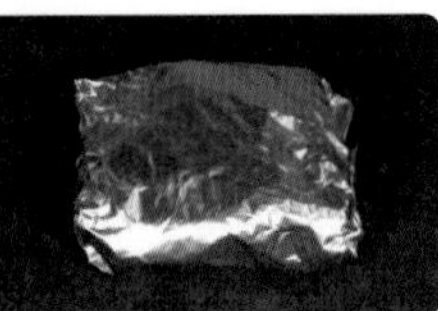

❸ 따뜻한 방 안에 두자. 어느 것이 더 천천히 녹을까?

아하, 그렇구나!

해보기 해설 일회용 기저귀 안에는 폴리아크릴레이트와 같은 물질이 들어 있다. 이 물질은 물을 흡수하여 젤 상태로 존재하므로, 얼음이 녹아도 물이 새지 않는다. 또 물과 달리 어느 정도까지는 우리가 원하는 모양으로 만들어 얼릴 수도 있다. 얼음 조끼에서 사용하는 얼음주머니도 이런 물질로 만든다. 만약 얼음 조끼나 아이스 박스에서 사용하는 얼음주머니를 잃어버렸다면, 임시방편으로 기저귀를 이용할 수도 있다.

더 해보기 해설 솜의 경우는 실제 부피의 대부분이 공기이다. 이 점을 고려하여 열전도율을 비교하여 보자. 알루미늄의 열전도율은 210W/m℃이고, 공기의 열전도율은 0.026W/m℃로 알루미늄의 열전도율이 약 10000배 가량 크다. 따라서 솜으로 싼 얼음보다 알루미늄으로 싼 얼음이 더 빨리 녹는다.

우리는 흔히 솜은 따뜻하고 알루미늄은 시원하다고 생각하는데, 이것은 알루미늄의 열전도율이 더 크기 때문이다. 예를 들어 손보다 알루미늄의 온도가 더 낮다면, 손을 대었을 때 손에서 알루미늄 쪽으로 열에너지가 전달된다. 그런데 이 과정이 상대적으로 빨리 진행되면, 우리는 시원하다고 느낀다. 같은 온도의 경우일지라도 솜이었다면 열전달이 천천히 진행되므로 알루미늄보다 덜 시원하다고 느낀다. 겨울철에 철로 된 의자에 앉았을 때는 금방 차갑다고 느끼지만, 나무로 된 의자에 앉았을 때는 덜 차갑다고 느끼는 이유이기도 하다.

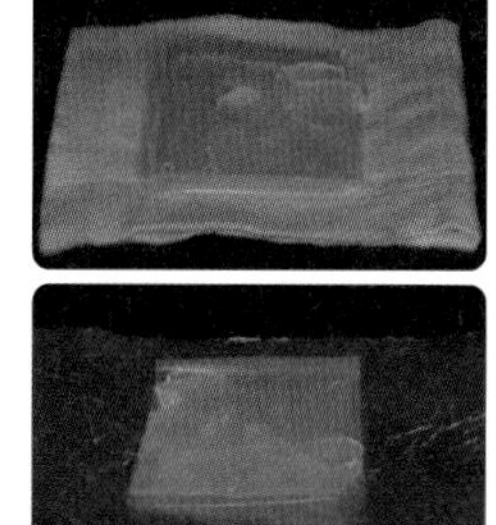

이러한 성질을 이용하여 얼음 방석을 오래 쓰려면 어떤 것으로 둘러싸면 좋을까? 수건일까, 아니면 알루미늄포일일까? 실험결과에서 알 수 있듯이, 수건으로 둘러싸는 것이 알루미늄포일로 둘러싸는 것보다 얼음 방석을 더 오래 쓸 수 있는 방법이다.

전신수영복의 위력

수영을 한 지는 꽤 오래되었다. 엄마가 어렸을 적부터 내가 물을 굉장히 좋아했다고 하시면서 수영을 적극 권해주셨기 때문이다. 응애 응애 울다가도 물에만 집어넣으면 울음을 그쳤다는데, 사실 여부는 알 수가 없다.

그런데 얼마 전 수영장에서 내 정신을 멍하게 만드는 예쁜 여자애를 발견하였다. 걔도 내가 마음에 드는지 자꾸 내 쪽을 힐끗 쳐다보고 미소를 짓는다. 와~ 그 황홀함이란…. 그런데 같이 수영장에 다니는 수용이도 걔를 찜했나 보다. 데이트 신청을 할 예정이란다.

헉! 이럴 수가….

잠이 오질 않는다. 안되지. 그럴 순 없어. 난 벌떡 일어나서 수용이한테 문자를 날렸다.

'야! 사실 나도 걔 찜했거든. 수영으로 대결해서 결정하자. 이긴 사람이 데이트 신청하는 거야!'

바로 울리는 휴대폰 문자 알림소리.

'그래, 자식아! 내일 보자.'

그런데 큰일이다. 수용이는 수영장에서 실력이 가장 뛰어난 친구 중 하나이다. 그때부터 난 미친 듯이 수영기록을 단축시키는 법을 찾기 위해 인터넷 검색을 하기 시작했다.

그때 찾은 것이 전신수영복. 2000년 시드니올림픽에서 이안 소프라는 선수가 이걸 입고 3관왕을 했다는 것이다. 게다가 우리 나라 박태환 선수도 입었다고 한다. 그래, 이거야!

다음날 난 학교를 마치고 바로 엄마 옷장을 샅샅이 뒤져 전신수영복과 비슷한 쫄티에 쫄바지를 찾아냈다. 그리고는 당당하게 수영장으로 향했다. 탈의실에서 옷을 갈아입고 이안 소프를 생각하며 전신수영복의 위력을 상기하고 있었다. 삼각팬티 수영복을 입고 나타난 수용이는 쫄티에 쫄바지를 입은 날 보고 깔깔대기 시작했다.

우리는 공주님이 나타날세라 얼른 시합을 시작했다. 100m 자유형. 오로지 난 그 애를 생각하며 열심히 팔을 저었다. 도착점에 손을 대고 고개를 들어보니… 이럴 수가! 수용이가 먼저 와있는 것이 아닌가? 전신수영복이랑 꼭 같이 생긴 옷을 입었는데 이게 웬일이지? 덕분에 주말의 데이트는 물거품처럼 사라지고 내 머리엔 궁금증 하나만 덩그러니 남게 되었다. 도대체 쫄쫄이와 전신수영복의 차이점이 뭐야?

켈빈과 텅빈의 연구실

교과서에서 찾아보기
초등학교 5학년 물체의 속력
중학교 1학년 힘
중학교 2학년 여러 가지 운동

박사님! 엊그제 수영경기 보셨어요?

박태환 선수 경기 말이니? 400m에서 금메달을 땄다고 하더구나!

정말 대단하지 않아요? 그런데 박태환 선수 수영복이 이상해요.

그래. 니가 수영장에서 입는 삼각팬티 수영복과는 다르지? 그게 하체뿐만 아니라 상체도 감싸는 전신수영복이란다. 이런게 진정한 과학 명품이지.

전신수영복

수영은 몸놀림이 자유로워야 되는데 쫄바지, 쫄티 같은 전신수영복을 입고 어떻게 수영을 하는지 모르겠어요. 기록단축이 될까요?

모르는 말씀. 2000년 시드니올림픽에서는 이안 소프라는 선수가 전신수영복을 입고 3관왕을 차지했단다.

정말요?

전신수영복은 수영선수의 몸과 물과의 저항을 줄여주고 전체적으로 근육을 감싸 근육의 떨림을 막아 피로를 덜어주게 만든단다. 최첨단 과학 기술로 말이지.

와~ 전신수영복이 어떻게 물과의 저항을 줄여주나요?

유체
기체나 액체를 뜻하는 말로, 고체에 비해 변형하기 쉽고 자유로이 흐르는 특성을 지닌다.

✻ 수영과 유체저항

유체저항이 뭔지는 아느냐?

헤헤, 박사님도. 그걸 알면 제가 여기에 있겠어요?

공기나 물처럼 자유롭게 흐르는 물질을 유체라고 하는데 유체 안에서 물체가 움직이면 유체저항을 받게 된단다.

수영기록을 단축시키려면 유체저항을 줄여야겠네요?

옳거니. 간만에 똑똑한 말을 하는구나. 그런데 유체저항이라는 것이 조금 어렵거든. 네가 잘 이해할 수 있을지 걱정이구나.

박사님은! 제가 이래 뵈도 박사님 수제자인데요. 쉽게만 설명해주시면 얼마든지 이해할 수 있어요.

그래? 어디 보자꾸나. 유체저항에는 유체의 점성에 의한 점성저항과 물체의 모양에 의한 압력저항 등이 있단다. 점성이 큰 유체는 점성저항이, 비행기처럼 속도가 빠른 경우는 압력저항이 중요하지.

상황에 따라 주로 작용하는 유체저항이 다르군요.

그래. 멈춰있는 유체 속에서 물체가 움직일 때 물체 겉표면에 가까운 유체입자는 표면에 붙어 물체와 같이 움직인단다. 그런데 물체에서 떨어져있는 유체일수록 거의 멈춰있단다. 이때 물체에 붙어 움직이는 유체는 멈춰있는 유체의 방해를 받는데, 이게 점성저항이지.

그럼 제가 인천에서 남해까지 수영해서 가면 인천에서 몸에 붙어있는 물방울이 남해까지 같이 간다는 말씀이세요?

얘기가 그렇게 되나? 흥미롭게도 사실이란다.

이야~ 신기하네요.

그런데 물체가 유체 내에서 저속으로 움직일 경우, 표면이 매끄러울수록 점성저항이 줄어든다는구나.

아하, 그렇군요! 표면이 매끄러우면 점성저항이 작아져서 유체저항을 덜 받는군요.

속도에 따라 유체 내에서 물체가 받는 저항

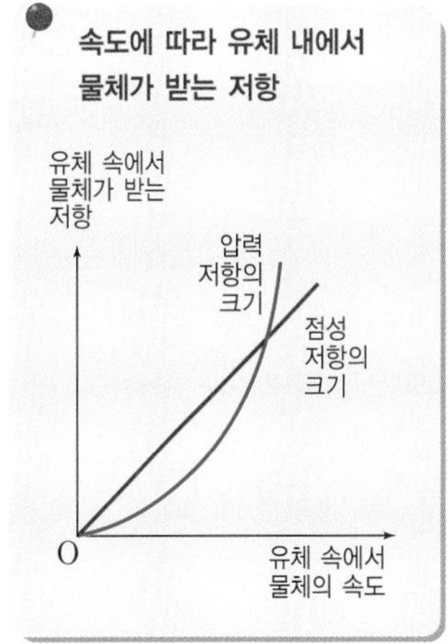

점성저항

마찰저항이라고도 하는데 유체가 가지고 있는 점성(서로 끈끈하게 붙어 있으려는 성질) 때문에 생기는 저항이다. 물체가 유체 내에서 천천히 운동할 경우 표면이 매끄러울수록 점성저항의 크기가 줄어들어 전체적인 유체저항도 줄어들게 된다.

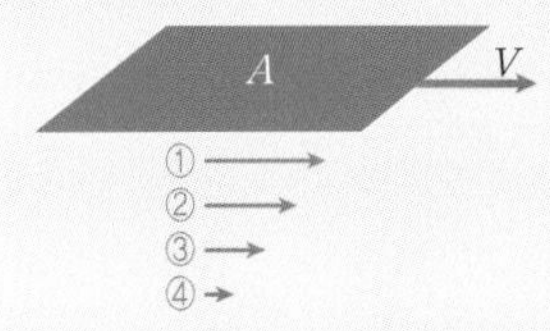

물체 A가 유체 속에서 움직이면 가까이 있는 ①번 유체입자가 물체에 붙어 같이 움직이게 된다. 이때, 상대적으로 정지해 있는 나머지 유체입자가 ①번 유체입자의 운동을 방해하여 점성저항이 생기게 된다.

테플론의 성질

테플론은 1938년 플랑켓 박사가 실험을 통해 얻은 물질로 강산, 강염기, 유기용매에 잘 견딜 뿐만 아니라 고온에서도 타거나 녹지 않는 강한 성질을 지녔다. 또 표면이 매우 매끄러워 어떤 물질도 잘 달라붙지 않는다.

테플론의 이러한 성질 때문에 원자폭탄을 만드는 데 사용되기도 했다. 지금은 테플론의 매끄러운 성질을 이용해서 프라이팬이나 보온밥솥, 조리기구를 코팅하는데 쓰이기도 하고, 튼튼한 성질을 이용해서 전기줄이나 우주복 외피, 연료탱크를 만드는 데 쓰이기도 한다.

옳거니. 전신수영복은 피부보다 매끄러워서 점성저항을 줄일 수 있단다.

헉! 무엇으로 만들었길래 피부보다 더 매끄러운가요?

❇ 전신수영복의 소재, 테플론

요즘은 눌러 붙지 않는 프라이팬이나 밥통이 많지 않느냐? 모두 테플론으로 코팅을 해서 그렇단다.

테플론이요? 테팔은 들어봤는데….

테팔이 바로 테플론을 붙인 제품의 상품명이지. 테플론은 표면이 매우 매끄러워 어떤 물질도 잘 달라붙지 않는다는 구나.

너무 매끄러워서 어떤 물질도 달라붙지 않는다구요?

그래. 테플론을 수영복에 코팅하게 되면 어찌되겠느냐?

전신수영복과 유체저항

전신수영복은 무릎 밑으로 내려가거나 팔의 일부분을 가리거나 혹은 목부터 발목까지 온몸을 감싸는 형태의 수영복으로 바디슈트라고도 한다. 발목부터 목까지 덮기 때문에 근육을 압착시켜, 피로를 느끼게 하는 젖산이 적게 쌓이도록 하여, 기록을 향상시킨다. 전신수영복을 입으려면 10분 정도 시간이 걸리며 도와주는 사람 4명이 필요하다.

수영은 속도가 그리 빠르지 않아 유체저항 중 점성저항이 주로 작용한다. 일반수영복을 입으면 피부가 거칠기 때문에 점성저항이 커서 유체저항을 많이 받는다. 그러나 전신수영복을 입으면 피부보다 매끄러운 테플론으로 코팅되어 있기 때문에 점성저항이 작아 전체적인 유체저항이 줄어든다. 뿐만 아니라 테플론은 물이 달라붙지 않고 물을 튀겨내는 효과까지 있어 점성저항을 거의 무시할 수 있다. 전신수영복은 일반수영복에 비해 물의 저항을 10~15%정도 감소시켜 약 3%쯤 기록을 향상시킨다고 한다.

유체저항 = 점성저항 + 압력저항

$점성저항_{일반수영복} > 점성저항_{전신수영복}$

$압력저항_{일반수영복} = 압력저항_{전신수영복}$

⇩

$유체저항_{일반수영복} > 유체저항_{전신수영복}$

아하, 이제야 이해가 됐어요. 어떤 물질도 달라붙지 않을 만큼 매끄러우니까 털이 많고 울퉁불퉁한 피부보다 유체의 점성저항을 많이 줄여줄 수 있겠네요.

그래. 테플론으로 코팅한 전신수영복은 피부보다 매끄럽단다. 그래서 물이 달라붙는 것이 아니라 마치 물을 튀겨내는 듯한 효과를 내서 물의 점성저항을 줄이지. 이걸 입으면 경기 기록이 꽤 좋아진다더구나.

저도 당장 가서 전신수영복을 하나 장만해야겠어요.

인석아! 수영부터 제대로 배우거라! 아직도 멍멍이 헤엄 수준이면서…. 전신수영복이 말이 되느냐? 쯧쯧쯧.

❊ 생활 속 압력저항

헤헤. 박사님도, 정곡을 찌르시네. 그런데 한 가지 더 궁금한 것이 있는데요. 유체저항을 줄여 속도를 빠르게 하려면 무조건 매끄럽게 만들어야 하는데 골프공은 왜 울퉁불퉁한 거죠?

오! 좋은 질문이구나. 웬일이냐, 네가?

박사님도. 이런 질문에 감동까지 하시고….

골프공에 작용하는 유체저항

유선형이 아닌 구처럼 뭉툭한 물체가 고속으로 운동할 경우 압력저항이 커지게 되어 멀리 날아가지 못한다. 그런데 공의 표면을 울퉁불퉁하게 만들면 난류가 발생하면서 공 뒤쪽의 유체가 잘 섞여, 압력저항이 줄어들게 된다. 이를 이용한 것이 골프공의 홈이다. 골프공의 홈이 없을 때 날아가는 거리는 홈이 있을 때보다 거의 반밖에 안 된다.

그렇다고 모든 물체의 표면에 홈을 낸다고 멀리 날아가는 것은 아니다. 유체의 저항은 물체의 속도와 모양, 유체의 밀도와 점성 등에 따라 달라지기 때문이다.

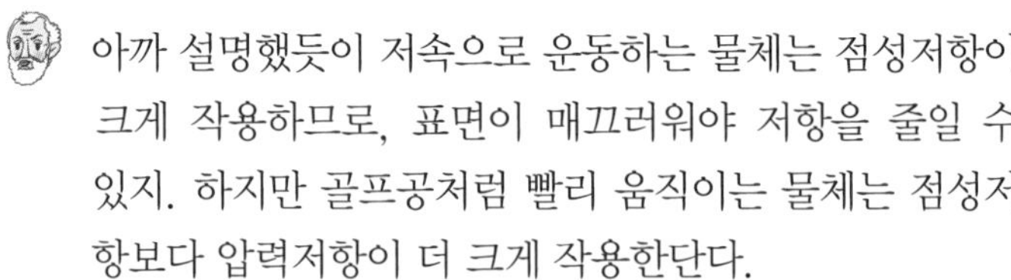

아까 설명했듯이 저속으로 운동하는 물체는 점성저항이 크게 작용하므로, 표면이 매끄러워야 저항을 줄일 수 있지. 하지만 골프공처럼 빨리 움직이는 물체는 점성저항보다 압력저항이 더 크게 작용한단다.

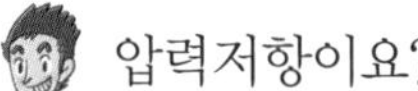

압력저항
물체가 빠르게 움직일수록 물체 앞에서 뒤로 밀어내야 할 유체의 양이 많아진다. 그런데 물체가 빨리 움직이기 때문에 밀려난 유체가 물체 뒤쪽의 빈 공간을 미처 다 채우지 못한다. 이렇게 되면 물체의 앞쪽이 뒤쪽보다 유체압력이 커져 움직이는 반대방향으로 힘이 작용한다. 이것을 압력저항이라고 한다. 이는 물체의 모양에 따라 다른데, 유선형이면 압력저항이 거의 0이 된다.

압력저항이요?

롤러코스터를 타고 내려오는 사람의 얼굴을 본 적이 있느냐? 얼굴 피부가 바람때문에 뒤로 밀리는 것처럼 보이지. 이처럼 물체가 빨리 움직이면 물체 앞에는 밀어내야 할 유체가 많아져, 물체 앞부분의 압력이 뒤쪽보다 커진단다.

그러면 뒤쪽으로 잡아당기는 힘이 생기겠네요?

옳거니. 그런데 골프공처럼 공의 표면을 울퉁불퉁하게 만들면 공 표면에서 난류가 발생해 공기가 쉽게 잘 섞이지. 이렇게 되면 압력저항이 줄어들어 공이 더 멀리 날아갈 수 있단다. 이게 골프공의 과학이란다.

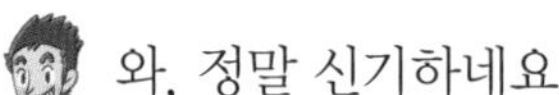

와, 정말 신기하네요.

골프공뿐만 아니라 고속으로 운동하는 물체는 압력저항이 크게 작용하기 때문에 모양이 굉장히 중요하단다. 자동차가 그 예지.

자동차요? 그래서 경주용 자동차는 일반차와 다르게 생겼군요?

옳거니. 유선형으로 자동차를 만들면 압력저항이 작아 좋겠지. 아니면 차 뒤쪽에서 공기가 잘 섞이도록 특별한 장치를 붙이기도 한단다.

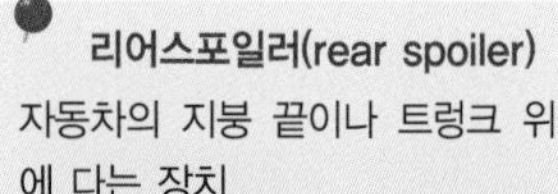

리어스포일러(rear spoiler)
자동차의 지붕 끝이나 트렁크 위에 다는 장치

아하, 그래서 사람들이 트렁크 쪽에 리어스포일러(rear spoiler)를 다는군요.

정말 내 제자가 맞느냐? 네가 이렇게 똑똑할 줄이야. 리어스포일러를 달면 압력저항도 줄이고 장식 효과도 있어 인기가 좋단다. 특히 승합차나 경차처럼 뒷부분이 각진 차는 차 지붕 끝에 리어스포일러를 붙이지.

과학상식 톡톡

테플론의 문제점

보온밥솥의 밥통

최근 미국 환경보호국은 듀폰사를 포함한 종합화학회사에 2015년까지 '테플론'의 소재 물질 제조 금지를 요청했다고 한다. 프라이팬에 음식이 눌어붙지 않게 할 목적으로 썼던 테플론이라는 물질을 만드는 과정에서 발암물질이 사용됐기 때문이다.

테플론은 1938년 미국 듀폰사에서 개발한 합성수지의 일종이다. 화학적으로 매우 안정돼 있어 열과 화학물질에 잘 견딘다. 또 다른 물질이 잘 들러붙지 않으며 마찰이 적다는 장점 등이 있다. 이 때문에 기계, 자동차, 반도체, 우주항공 산업 등 첨단 산업 분야에 널리 이용된다. 일상생활에서는 프라이팬, 보온밥솥을 비롯해 전자레인지용 팝콘 · 감자튀김 · 사탕 등의 포장지 코팅 재료로 쓰인다.

논란이 된 물질은 테플론을 만드는 과정에서 쓰이는 PFOA(perfluorooctanoic acid)라는 성분이다. 많은 양의 PFOA가 사람 몸에 쌓이면 간암과 태아 기형을 일으킬 가능성이 있는 것으로 추정되고 있다.

미국 식품의약청은 PFOA에 대해 조사한 결과 미국인 대부분의 혈액 속에 이 물질이 4~5ppb 정도 들어 있었다고 한다. 우리 나라 사람들의 상황은 더욱 심각하다. 수년 전 대구 근처 지역주민 25명을 대상으로 조사한 결과 남성은 평균 35.5ppb, 여성은 88.1ppb가 검출됐다.

그러나 최근 나온 소식들을 보면 실제 위험은 프라이팬이 아니라 각종 포장지에 있다고 한다. 프라이팬을 만드는 과정에서는 400℃의 고열로 처리하기 때문에 200℃만 되어도 날아가 버리는 PFOA가 남아있을 가능성은 매우 낮다. 하지만 각종 포장지 안쪽 면에 코팅돼 있는 테플론에는 PFOA가 남아있을 가능성이 높다.

실제로 2005년 11월에는 듀폰사가 1987년 연구를 통해 테플론을 사용한 포장지에 인체 위해성이 있음을 알았는데도 20년 넘게 이를 은폐해 왔다는 사실이 전직 연구원에 의해 밝혀졌다.

앞으로 테플론의 유해성이 좀 더 명확히 규명되겠지만, 예방 차원에서 소비자들은 PFOA가 들어있는 포장지에 담긴 음식을 멀리하는 것이 좋겠다. 특히 어린이들의 경우엔 더욱 그렇다.

우리 나라가 PFOA 대량 수입국이라는 사실이 왠지 꺼림칙하다. 정부는 하루 속히 PFOA 사용 실태를 파악해 관리 방안을 마련해야 한다.

출처 | 전상일(환경보건학 박사, 한국환경건강연구소 소장. www.enh21.org)

한번 해봐요

어디가 더 매끄러운가?

준비물 프라이팬이나 보온밥솥, 일반 냄비나 그릇, 물

해보기

❶ 테플론이 코팅된 테팔 프라이팬이나 보온밥솥의 밥통, 일반 냄비나 그릇을 각각 준비한다.

❷ 물방울을 떨어뜨린 뒤 같은 각도로 기울여서 물방울이 미끄러지는 속도를 관찰하자.

어느 쪽이 더 빠른가?

더 해보기

❶ 테플론이 코팅된 포장지와 그렇지 않은 일반 종이로 그림처럼 각각 배를 만든다.

❷ 여기에 치약을 묻혀 물에 띄워보자. 치약의 확산작용으로 인해 배는 앞으로 이동하게 된다.

이때 어느 배가 더 빠른지 관찰해보자.

아하, 그렇구나!

해보기 해설 테플론이 코팅된 프라이팬은 표면이 매끄러워 유체저항이 일반 냄비보다 상대적으로 작다. 그래서 물이 더 빠른 속도로 미끄러진다.

더 해보기 해설 테플론이 코팅된 포장지(남색)로 만든 배가 유체저항을 상대적으로 덜 받아 더 빠르게 움직인다.

배낭 꾸리기

드디어 여름 방학이 시작됐다. 이번 여름방학 땐 특별히 부모님이 지리산 등반 캠프를 보내주시기 때문에 더욱 기대가 된다. 이틀 뒤면 출발! 벌써부터 가슴이 설레고 긴장된다. 엄마도 출발 날짜가 다가오니 내심 걱정이 되시는지 계속 준비물을 확인하고 또 확인하신다.

"바람아, 텐트는 다 챙겼니?"

"짐 좀 다시 한 번 챙겨라"

그럴 수밖에 없는 것이, 챙겨야할 준비물이 너무나 많다.

텐트, 두터운 담요, 침낭, 여벌의 옷, 속옷, 세면도구, 구급약, 물통, 점퍼, 모자, 세탁용품, 코펠, 버너, 컵라면, 고추장 등등…. 방바닥에 하나씩 늘어놓으니 발 디딜 틈이 없다.

등산 배낭을 낑낑거리며 들고 와서 하나 하나 챙겨 넣기 시작했다. 배낭이 내 키 반 만한데도 다 들어가지가 않는다. 이런, 겨우 겨우 무거운 것부터 밑으로 넣어서 구겨 넣었더니 울퉁불퉁… .

일으켜 세우기도 힘든 배낭을 어찌 어찌 해서 어깨에 메긴 했는데, 일어설 수가 없다. 너

무 무거운 거다. 겨우 일어서봤더니 등이 뒤로 젖혀질 것만 같다.

"엄마~ 이걸 메고 어떻게 그 험난한 지리산을 올라가요?"

"그러게 말이다. 모두 너무 중요하고 꼭 필요한 물건들이라 뺄 수도 없고. 참 난감 하구나"

평소 등산동호회에서 활동을 하고 계신 아버지께서 내가 꾸려놓은 배낭을 보시더니 껄껄껄 웃으신다.

"아이고, 이 녀석아! 배낭을 이렇게 꾸리니까 무겁지."

배낭의 짐을 모두 끄집어내신 아버지는 가볍고 자주 안 쓰는 물건을 밑에서부터 차곡차곡 넣으신 후 무거운 짐을 어깨 근처에 오게 해서 배낭을 꾸리셨다. 배낭에 달린 끈으로 짐을 단단히 조이시고 어깨끈을 짧게 해서 짐이 엉덩이 위로 올라오게끔 어깨에 메주셨다. 그리고 다른 배낭끈으로 허리와 어깨 부근을 조여 배낭이 몸에 밀착되게 해주셨다.

그런데 이게 웬일? 아까는 등이 휘청거릴 정도로 무거웠던 배낭이 한결 가볍게 느껴졌다. 역시, 우리 아빠야!

짐을 줄인 것도 아닌데 왜 가방이 가볍게 느껴지는 걸까?

켈빈과 텅빈의 연구실

교과서에서 찾아보기
초등학교 4학년 수평잡기
초등학교 6학년 우리 몸의 생김새
중학교 1학년 힘
중학교 3학년 일과 에너지
고등학교 물리 I 일과 에너지

박사님! 요즘 주 5일제다 뭐다 해서 장기 여행객들이 엄청 늘었는데요, 저는 일단 우리 나라부터 다녀볼까 생각 중이에요.

어허, 너는 하라는 공부는 안하고 틈만 나면 놀러갈 생각만 하더구나. 그 부실한 몸으로 무거운 배낭을 메고 어떻게 여행을 갈 수 있겠느냐? 그냥 뒷동산에나 오르는 게 너를 위해서도 좋을 것 같구나.

박사님은 참, 제가 이래 뵈도 근육으로 무장한 몸짱인거 모르셨어요?

당연히 모르다마다. 네가 몸짱이면 난 몸짱 할아버지는 되겠다.

에이, 박사님은…. 그나저나 여행이 길어서 꾸려할 짐이 너무 많아 걱정이에요. 무거운 짐을 메고 여기저기 관광을 하려면 정말 힘들텐데….

방법이 있긴 하지! 같은 무게라도 무게중심의 위치에 따른 힘의 평형을 이용하면 힘의 합력을 줄일 수 있어서 좀 더 가볍게 들 수 있거든.

네? 무게중심의 위치요? 힘의 평형이요? 어떻게 무게중심의 위치를 이용해서 배낭을 가볍게 들 수 있나요?

무게중심을 이용한 돌쌓기

❊ 무게중심과 힘의 평형

무게중심이 뭔지는 알고 있지? 어디, 한번 얘기해보렴.

무게중심이란 물체의 각 부분에 작용하는 중력의 합력이 작용하는 점을 말합니다. 헤헤.

그럼 힘의 평형상태란 무엇이냐?

힘의 평형상태는 한 물체에 작용하는 여러 힘들의 합이 0이 되는 것인데요, 그 때 물체는 정지해 있거나 일정한 속도로 운동하게 됩니다.

옳거니. 그런데 남자는 무게중심이 대략 배꼽 아래로 2cm 정도 되는 위치에 있고, 여자는 조금 더 아래에 위치한단다.

여자와 남자의 신체 구조가 달라서 그런가요?

그렇지. 같은 사람이라도 짐을 이거나 메거나 지거나 하는 것에 따라 무게중심이 달라진단다.

그럼 등산 배낭에 어떻게 짐을 넣어 어디에 메냐에 따라 무게중심이 다르겠네요?

무게중심
물체의 각 부분에 작용하는 중력의 합력이 작용하는 점으로 과학자들은 그 물체의 모든 질량이 무게중심에 모여있다고 가정하고 운동을 설명한다.

물동이를 머리에 이면 전체적인 무게중심이 몸 내부에 있어 물동이 무게만큼의 힘만 더 작용하면 된다.

❇ 배낭을 메었을 때 무게중심의 위치

사람이 배낭을 머리에 이게 되면 아무리 무거워도 전체의 무게중심이 몸 내부에 있으므로, 배낭의 무게만큼의 힘만 작용하면 된단다.

지레의 원리

짐의 무게 W, 손과 어깨의 거리 c가 일정할 때,

$W \times a = F_a \times c$

$W \times b = F_b \times c$

$a < b$이므로 $F_a < F_b$

다시 말해 막대로 어깨에 받쳐 같은 무게의 짐 W를 들더라도, 짐과 어깨 사이의 거리가 멀수록 더 큰 힘이 필요하다. a보다 거리가 더 먼 b의 경우 손으로 작용하는 F_b가 더 크다.

그러나 등에 무거운 배낭을 메게 되면 사람과 배낭을 합친 전체의 무게중심이 몸을 벗어나게 되지. 그러면 배낭의 무게 말고도 배낭이 가만히 있게 하는 힘을 더 주어야 한단다.

박사님, 죄송한데 잘 이해가 안가요. 흑흑.

그럼 이렇게 생각해 볼까? 사람이 막대에 짐을 매달아 어깨로 받쳐 드는 경우를 생각해보자.

네, 쉽게 아주 쉽게 설명해주세요.

무게가 같은 짐이라도 어깨로 받친 막대에서 뒤쪽으로 메면 멜수록 앞에서 손으로 잡아야 하는 힘이 더 들게 되지. 너도 경험으로 알고 있을 거야.

네, 그럼요.

그러면, 어깨는 가방 무게 말고도 손으로 막대를 당기는 힘까지 느끼게 되겠지?

아하! 그래서 배낭이 몸에서 멀어지면 멀어질수록 같은 무게의 배낭이라도 더 무겁게 느껴지는 거군요.

무게중심의 위치에 따른 힘의 크기 비교

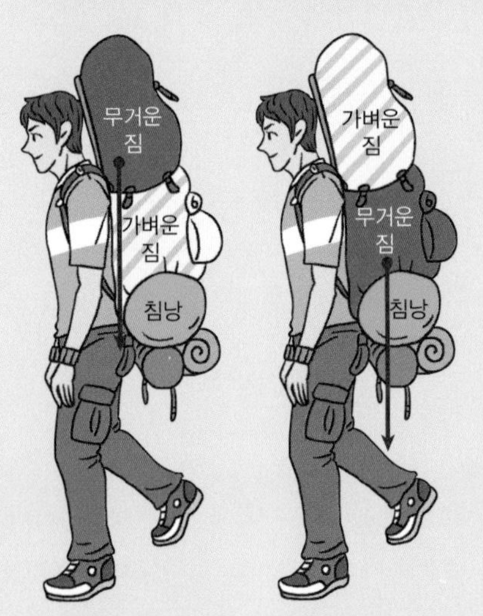

(a) 무거운 짐을 위에 둘 때 (b) 무거운 짐을 아래에 둘 때

(a)처럼 무거운 짐을 위에 두면 배낭의 무게중심과 사람이 가까워서 배낭을 메는데 필요한 힘의 크기가 작다.

(b)처럼 무거운 것을 아래에 놓으면 신체구조 상 엉덩이 때문에 배낭의 무게중심이 사람과 멀어져서 배낭을 메는 데 필요한 힘의 크기가 (a)보다 상대적으로 더 크다.

옳거니. 꽤 똑똑한 걸. 역시 내 제자다워.

박사님은, 그걸 이제야 아셨어요? 헤헤.

저런, 저런. 너는 조금만 띄워주면 날아가더구나. 쯧쯧, 아무튼 이제 배낭을 어떻게 메야 가볍게 멜 수 있는지 알겠느냐?

그럼요. 배낭의 무게중심과 사람의 무게중심 사이를 좁히기 위해 최대한 배낭을 등에 붙여 메야 되지요. 제 말이 맞지요, 박사님?

오호~ 그렇지. 그러려면 어찌해야 되느냐?

엉덩이 밑으로 배낭이 내려가면 엉덩이가 튀어나와서 몸과 배낭사이의 거리가 멀어지게 되고 무게중심이 몸에서 많이 벗어나게 되네요. 그러니 배낭끈을 짧게 메어서 등에 붙여야 돼요!

마지막으로 그럼 짐은 어떻게 꾸려야 되겠느냐? 짐을 어떻게 꾸리느냐에 따라 여행의 질이 확 달라진단다.

지레의 원리 : 일-에너지 관점에서

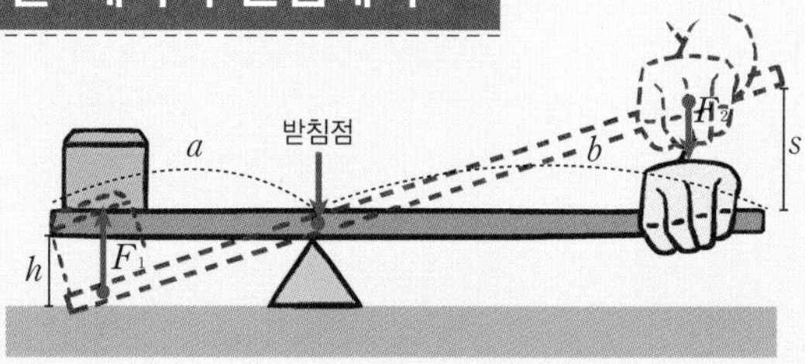

$F_1 \times h = F_2 \times s$($s > h$일 때 $F_1 > F_2$)

지레가 해준 일 = 사람이 한 일

지레는 작은 힘으로 무거운 물체를 들어올릴 수 있다.
b를 크게 하면 할수록 힘의 이득이 있다. 그러나 전체적으로 볼 때 일의 이득은 없다.

'일=힘×이동거리'로 정의할 수 있다. 세상에 공짜는 없다는 데 지레도 마찬가지다. 지레에서 작용한 힘의 효과를 크게 해주기 위해 치루어야 하는 대가가 있다. 지렛대를 이용해서 상자를 조금 움직이기 위해서는 지렛대 반대편에는 더 먼 거리를 움직여야 한다. 지렛대에서 마찰에 의한 에너지 손실을 무시할 때 보존되는 양은 '힘×이동거리'가 된다(지레가 해준 일=사람이 한 일).

배낭 꾸리는 방법

1. 기본 장비의 목록을 만들어 빠짐없이 짐을 꾸린다.
2. 비가 올 경우를 대비하여 배낭 커버를 준비한다.
3. 용도나 사용 시기에 따라 작은 주머니에 나누어 담은 뒤 넣는다.
4. 배낭 아래에는 무게가 가벼운 것(침낭, 의류 등), 위쪽에는 무게가 무거운 것(텐트, 식량 등)을 넣고 무거운 것은 될수록 등쪽에 넣는다.
5. 배낭을 되도록 등에 밀착시키며, 배낭을 멨을 때 배낭 밑 부분이 자신의 허리 밑으로 내려오지 않도록 한다.
6. 자주 사용하는 물건(칼, 나침반, 지도, 컵, 헤드랜턴, 휴지 등)이나 간식 등은 배낭의 뚜껑이나 양쪽 주머니에 넣는다.
7. 배낭의 늘어지는 끈은 나뭇가지에 걸려 사고의 위험이 있으니 고무밴드나 테이프를 이용하여 잘 간추린다.

음, 그건요. 음, 잘 모르겠는데요? 그냥 대충 필요한 것을 넣으면 되는거 아닌가요?

그렇지, 어째 너무 많이 안다 싶었다. 인석아! 너는 배낭을 꾸릴 때 보통 무거운 것부터 먼저 넣느냐 가벼운 것부터 넣느냐?

그야 물론 무거운 것부터지요. 밑에서부터 꾹꾹 채워 넣어야 많이 들어가거든요.

사람들이 배낭을 꾸릴 때 무거운 것을 밑에 넣고 가벼운 것을 위에 넣는데, 그러면 배낭의 무게중심이 사람과 멀어져 더 무겁게 느껴진단다.

그래요? 어쩐지, 전 늘 책가방이 무겁더라구요. 그게 다 이유가 있었네요. 그럼 앞으로 가벼운 것부터 밑에다 넣어야겠네요?

옳거니. 무거운 짐을 어깨 높이 부근의 등에 가깝도록 놓아서 무게중심을 몸에 더 가깝게 하면, 좀 더 가볍게 들 수가 있단다.

아하, 그렇군요! 같은 무게라도 가볍게 메려면 배낭의 어깨끈을 짧게 해서 등에 붙이고, 무거운 짐을 위에 놓아서 최대한 무게중심을 몸쪽으로 오게 해야 되는군요?

그렇지. 배낭의 무게는 몸무게의 $\frac{1}{3}$을 넘지 않도록 하고 배낭이 허리 밑으로 내려오지 않도록 해야 된단다.

네. 그런데 등산할 때 수통이나 컵을 배낭 밖에 덜렁덜렁 매달고 다니는 사람들이 많은데 이것도 주머니에 넣는게 좋겠네요?

훌륭하구나. 정리하자면 무게가 가벼운 침낭, 의류는 배낭 아래쪽에, 텐트나 식량 등 무거운 것은 배낭 위쪽 등판쪽에 오도록 꾸리거라.

야! 박사님 덕분에 조금은 가벼운 여행이 되겠는데요. 용돈까지 주시면 더욱 고맙겠습니다. 지금 제 주머니가 텅 비었거든요. 기념품 꼭 사올께요.

과학상식 톡톡

아기를 더 가볍게 안으려면?

아기를 어떤 방법으로 안아야 더 가볍게 느껴질까?

(a) 앞으로 안는 방법

(b) 뒤로 안는 방법

엄마가 아기를 안을 때는 그림과 같이 두 가지 방법이 있다. 엄마의 배와 아기의 배가 서로 마주보게 앞으로 안는 방법(a)와 엄마의 등과 아기의 배가 서로 마주보게 업는 방법(b)이다. (a)와 (b)의 차이는 무게중심의 위치이다. 사람의 신체구조상 (b)처럼 하면 아기의 무게중심이 엄마와 더 가깝다. 그래서 아기를 안기 위해 엄마의 어깨가 작용하는 힘의 크기는 (a)보다 (b)가 상대적으로 더 작다.

전신포대기

전신포대기는 아기를 업을 때 사용하는 포대기를 조끼 형식으로 만들어서 몸 전체로 감싸는 형식으로 아기를 안거나 업는 포대기이다. 전신포대기는 아기의 무게가 조끼 전체에 작용하므로 아기의 무게를 엄마 상반신 전체로 지탱하게 된다. 따라서 두 어깨끈으로만 멜 때보다 힘을 받는 면적이 넓어지기 때문에 몸에 작용하는 압력이 상대적으로 작아져서 아기가 가볍게 느껴진다. (압력$=\frac{\text{힘}}{\text{면적}}$)

슬링은 천의 양쪽 끝을 고리를 이용하여 연결한 뒤 엄마의 어깨에 걸쳐 아기를 업거나 안을 수 있는 포대기이다. 한쪽 어깨로만 메기 때문에 두 줄로 메는 어깨끈보다 넓이를 넓게 하여 어깨에 작용하는 압력을 줄여주었다.

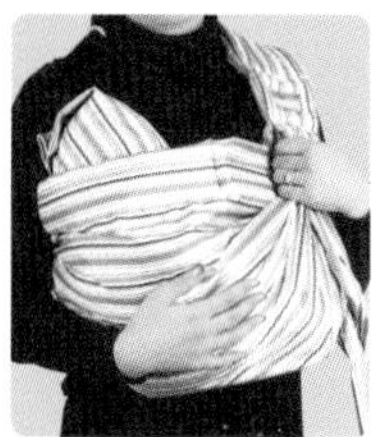

슬링

한번 해봐요

배낭 가볍게 메기

준비물 책이 든 가방, 나무막대

해보기

❶ 책이 든 책가방을 나무막대기를 이용하여 들어보자. 한번은 책가방을 몸 가까이에 두고 들어보고, 다른 한번은 가방을 몸에서 멀리 떨어진 곳에 두고 들어보자. 어느 쪽이 더 무겁게 느껴지는가?

❷ 책가방에 책을 가득 넣고 어깨에 메어보자. 한번은 어깨 끈을 길게 해서 가방이 엉덩이 밑으로 오게 하고, 한번은 어깨 끈을 짧게 해서 가방이 허리 위로 오게 하자. 어느 쪽이 더 무겁게 느껴지는가?

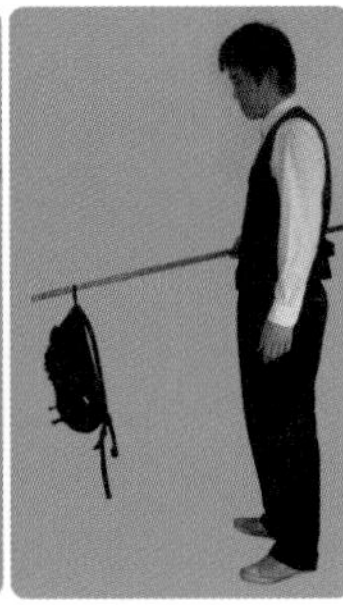

❸ 책가방을 앞으로도 메어보고 뒤로도 메어보자. 어느 쪽이 더 무겁게 느껴지는가?

❹ 책가방 두 개를 한꺼번에 뒤로 메었을 때와 앞과 뒤로 나누어 메었을 때를 비교해보자. 어느 쪽이 더 무겁게 느껴지는가?

아하, 그렇구나!

해보기 해설

❶ 책가방의 무게중심이 몸에서 많이 떨어져 있는 두 번째 자세가 상대적으로 더 큰 힘을 작용해야 하므로 더 무겁게 느껴진다.

❷ 책가방을 등에 바짝 올려 메었을 때보다 엉덩이 아래로 늘어뜨렸을 때 엉덩이로 인해 무게중심이 몸에서 더 떨어지게 되므로 상대적으로 더 무겁게 느껴진다.

❸ 사람의 신체구조상 책가방을 등에 메었을 때보다 앞으로 메었을 때 무게중심이 몸에서 더 떨어지게 되므로 더 무겁게 느껴진다.

❹ 책가방 두 개를 앞뒤로 메면 책가방의 무게중심이 몸 내부에 있다. 그러나 두 개를 한꺼번에 등에 메었을 때는 무게중심이 몸 외부에 위치하므로 상대적으로 더 무겁게 느껴진다.

한복 허리띠도 편하게

명절 때엔 왜 한복을 입는지 모르겠다.

난 허리띠며 대님 매는 게 완전히 꽝이다. 특히 대님은 아무리 잘 매도 조금만 지나면 풀려서 어기적 거리며 다니기 일쑤다. 가뜩이나 바지통도 커서 펄랑거리는구만. 한복에도 허리띠나 멜빵을 맬 수 있었으면 좋겠다. 아예 고무밴드로 만들면 더 좋고.

여하튼 오늘은 설날이라 온가족이 한복으로 갈아입고, 큰아버지 댁으로 차례를 지내러 갔다. 큰아버지 댁은 대전인데 가는 길이 무척 막혔다. '차례를 지내러 가는 사람들이 많은 가보다'라고 생각했었는데, 앞에서 사고가 난 것이다.

찌그러진 차와 다친 사람들이 보였다. 안전벨트를 한 운전자는 멀쩡한데, 뒷좌석에서 벨트를 하지 않은 사람들은 크게 다친 모양이다. 역시 안전벨트는 생명벨트! 엄마도 불안하셨는지 휴게소에 들렀다 나오면서 안전벨트를 다시 한번 점검해 주셨다.

안전벨트 덕분인지 무사히 큰아버지 댁에 도착하였다.

큰아버지 댁에 도착하자 마당에 묶여 있는 누렁이가 우리를 반갑게 맞아준다. 발버둥을 치며 요란하게 움직이는 통에 개줄이 끊기는 줄 알았다.

2월 7일 날씨: 화창

차례가 끝나고, 어른들께 세배를 드렸다. 세뱃돈으로 찜해놓은 MP3를 살 수 있을 것 같다. 지훈이가 늘 목에 걸고 다니던 것과 똑같은 MP3를 살 것이다. 신난다.

편안한 옷으로 갈아입고 윷놀이를 하였다. 엄마가 허리띠를 안챙겨 오셔서 사촌형의 멜빵을 했다. 바지는 내려가지 않지만 바지가 자꾸 먹혀서 불편하다. 역시 허리띠가 짱이다.

그동안 보지 못했던 친척들이 모여 정성스럽게 준비한 맛난 음식을 먹고, 재미난 민속놀이를 하니 시간 가는 줄 몰랐다.

이래서 명절에 사람들이 모이나 보다.

올해는 기분 좋은 일만 생길 것 같다.

켈빈과 텅빈의 연구실

교과서에서 찾아보기
중학교 1학년 힘
고등학교 1학년 힘과 에너지

박사님! 바지 입을 때 허리띠를 하는데 왜 하는 거예요? 밥 많이 먹었을 때는 허리띠가 필요없더라구요. 단지 바지만 내려가지 말라고 하는 거면, 바지의 허리부분만 잘 맞게 하면 될 것 같은데요.

글쎄, 딱히 그런 목적만 있는 건 아니라고 하더구나.

좀 엉뚱한 질문이지만요, 언제부터 허리띠를 둘렀을까요?

❇ 다양한 허리띠

원주민의 끈옷

인간이 옷을 입기 시작했을 때부터 허리띠가 같이 등장했겠지. 아프리카의 원주민 중에는 허리띠만을 옷으로 입고 다니는 종족도 있다더구나.

어휴, 옷입기가 간단해서 좋기는 한데 저라면 부끄러울 것 같아요.

허리띠의 의미는 문화에 따라 많이 달랐던 것으로 나타난단다. 권위의 상징도 있었고, 정장의 의미도 있었고, 다른 장식을 하기 위한 보조 장치의 기능도 있었단다. 그래서 그런지 요즘에는 명품 허리띠도 있다더구나.

순종이 왕세자일 때 착용하던 옥대

박물관에 있는 옛날 왕들의 허리띠는 권위의 상징이겠네요.

그렇지, 옛날에는 허리띠의 장식으로도 신분을 구별했거든.

아하, 그렇군요! 그런데 요즘은 허리띠 대신에 벨트라는 말을 더 많이 쓰는 것 같아요.

벨트는 물건을 착용하는 기능으로만 사용하는 것이 아니지. 적절하게 힘을 전달하는 일도 한단다. 기계장치에 사용되는 벨트들을 예로 들 수 있지.

자동차 엔진 벨트

❊ 줄이 당기는 힘

우리가 허리띠를 맬 때 너무 세게 매면 허리가 조이더라구요. 힘이 작용하는 것 같아요. 가죽 허리띠는 고무줄처럼 늘어나지 않는데도 힘이 작용하나요?

그렇지. 허리띠를 장식으로만 사용한다면 헐렁 헐렁한 허리띠가 무겁다고 느껴지겠지만, 단단하게 조여 있으면 무언가 힘이 작용한다는 것을 느낄 수 있지? 물체에 줄을 매달아 잡아당길 때도 줄이 손을 당기는 것 같은 힘을 느낄 수 있는데 그 힘을 장력이라고 한단다.

아하, 그렇군요! 그런데 어떻게 해서 그런 힘이 생기는 거예요?

장력(tension)
물체 내 한 면을 경계로 양쪽 부분이 면에 수직으로 서로 끌어당기는 힘. 주로 T로 표시한다.

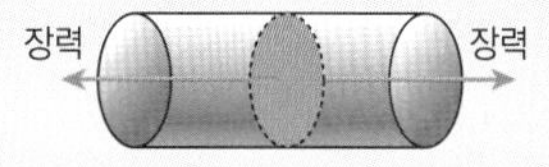

띠 – 帶(대)

옷 위로 가슴이나 허리에 둘러매는 끈의 총칭으로 영어의 새시(sash), 벨트(belt), 밴드(waist band), 거들(girdle)에 해당된다. 띠의 기원은 신체의 한 부분을 매는 끈으로서 특히 허리에 묶은 유의(紐衣, 끈옷)이다.

벨트 | 허리를 조여 매는 납작한 끈이나 띠의 형태로 의복을 고정시키는 장치의 하나이다. 어원은 거들을 의미하는 라틴어의 발테우스(balteus)이다.

옥대(玉帶) | 비단으로 싸고 옥(玉)으로 된 장식을 붙여 만든 띠로, 고려시대에는 왕의 자라공복(紫羅公服), 3품 이상 관리들의 공복에 착용하였으며, 왕이 전공을 세운 중신에게 하사하기도 하였다. 조선시대에는 왕의 곤룡포(袞龍袍), 왕비의 적의(翟衣), 왕세손의 자적용포(紫翟龍袍)에 착용하였다. 왕의 옥대는 용무늬를 입체적이고 생동감 있게 조각하였고, 왕비는 민옥(珉玉)을 사용하였다. 왕세자와 왕세자빈은 청민옥을 사용하여 만들었다.

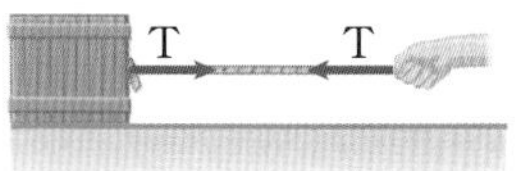

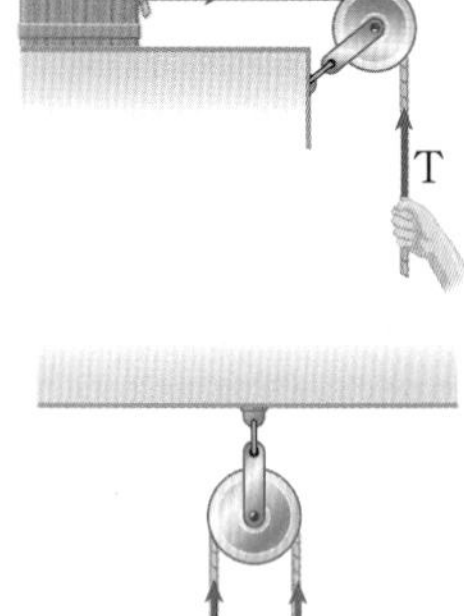

여러 가지 상황의 장력

줄 모양이든 덩어리이든 모든 물체는 원자로 이루어지고, 그들 사이의 보이지 않는 힘이 물체를 구성해주는 것이란다. 마치 작은 용수철들이 원자들 사이에 연결되어 물체를 이루고 있는 것처럼 말이지.

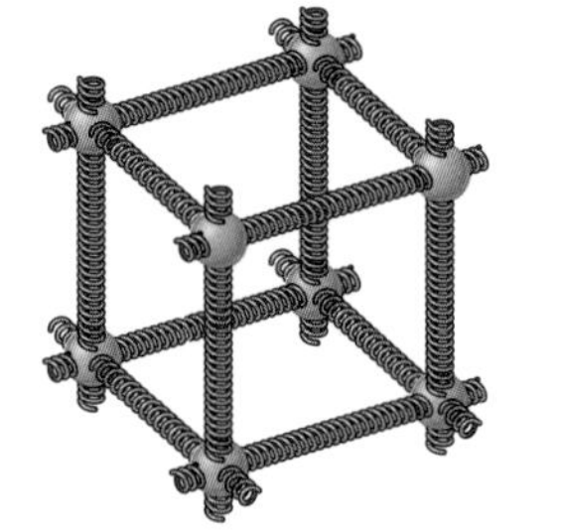

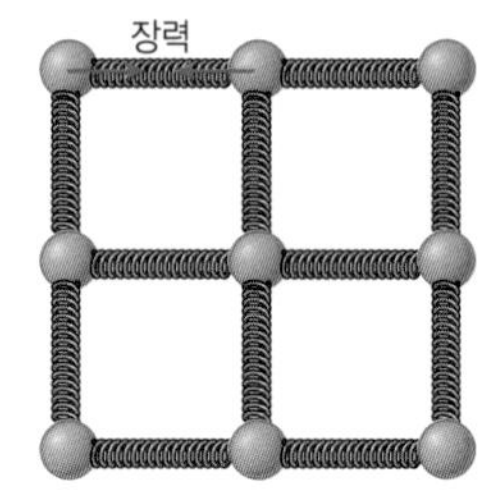

그럼 물체에 힘이 작용하게 되면 안보이는 작은 용수철에 힘이 작용하는 것이겠네요?

옳거니. 용수철들은 늘어나면 원래 모양으로 되돌아가려는 힘이 생기는 것은 알고 있지? 탄성력 말이다.

용수철도 너무 많이 늘어나면 탄성을 잃거나 끊어지던데, 줄을 세게 당기면 끊어지는 것도 같은 현상인가요?

옳거니. 둘다 같은 원리란다.

❊ 장력의 방향

그런데 물체를 줄로 묶어 끌어당길 때, 줄이 물체를 당기는 힘이 장력이에요? 아니면 줄이 손을 당기는 힘이 장력이에요?

줄의 양쪽 끝을 당겨보면 양쪽 손에서 모두 당겨지는 힘이 느껴지지 않니? 두 경우 모두 장력이란다.

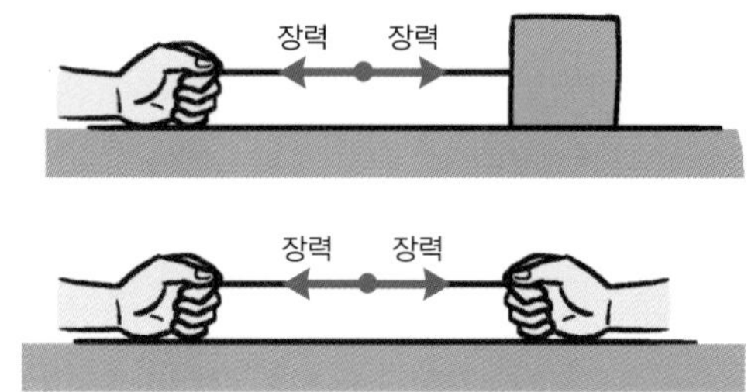

장력은 일정한 방향으로 작용하는 힘이 아니라 줄을 따라 작용하는 힘이란다. 허리띠나 멜빵을 볼까?

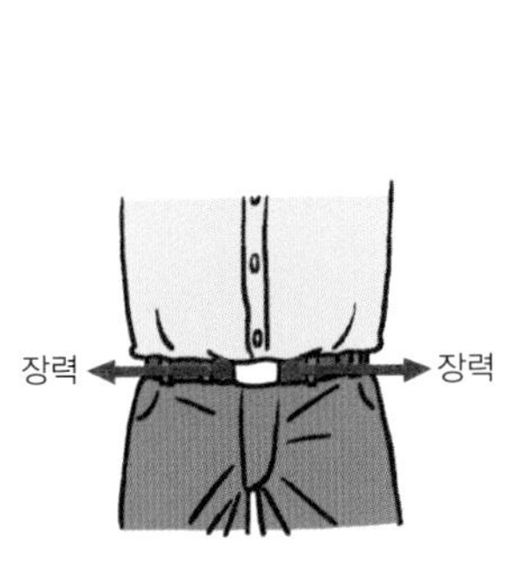

허리띠는 허리가 조이는 느낌을 받고 멜빵은 어깨가 눌리는 느낌을 받겠네요. 요새는 다리도 줄에 매달아 만들던데요? 그런 줄은 굉장히 튼튼해야 할 것 같아요.

❋ 줄로 만드는 다리

예를 들어 기둥을 많이 세우기 어려운 곳에서 높은 기둥을 세우고 줄을 이용하여 다리를 만들지. 게다가 이렇게 하면 큰 배도 다리 아래로 지나갈 수 있단다.

현수교

멜빵바지에서 멜빵이 바지를 매달고 있는거나 마찬가지네요. 그런데 멜빵 모양도 그냥 일자인 것이 있고 X자 모양인 것도 있잖아요? 다리는 어떤가요?

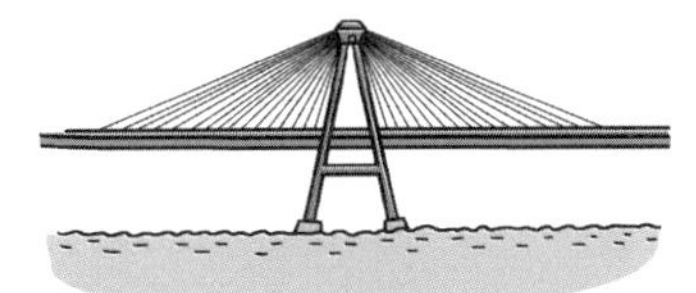

사장교

줄로 만드는 다리도 여러 종류가 있단다. 예를 들어 현수교는 다리 기둥 사이에 줄을 늘어뜨린 모양이고, 사장교는 기둥과 다리 상판을 직접 줄로 연결한 모양이지.

혹시 줄이 끊어져 위험하지는 않을까요?

미리 성능 검사를 하여 안전한지 확인한 다음에 이용한단다. 그리고 사용 중에도 당연히 안전도를 항상 확인해야 하고.

안전을 위한 장력측정장치

바람에 흔들리다 끊어진 미국의 타코마 다리

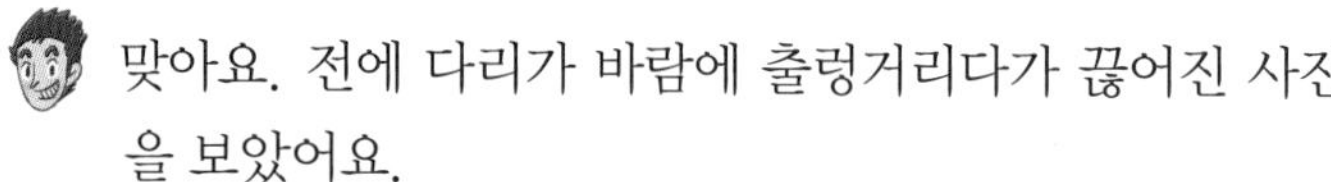

맞아요. 전에 다리가 바람에 출렁거리다가 끊어진 사진을 보았어요.

그래. 처음에 조금씩 출렁거렸는데 점점 흔들림이 커져서 결국 끊어졌단다. 그러니까 여러 가지 조건에서도 견뎌내도록 다리를 만들어야 하는 것이지.

❊ 누르기와 당기기

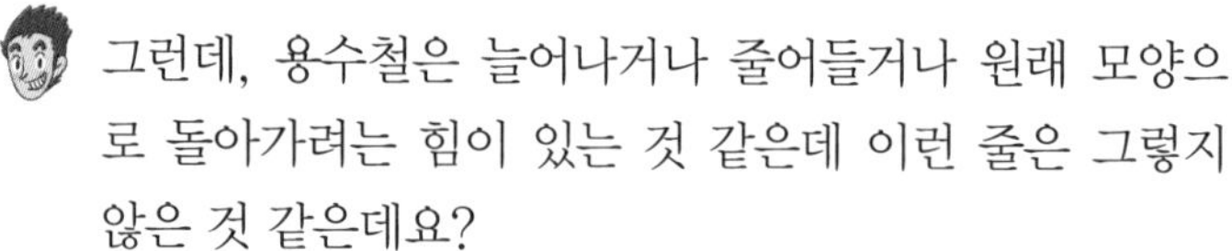

그런데, 용수철은 늘어나거나 줄어들거나 원래 모양으로 돌아가려는 힘이 있는 것 같은데 이런 줄은 그렇지 않은 것 같은데요?

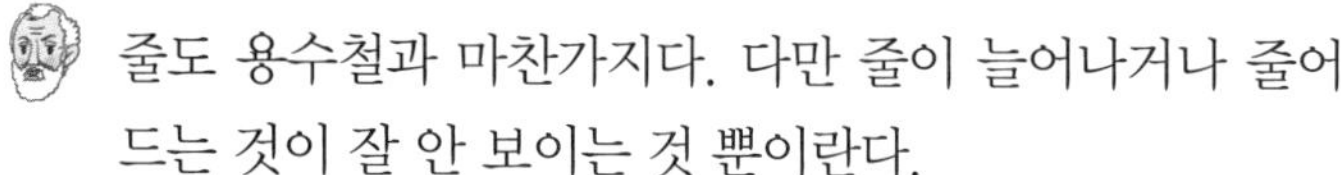

줄도 용수철과 마찬가지다. 다만 줄이 늘어나거나 줄어드는 것이 잘 안 보이는 것 뿐이란다.

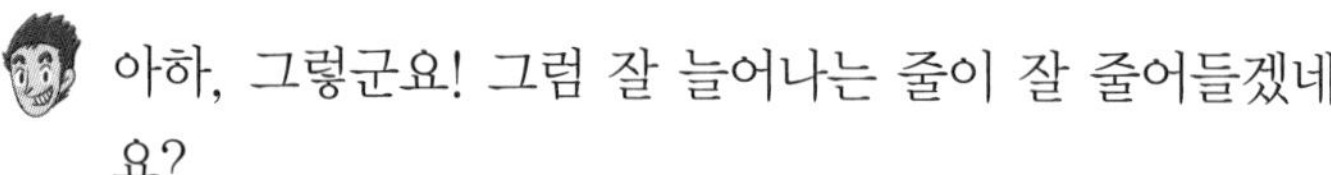

아하, 그렇군요! 그럼 잘 늘어나는 줄이 잘 줄어들겠네요?

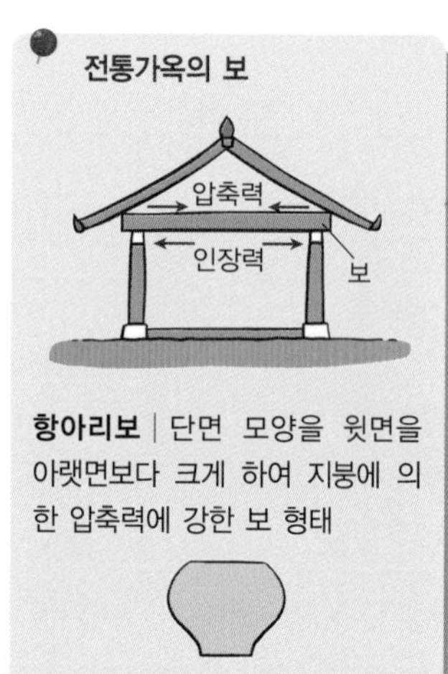

항아리보 | 단면 모양을 윗면을 아랫면보다 크게 하여 지붕에 의한 압축력에 강한 보 형태

아니란다. 물질마다 특성이 다르지. 건축에서는 어떤 재료를 양쪽에서 잡아당기는 힘을 인장력, 누르는 힘을 압축력이라고 하여 둘을 구별한단다.

그냥 방향만 서로 반대이지 같은 물질에서는 똑같을 것 같은데요?

그게 아니래두. 예를 들어 돌은 누르는 힘에 강하고, 철은 당기는 힘에 강하단다.

건축할 때 양쪽의 장점이 잘 활용되도록 해야겠네요?

그렇지. 철근콘크리트 건물이 좋은 예이지. 콘크리트는 누르는 힘에, 철근은 당기는 힘에 버티도록 만든 것이란다.

아하, 누르는 힘과 당기는 힘이 균형을 이루어야 안전한 건물이 되겠군요!

건축에 사용되는 재료의 특성

석재 | 압축력에는 강하지만 인장력에는 약하다.
철근 | 인장력에는 강하지만 압축력에는 약하다.
목재 | 일반적으로 압축력과 인장력 모두에서 우수하다.

새끼줄에서 나노튜브까지

우리 조상들은 벼농사를 짓고 나면 볏짚으로 새끼를 꼬아 새끼줄로 사용하였다. 새끼줄을 줄로도 사용했지만 가마니를 만들어 쌀을 담기도 하였고, 짚신이나 여러 가지 생활도구를 만드는 데도 사용하였다. 또, 여러 가닥을 합쳐 굵은 줄로 만들어 줄다리기나 차전놀이 같은 민속놀이에 사용하기도 하였다.

대형 구조물들이 생겨나면서 더 튼튼한 재료와 줄들이 개발되어 사용되고 있다. 건물만이 아니고 다리에까지도 다양한 줄들이 사용되고 있다. 이 때에는 녹을 방지하는 물질들을 강철에 합성하여 만든다.

인천 국제공항으로 가는 영종대교는 '기록의 다리' 이다. 이 다리는 주탑과 주탑을 잇는 케이블을 다리 상판에 직접 걸어놓은 '3차원 케이블 자정식' 현수교이다. 이 다리는 줄로 매달려 있지만 초속 65m의 강풍에도 100년 이상 견뎌낼 수 있게 설계됐다.

최근에 새로 개발된 탄소나노튜브라는 소재가 있다. 탄소나노튜브는 탄소 6개로 이루어진 육각형들이 관(管)모양으로 연결된 원통 모양의 신소재이다. 1991년 일본 NEC 연구소 이지마 박사가 전자 현미경으로 가늘고 긴 대롱 모양의 다중벽 구조 물질을 처음으로 관찰하였는데, 튜브를 연결하는 관 하나의 지름이 수십 나노미터에 불과하여 '탄소나노튜브' 라고 이름지었다.

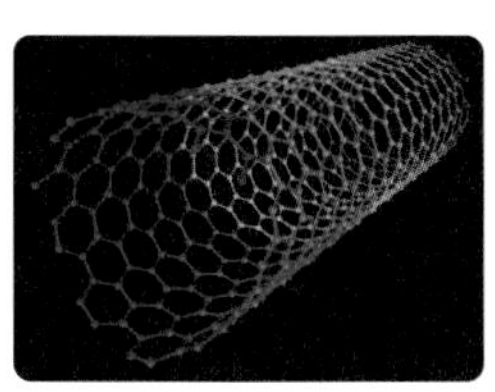

이 신소재는 강도가 강하고, 지름을 조절하면 반도체가 되기도 하며, 전류를 흐르게 하면 밝은 빛을 내기도 한다. 아주 강한 줄로 사용할 수 있을 뿐만 아니라 반도체 소자와 디스플레이 소자로 사용할 수 있는 신소재인 것이다. 테니스 라켓 줄이나 골프채에 사용되는 등 우리 실생활에서도 활용 영역이 넓어지고 있다.

출처 | 위키피디아

한번 해봐요

줄에 작용하는 힘

머리카락 싸움을 해보자. 머리카락 한 가닥을 양 손에 걸고 상대방의 머리카락을 끊어보자.

준비물 2인 1조, 머리카락(또는 강아지풀)

해보기

❶ 두 가닥의 머리카락(혹은 강아지풀)을 서로 가운데에 걸자.

❷ 신호에 맞추어 당겨보자.

❸ 당기는 위치를 바꾸어보고, 당기는 사람도 바꾸어보자.

❹ 가닥수를 달리하여 해보자.

- 먼저 당기는 쪽이 유리한가?
- 가운데를 거는 것이 유리한가? 양쪽 끝쪽으로 거는 것이 유리한가?
- 가닥수를 달리하면 견디는 힘에 어떤 차이가 있는가?

아하, 그렇구나!

해보기 해설

우선 재료의 특성이 당기기에서 승부를 결정해준다.

굵고 탄성이 좋은 것을 고를수록 유리하다.

- 같은 재료, 같은 조건으로 당기기를 한다면 작용 반작용의 법칙에 의해 둘 사이에 작용하는 당기는 힘의 크기는 같다. 먼저 당긴다고 유리한 것은 아니다.
- 걸 때는 가운데가 유리하다.
  한쪽으로 치우쳐 걸면 작용점을 중심으로 어느 한쪽 힘이 커져 작용점에서 줄이 버틸 수 있는 한계를 넘어가기 쉽다. 줄의 양쪽에 걸리는 힘의 크기가 달라지기 때문이다.

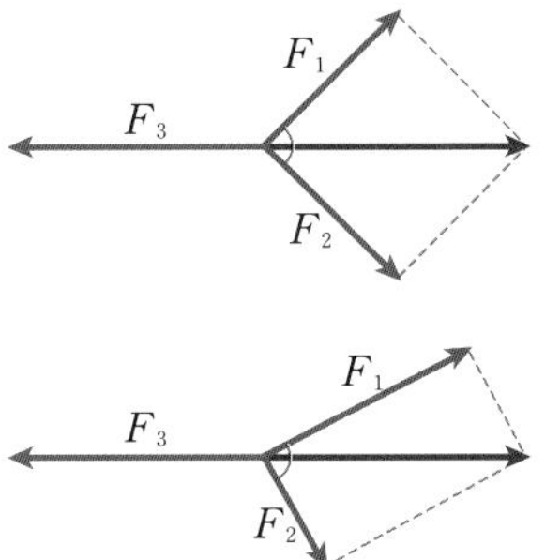

- 줄의 가닥수가 많아질수록 한 줄에 걸리는 힘이 작아지므로 여러 가닥일수록 더 큰 힘에 견딜 수 있다.

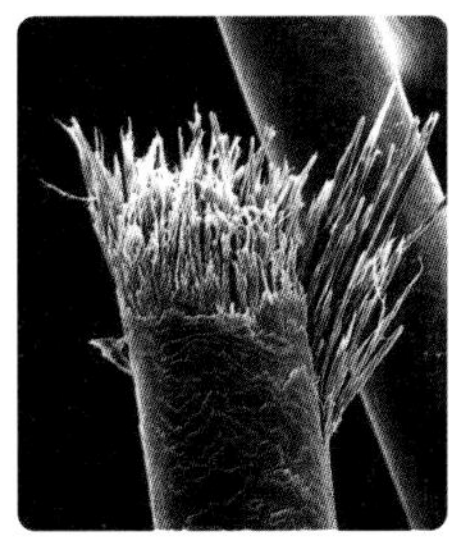
머리카락 확대 사진

따끔 따끔 내 피부

기다리고 기다리던 여름 피서!

우리의 목적지는 다름 아닌 부산!!

태어나 처음 가보는 부산은 어떤 모습일까?

끼룩끼룩 갈매기가 울고, 부우웅~ 뱃고동 소리가 들릴까?

기대에 부풀어 도착한 곳은 바로 부드러운 백사장이 길게 펼쳐지고, 파도가 철썩이는 해운대였다. 더운 날씨에도 꾹 참고 서울에서부터 입고 온 내 수영복이 짜잔! 하고 멋지게 모습을 드러낸 순간!!

난 주저하지 않고 바닷물로 바로 뛰어 들었다. 짐이나 풀고 가라는 누나의 잔소리가 멀리서 들리는 듯 했다. 파도가 부서지듯 그 말도 내 귓가에서 부서지고….

난 바다와 하나가 되었다. 그렇게 한참을 놀았나? 가족들에게 돌아갔더니 엄마와 아빠 그리고 누나는 얼굴과 온 몸에 무언가를 바르고 계신 게 아닌가?

그때 엄마가 "너도 어서 이거 바르렴." 하시면서 건네시는 것은 바로 화장품이었다. "에이~제가 여자에요? 화장을 하게. 까만 피부는 건강한 남성의 상징!"이라며 나는 그 화장품

을 물리쳤다. 그러고도 한참을 놀다 저녁 무렵 숙소에 들어오니 다른 가족은 다 멀쩡한데, 나만 온 몸이 화끈거리고 따가워서 견딜 수가 없다. 등과 팔 그리고 얼굴이 따갑다 못해 아프다. 아무리 까만 피부가 건강한 남성의 상징이라지만, 이거 원 화끈거려서야.

엄마가 감자를 갈아서 만든 팩을 붙여 주시면서, 자외선 차단 크림을 안 발라서 그렇다고 하신다. 힝, 아까 바르고 있었던 게 화장품이 아니구 보호 크림이었구나! 알았으면 한통 다 발랐을텐데….

그런데, 자외선 차단 크림을 바르면 완벽하게 자외선이 차단되는 걸까? 엄마 말씀으로는 하루에 한 번만 발라서는 안 된다고 하신다. 시간이 지나면 효과가 떨어져 서너 시간에 한 번씩 덧발라줘야 한다나? 크림통을 보니 SPF 30이라고 써 있다. 누나가 자외선 차단 지수를 말한다며 아는 체 한다. 이그, 얄미워.

어쨌든 내일은 크림을 담뿍 바르고 바다에 들어가야겠다.

아웅 따끔거려.

켈빈과 텅빈의 연구실

교과서에서 찾아보기
초등학교 3학년 빛의 나아감
중학교 1학년 빛
고등학교 1학년 에너지

으아아앙~ 박사님! 박사님!

무슨 일이냐 텅빈! 무슨 일을 또 벌인 것이야?

다름이 아니라 등이 너무 너무 따끔거려요.

난 또 뭐라고. 그러게 그만 놀고 들어오래도 뛰어 논다고 정신이 없더니. 잘 됐다.

박사님. 미워요. 그나저나 이거 어떻게 좀 해주세요. 따가워서 도저히 잠을 잘 수가 없어요.

어쩌긴 뭘 어쩌겠느냐. 얼음으로 냉찜질이라도 하려무나.

박사님이 해 주셔야죠. 제 팔이 등에 닿지도 않아요.

으이구! 이 녀석아. 그러게 자외선 차단제를 바르고 나가라고 하지 않았느냐.

자외선 차단제요? 아~ 아까 살짝 보여주신 그 화장품이요? 그거 바르면 이렇게 등껍질이 홀라당 벗겨지지 않나요?

녀석, 말하는 거 하고는.

그럼 등껍질을 등껍질이라고 하지. 배껍질이라고 하나요? 그나저나 질문에 대답을 해주셔야죠.

기분 나빠서 대답 안 해 주련다.

아아잉~ 왜 이러세요. 잘생긴 우리 박사님께서.

(쫙쫙)

일광화상 사진

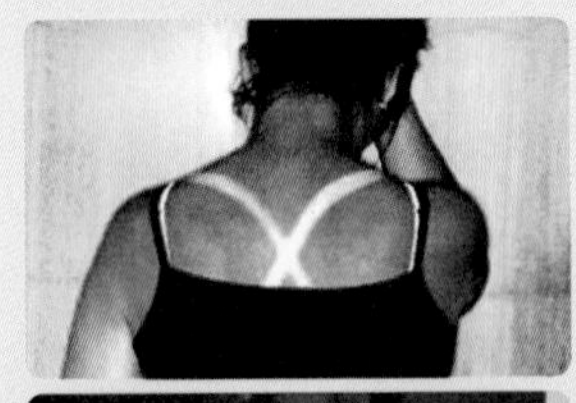

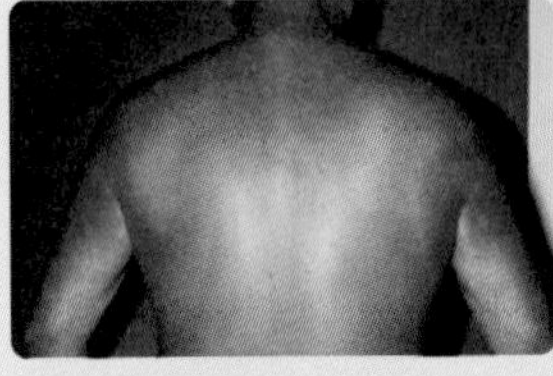

지나친 햇빛 노출에 의해 피부가 빨갛게 되고 부종이나 얇은 수포막이 형성되는 것을 일광화상이라 한다.
화끈거리고 따가우며 심하면 두통과 함께 발열과 같은 전신증상으로도 이어질 수 있다. 만성적으로 노출되면 주름살과 피부 혈관 확장, 엷은 반점, 주근깨 등이 나타나며, 피부가 거칠고 두꺼워지기도 한다. 특히 밖에서 일을 해야만 하는 사람들은 각별히 조심해야 한다.

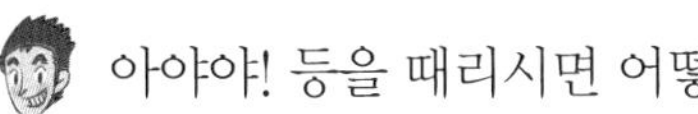

아야야! 등을 때리시면 어떻게 해요?

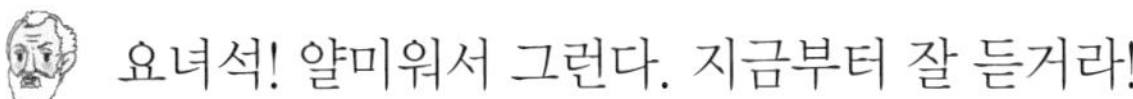

요녀석! 얄미워서 그런다. 지금부터 잘 듣거라!

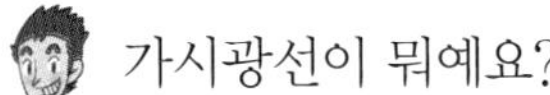

❊ 자외선이란?

자외선이란 가시광선의 보라색 바깥쪽에 위치하는 빛이란다.

가시광선이 뭐예요?

이전에 가르쳐줬건만 또 잊었구나. 태양에서 오는 빛은 우리가 보기에는 그냥 흰색 빛으로 보이지만, 프리즘을 통해 보면, 무지개 색으로 나뉜단다. 이를 눈에 보이는 빛이라는 뜻으로 가시광선이라 부르지.

그렇군요. 그럼 눈에 보이지 않는 빛도 있나요?

그럼, 있고말고.

그게 자외선이란 건가요?

옳거니. 자외선도 눈에 보이지 않는 빛에 포함되지만, 그 외에도 적외선이나 X선 등 여러 가지 종류의 빛이 있단다. 그런데 지금 네 등을 따갑게 만든 빛이 자외선이지.

자외선은 나쁜 것이군요. 그럼 그걸 어떻게 막을 수 있죠?

자외선이 꼭 나쁜 것은 아니야. 자외선은 비타민 D의 합성을 촉진해서 구루병을 억제하고 살균작용도 한단다.

그래요? 그렇다면 자외선은 또 어떤 역할을 하나요?

지금부터 자외선에 대해 자세히 설명해 주마. 자외선은 약 100～400nm의 파장 대의 빛으로 A, B, C의 세 가지로 나눌 수 있지.

프리즘에 의한 빛의 분산

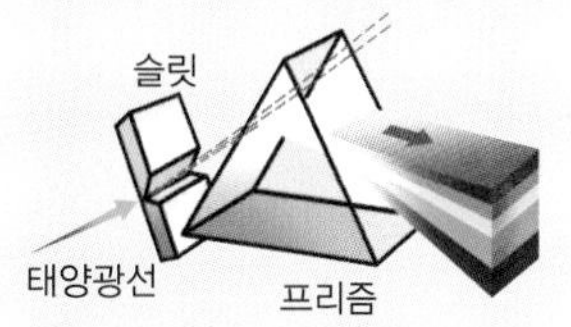

태양빛이나 백열등의 빛을 프리즘에 통과하였을 때 나누어지는 여러 색깔의 빛을 가시광선(可視光線)이라고 한다.
이때 우리 눈에 보이는 가시광선 외에도 빛이 존재하는데, 예를 들어 자외선은 보라색 바깥쪽에 존재하지만 눈에는 보이지 않는다.

UV vs IR

자외선(紫外線)을 영어로는 Ultra－Violet rays 라고 표기하는데, 이를 줄여 보통 UV라 한다.
적외선(赤外線)은 가시광선 영역의 붉은색 밖에 있으면서, 눈에 보이지 않는 전자기파로 영어로는 Infra－Red rays라고 표기하며, 보통 IR이라고 한다.

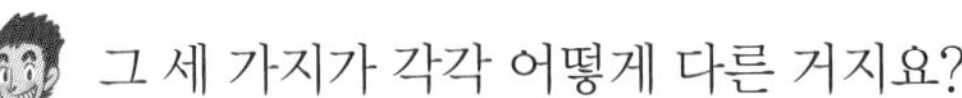

그 세 가지가 각각 어떻게 다른 거지요?

녀석 성격도 급하긴. 자외선 A(UV−A)는 파장이 320~400nm 사이, 자외선 B(UV−B)는 290~320nm 사이, 그리고 자외선 C(UV−C)는 200~290nm 사이의 빛을 의미한단다.

아~ 그렇게 파장별로 나누는 거군요. 그럼 그 세 자외선은 역할도 각각 다른가요?

그럼, 다르고말고. 햇빛에 피부가 노출되면 피부가 검게 되는 건 바로 UV−A 때문이란다.

그럼 UV−B는 어떤 역할을 하죠? 저는 단순히 검게 된 것이 아니라, 등껍질이 따가운 화상이거든요.

UV−B는 피부세포를 빨리 파괴시키고, 멜라닌 색소를 자극해서 색소 생성을 증가시키지. 그래서 기미나 주근깨가 늘어난단다. 그리고 지금 네 등이 따가운 것처럼 일광화상을 일으키기도 한단다.

멜라닌(melanin)

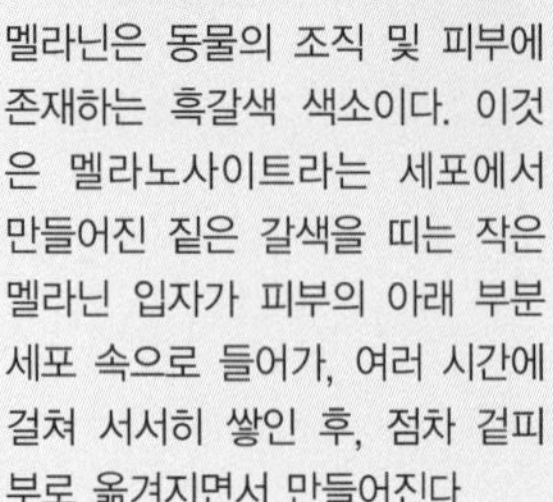

멜라닌은 동물의 조직 및 피부에 존재하는 흑갈색 색소이다. 이것은 멜라노사이트라는 세포에서 만들어진 짙은 갈색을 띠는 작은 멜라닌 입자가 피부의 아래 부분 세포 속으로 들어가, 여러 시간에 걸쳐 서서히 쌓인 후, 점차 겉피부로 옮겨지면서 만들어진다.

전자기파의 파장에 따른 분류

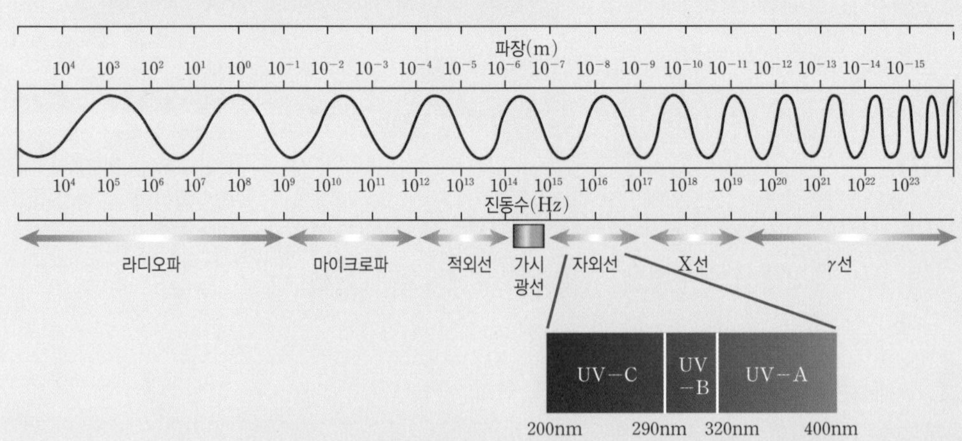

전자기파는 파장에 따라 자외선, 가시광선, 적외선을 비롯한 다양한 종류로 나뉜다. 이 중에서 가시광선은 우리가 볼 수 있는 빛으로 파장에 따라 색이 다르며, 그 외의 전자기파는 눈으로 볼 수 없다.

이런! UV－B란 녀석 때문에 제가 이렇게 고생을 한단 말씀이죠? 못된 것! UV－C는 좋은 역할을 하나요?

UV－C는 대기권의 오존층에 거의 다 흡수 되어서 아직 심각하게 고려하지 않아도 돼. 그렇지만 일단 피부에 닿으면 세포를 완전히 파괴시킨단다.

그렇다면 UV－C도 나쁜 거네요!

이롭게 사용할 수도 있지. 살균작용이 뛰어나니까 수술 도구나 식기 등의 소독에 이용할 수 있다더구나.

아하! 그렇군요. 어떻게 사용하느냐에 따라 이롭기도 하고 해롭기도 하고 그러네요. 그렇다면 자외선 차단제는 어떻게 자외선을 막는 거죠?

자외선 차단제의 종류

자외선 산란제(sunblock)

들어오는 광선을 반사하거나 분산시켜서 자외선으로부터 피부를 보호하는 기능을 한다.

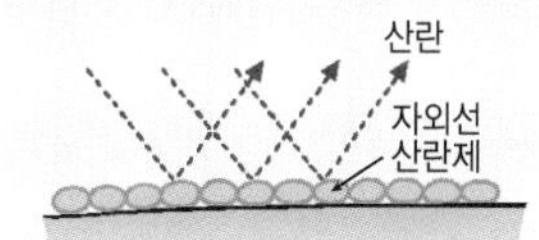

자외선 흡수제(sunscreen)

피부의 맨 위층에서 자외선을 흡수하여 아래층으로 자외선이 침투하지 못하게 해 피부를 보호하는 기능을 한다.

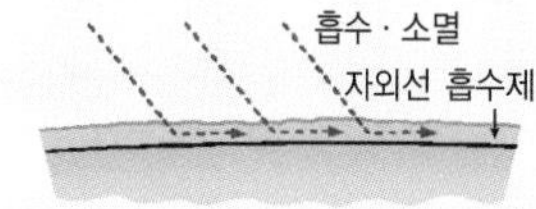

❈ 자외선 차단제의 원리

자외선 차단제는 크게 두 종류로 나눌 수 있어. 첫 번째는 자외선을 산란시키는 것이고 두 번째는 자외선을 흡수하는 것이지.

빛을 산란시키면 피부로 들어오는 자외선 양이 줄어드니까 당연히 자외선을 막아주겠지요. 그런데 흡수는 어떻게 자외선을 차단한다는 건지 잘 모르겠어요.

자외선 종류에 따른 피부 침투 차이

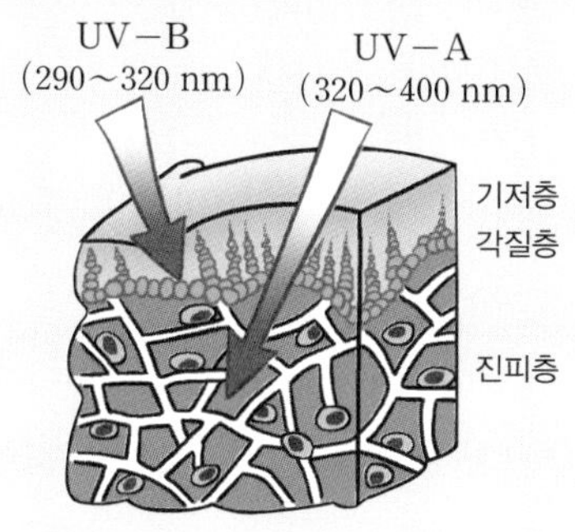

UV－A | 자외선 중에서는 파장이 가장 길다. 피부의 진피층까지 침투한다.

UV－B | 여름철에 더 강하고 일광화상을 일으키며, 고도가 높은 지역이나 적도에 가까운 지역일수록 강해진다. 표피의 기저층까지 침투한다.

UV－C | 자외선 중 파장이 가장 짧고, 오존층에서 거의 흡수되어 지표에 도달하지 않는다. 만약 이 자외선에 노출되면, 표피 상층부의 세포가 급속히 파괴된다.

자외선 흡수제는 말 그대로 자외선을 흡수하지. 이렇게 흡수된 자외선은 에너지가 낮은 빛으로 바뀌어서 피부에 해를 미치지 못하게 된단다.

아하, 그런거군요! 그러면 자외선 차단제에 있는 숫자는 뭐예요? SPF 30같은 숫자 있잖아요.

SPF란 Sun−Protective Factor의 약자란다. 즉, UV−B를 차단하는 제품의 자외선 차단 정도를 의미하는 것이지.

❈ 자외선과 오존층

그런데, 요즘 왜 그렇게 자외선, 자외선 하는 거죠? 제가 어렸을 때는 자외선을 차단해야 한다는 말을 별로들 안 했는데, 요즘은 다들 자외선 때문에 난리인 것 같아요.

자외선 차단지수 결정하는 방법

자외선 차단지수는 태양광과 유사한 인공 빛을 사람의 피부에 쪼여, 자외선 차단 제품의 효능을 비교한 값이다. 이를 흔히 **SPF** 지수라고 하는데, 식으로 나타내면 다음과 같다.

$$\text{SPF}=\frac{\text{자외선 차단제를 사용했을 때 홍반을 일으키는 자외선의 최소량}}{\text{자외선 차단제를 사용하지 않았을 때 홍반을 일으키는 자외선의 최소량}}$$

$$=\frac{\text{자외선 차단제를 사용했을 때 홍반이 발생하는 데 걸리는 시간}}{\text{자외선 차단제를 사용하지 않았을 때 홍반이 발생하는 데 걸리는 시간}}$$

여기서 홍반이란 피부의 일부분이 붉은색을 띠는 것을 의미한다.

예를 들어 자외선 차단제를 사용하지 않았을 때, 10분 만에 홍반이 발생한 사람이 **SPF** 20인 자외선 차단제를 사용하였다면,

$$20=\frac{\text{자외선 차단제품 사용했을 때 홍반이 발생하는 데 걸리는 시간}}{10}$$ 이 되므로

이 자외선 차단제를 사용했을 때 피부에 홍반이 발생하는 데 200분이 걸린다. 즉, 200분 뒤에는 다시 자외선 차단제를 발라줘야 한다는 뜻이다.

그건 바로 환경오염 때문이란다.

환경오염이 자외선에도 영향을 미치나요?

오존이라고 들어봤지?

오존이요? 아! 들어본 적 있어요. 산소원자가 2개 붙어 있으면 우리가 숨쉬는 산소(O_2)이고, 3개가 붙어 있으면 오존(O_3)이라면서요?

옳거니. 그 오존이 대기권에 모여서 층을 이루고 있는 것을 오존층이라고 하는데, 이 오존층이 태양에서 오는 자외선을 95% 이상 흡수한단다.

네. 근데 그게 환경오염과 무슨 상관이죠?

그건 말이다, 냉장고 냉매로 사용하는 프레온 가스가 오존층을 파괴하기 때문이야. 그래서 1999년 7월부터는 프레온 가스를 냉매로 사용하는 것을 금지했어.

아! 오존층이 파괴되니까 태양에서 오는 자외선이 그대로 지구로 들어올 수 있게 되는 거구나. 흠, 우리가 환경을 오염시키면 결국 우리 스스로를 해치는 거네요. 자외선이 많이 들어오지 않도록 환경을 더욱 깨끗하게 지켜야겠어요.

오존(O_3)

오존은 약간의 푸른색을 띠고, 특유의 냄새를 지닌 기체로 산화력이 강해 표백살균에 사용된다. 지상 약 50km 이내에 지구 오존 총 양의 90%가 존재한다. 고도 10~50km의 성층권 내에, 특히 고도 20~30km사이에 집중적으로 분포되어 있으며, 이 부분을 오존층이라 한다.

오존(O_3)은 자외선을 만나면 산소원자로 분해되면서 파괴되는데, 이 과정에서 자외선을 흡수하기 때문에 인간에게 유해한 자외선을 막아주는 역할을 하고 있다.

그런데 1980년대에 남극 상공에 오존층의 구멍이 발견되면서 오존층파괴가 주요 지구환경문제로 등장하게 되었다.

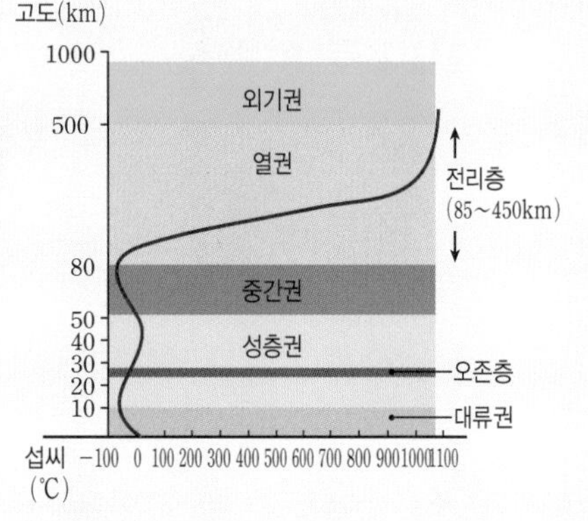

과학상식 톡톡

자외선 차단 vs 자외선 이용

자외선을 막아 주는 것과 자외선을 이용하는 것에는 어떤 것들이 있을까?

자외선을 막아 주는 물건

우리 주위에 자외선을 막기 위한 물건들은 많이 있다. 특히 여름철에는 자외선이 강해지기 때문에, 자외선을 막는 물건들이 잘 팔린다. 그 중에서 가장 흔한 것은 모자와 선글라스, 양산 및 자외선 차단제와 자외선 차단 마스크라고 할 수 있는데, 이것들은 여름철 외출의 필수품이 되었다. 모자는 챙이 넓은 것이 좋고, 자외선 차단제는 하루

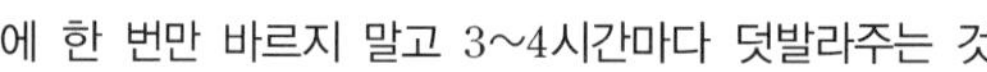

에 한 번만 바르지 말고 3~4시간마다 덧발라주는 것

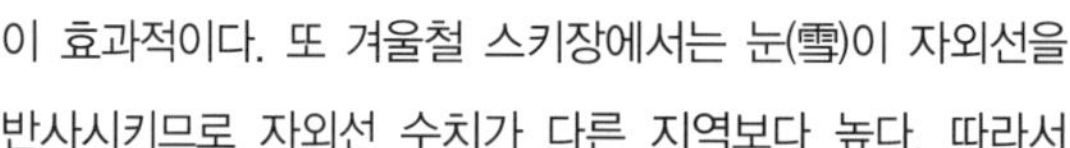

이 효과적이다. 또 겨울철 스키장에서는 눈(雪)이 자외선을 반사시키므로 자외선 수치가 다른 지역보다 높다. 따라서 자외선을 차단해 줄 수 있는 고글을 써야 한다.

자외선을 이용한 물건

자외선은 피해야만 하는 존재는 아니다. 생활 속에서 자외선을 이용한 물건들을 흔하게 찾아볼 수 있는데 그중 대표적인 것이 자외선을 이용한 소독기이다. 흔히 사용하는 식기 소독기나 칫솔 소독기 등은 자외선을 이용한 것들이 많다. 그리고 지폐에 칠해진 형광 물질에 자외선을 쪼여 위폐를 감별하는 데에도 사용되고 있다.

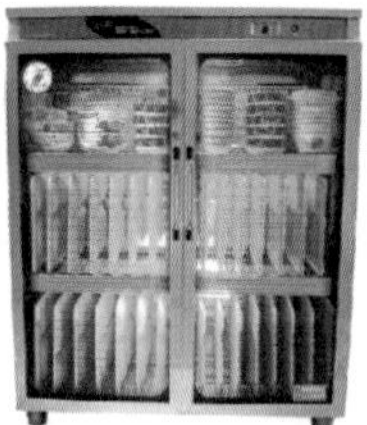

자외선 식기 소독기

자외선 칫솔 소독기

자외선 살충기

위폐 감별기

과학상식 톡톡

자외선을 피하는 방법

요즘 텔레비전을 보면 구릿빛 피부의 연예인들을 많이 볼 수 있다. 피부를 그을려야 건강하고 멋있어 보인다는 인식 때문에 일반인들까지도 선탠을 많이 즐긴다. 그러나 햇빛 노출은 피부 노화의 주요 원인이다. 햇빛에 항상 노출되는 얼굴에 비해 엉덩이는 희고 주름도 없으며 부드럽다는 것만 봐도 알 수 있다. 게다가 오존층의 파괴가 점점 심해지면서 지표까지 도달하는 자외선의 양은 점차로 늘어가고 있다. 따라서 자외선의 피해를 줄일 수 있도록 노력하는 것이 무엇보다 중요하다.

다음은 생활 속에서 자외선의 피해를 줄일 수 있는 방법이다. 이제부터 깨끗하고 맑은 피부를 위해 피부에 닿는 자외선을 줄여보도록 하자.

자외선에 의한 피부 손상을 줄이는 법

1. UV-A와 UV-B 모두 차단하는 자외선 차단제를 구입하는게 좋다.
   (UV-B의 차단 정도는 SPF 수치로 표시된다. UV-A의 차단 정도는 PA+, PA++, PA+++로 표시되는 데, +가 많을수록 차단지수가 높다.)
2. 일년 열두 달 자외선 차단제를 바르는 습관을 기르는 것이 좋다. 겨울철과 흐린 날에도 외출할 때는 자외선 차단제를 바르도록 한다.
3. 선탠은 피하는 게 좋다. 자외선을 이용하는 실내 선탠도 마찬가지이다.
4. 옷과 모자를 이용하여 자외선을 차단하는 것이 좋다. 자외선 차단제를 과신하는 것은 금물이므로 최대한 태양을 피하도록 노력하는 것이 좋다.
5. 선글라스로 눈을 보호하는 것을 권장한다. 그러나 너무 짙은 색의 선글라스는 동공을 크게 하여 오히려 자외선이 눈으로 많이 들어가게 할 수 있으니 주의해야 한다.
6. 격렬한 운동을 한 뒤에는 땀에 의해 자외선 차단제가 지워질 수 있으므로, 자외선 차단제를 다시 바르는 것이 좋다.
7. 한여름 낮 11시부터 3시까지는 자외선이 강하므로, 야외 활동은 가능한 한 피하도록 한다.

자외선 차단제의 효과

준비물 지폐, 자외선램프, 야광별, 자외선 차단제

해보기 ❶ 어두운 곳에서 지폐와 야광별에 자외선램프를 가져가보자.

❷ 지폐의 반쪽 면과 야광별의 반쪽 면에 자외선 차단제를 바르고, 자외선램프를 가져가보자.

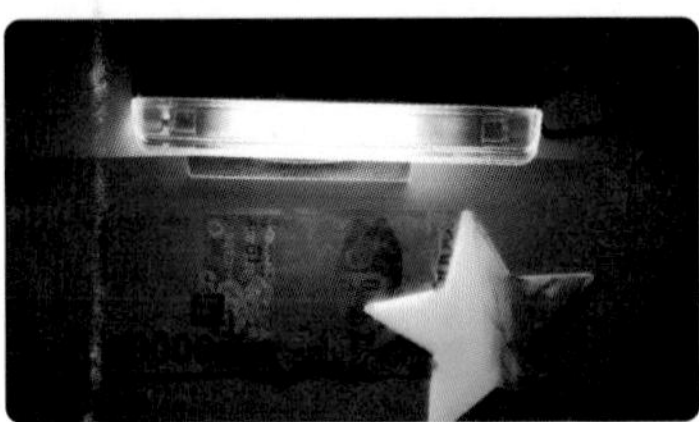

❸ 자외선 차단제를 바른 것과 바르지 않은 것에 자외선을 비추었을 때 어떤 차이가 있는지 살펴보자.

- 자외선 차단제를 바른 지폐면에 자외선을 비추면 밝게 빛나는 부분이 보이는가?
- 야광별의 자외선 차단제를 바른 부분에 자외선램프를 가져가면, 자외선 차단제를 바르지 않은 부분에 비해 밝기가 어떠한가?

아하, 그렇구나!

해보기 해설

- 지폐에 자외선 차단제를 바른 면은 빛의 밝기가 감소하거나 아예 빛이 나지 않게 된다. 자외선 차단제는 외부에서 들어오는 자외선을 산란시키거나, 아예 자외선 차단제 자체가 자외선을 흡수하여 소멸시키는 역할을 하기 때문이다.
- 야광별도 마찬가지로 자외선 차단제를 바른 면에 자외선 램프를 가져가면, 빛의 밝기가 감소하거나 아예 빛이 나지 않는다.

4장 팔 다리에 걸치는 패션 물리

저는 부어입니다. 안녕하세요? 특기는 궁시렁대며 툴툴거리기입니다. 친구들은 그래서 얼굴이 항상 퉁퉁 부어있다면서, 이름이 별명이라고 마구마구 불러댑니다. 물론 그것은 다 제가 워낙 사물에 호기심이 많고 궁금한 것을 못 참기 때문이지요. 학구적이라고나 할까요? 크하핫! 어쨌든 저희 박사님 소개를 할께요. 보어 박사님은 아인슈타인과 함께 20세기를 대표하는 최고의 물리학자로 꼽히시는데요. 특히 보어 박사님의 원자 모형은 양자역학을 발전시키는 데 큰 공헌을 하였지요. 사실 박사님을 빼고서는 양자역학을 말하기가 어렵답니다. 찐빵 속의 단팥 같은 존재라고나 할까요? 크크크, 저도 열심히 연구해서 인류의 핵 같은 존재가 되어 보렵니다.

부어

패션의 완성을 위해
팔과 다리에 소품을 두르지.
하지만 거기에도
과학 원리는 숨어 있어.
어떤 것이 있는지
지금부터 알아볼까?

보어

- 수업시간에 울린 휴대폰
- 반지의 제왕, 다이아몬드
- 콘서트장의 열기, 야광팔찌
- 압박 축구의 성공은 축구화

수업시간에 울린 휴대폰

아침부터 민호 주위로 아이들이 몰렸다. 민호가 휴대폰을 바꾼 모양이다. 요즘 김태히가 선전하는 화려한 디자인의 핸드폰이다. 자식, 최신폰으로 바꿨네!

MP3, 카메라는 기본이고, 지상파 DMB 방송도 볼 수 있단다. 영상통화는 당근! 아이들은 신기해서 이것저것 물어보았고, 민호는 으스대며 휴대폰의 기능들을 알려주었다.

'아~ 내 폰두 2년이나 되었으니 골동품이 다 됐구나. 이번 생일에는 최신 휴대폰 하나 선물로 받았으면 좋겠다.'

이런 생각을 하며 나도 민호폰을 부럽게 바라보았다.

그런데, 과학 수업시간에 갑자기 어디선가 휴대폰이 띠리리리♬ 울리기 시작하는 것이 아닌가?

'아니 도대체 누가 매너 없이 수업시간에 휴대폰을 켜 둔거람?' 하며 주위를 두리번거렸다. 계속 울리는 휴대폰. "도대체 누구꺼얏!!" 하는 아이도 있고, 다들 자기 휴대폰 을 한번씩 확인하기도 하고….

그런데 그 휴대폰의 주인은 바로 민호였다. 순간 교실의 모든 이목이 민호에게 집중되고,

12월 15일 날씨: 매우 추움

창백해진 민호의 얼굴.

수업시간에 휴대폰이 울렸으니 규칙대로 일주일간 압수다. 민호의 최신형 휴대폰은 차디찬 선생님의 책상 속에 감금돼야 할 것이다. 크하하하

그런데 이게 웬일? 선생님께서는 상냥하게 웃으시며 이렇게 말씀하시는 게 아닌가.

"자~ 오늘은 휴대폰에 숨겨진 과학에 대해서 배워볼까요? 휴대폰으로 배울 수 있는 과학은 아주 다양하고 재미있답니다."

민호의 휴대폰은 수업 시간 내내 은박지에 싸였다가 풀어졌다가, 교탁 위에서 부르르 떨리는 등 온갖 수난을 겪었다. 그때마다 민호의 얼굴은 붉그락푸르락.

아직 비닐도 안 벗긴 최신폰이 수난을 당하니 그 속이 얼마나 쓰릴고.

크크크 쌤통이다!

민호의 최신폰으로 수업을 해서 그런지 휴대폰이 담고 있는 많은 과학적 원리들이 머리에 쏙쏙 들어왔다.

그나저나 안됐다, 민호야!

보어와 부어의 연구실

교과서에서 찾아보기
초등학교 3학년 빛의 나아감
중학교 1학년 빛, 파동
고등학교 1학년 에너지

박사님! 저 휴대폰 샀어요! 이게 바로 그 유명한 김태히가 광고한 휴대폰입니다요. 우리반에서 딱 두 대뿐이죠.

녀석. 잘난 척은. 웬만하면 커플 폰으로 두 대 사서 내게 선물도 좀 하지 그러냐.

잠깐만요. 전화가 와서요. 여보세요?

전화 받는 척 거짓말 하는 거 다 안다. 하루에 전화 한 통도 안 오는 녀석이 휴대폰만 최신으로 사서 뭐하려구?

칫, 눈치는 엄청 빠르셔!

전자기파와 전파

전자기파 | 전기장과 자기장이 파동의 형태로 전달되는 것이다.

전파(라디오파) | 전자기파 중에서 파장이 가장 긴 영역의 파동으로 주로 무선 통신에 사용된다.

❄ 전자기파는 무엇일까?

그건 그렇고, 명색이 연구실이니 공부 좀 해보자꾸나. 휴대폰이 무선 통신 기구라는 것은 알고 있지? 그렇다면 이런 무선 통신이 가능한 원리가 무엇인지 아느냐?

거야 전자기파죠. 제가 그 정도도 모를까봐서요? 분식집 강아지 3년이면, 라면을 끓인다고 했어요.

좋다. 전에 자외선에 대해 배울 때 전자기파에 대해 조금 말해줬는데 기억하고 있구나.

당연하죠! 그리고 여기서 전자기는 전기와 자기를 합친 말이지요?

대단한데. 전자기파에 대한 연구를 많이 한 과학자로는 맥스웰이 있단다. 전자기파란 일종의 파동으로 전기장

맥스웰(1831-1879)

스코틀랜드의 에딘버러에서 태어난 맥스웰은 뉴턴, 다윈, 패러데이와 함께 영국의 대표적인 과학자이다. 그는 전기장과 자기장이 서로 영향을 주고받는다는 것을 밝혀냈으며, 당대의 전기장과 자기장에 관한 이론을 집대성하였다. 이것이 바로 유명한 '맥스웰 방정식' 이다.

과 자기장이 번갈아 발생되면서 전달되는데….

아아아~ 머리 아파요. 박사님.

네가 무슨 손오공이냐? 마치 삼장법사가 주문을 외우면 손오공이 머리 아프듯이….

전 왜 설명만 들으면 머리가 아플까요?

으이구, 녀석아. 어쨌든 전자기파는 매질이 없어도 전달이 가능해. 사실 우주에서도 기지국만 있다면 휴대폰을 사용할 수 있지.

그렇지만 소리는 매질이 있어야 전달되잖아요. 그런데 우주에서는 공기가 거의 없으니까, 휴대폰이 와도 소리를 들을 수 없지 않을까요?

그렇지! 소리의 매질은 보통 공기이지. 우주에는 공기가 거의 없으니, 휴대폰이 와도 벨소리를 들을 수 없지.

매질
물체 사이에 에너지를 전달하는 물질을 말한다. 예를 들면 수면파에서는 물, 지진파에서는 지각이 매질이 된다. 소리는 일반적으로 물질 내에서 전파되므로, 그 물질은 곧 소리의 매질이 된다. 소리가 진공 속에서 전해지지 않는 것처럼, 일반적으로 파동은 매질이 없으면 전달되지 않는다. 그러나 빛과 같은 전자기파는 매질이 없어도 공간 내에서 전파될 수 있다.

전자기파의 종류와 그 활용

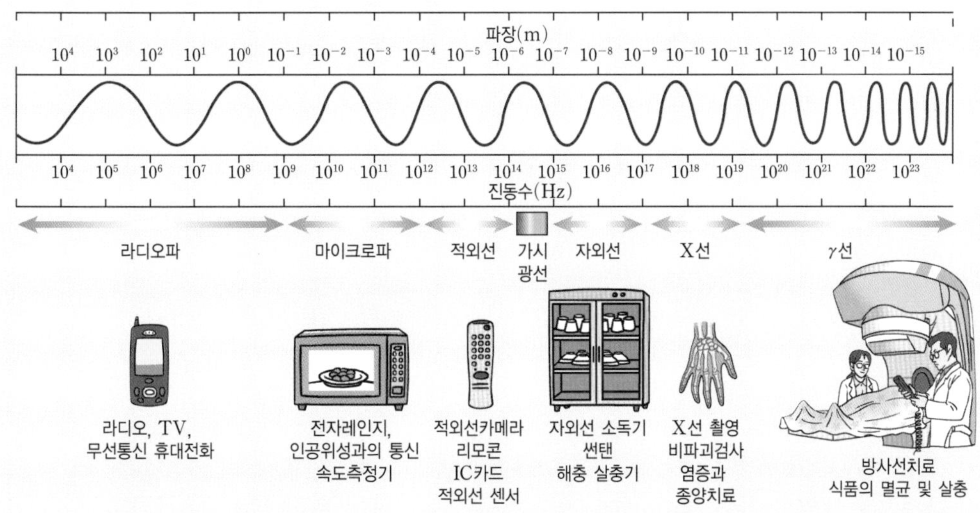

전자기파를 파장의 길이에 따라 늘어놓은 띠를 '전자기파 스펙트럼'이라고 한다. 전자기파는 파장에 따라 전파(라디오파), 마이크로파, 적외선, 가시광선, 자외선, X선, 감마선 등으로 나뉘며 가시광선을 제외하고는 우리 눈에 보이지 않는다.

전화버튼으로 연주하기

떴다 떴다 비행기
3212 333 222 333
3212 333 22321

아리랑
1212 4545 656 42121
4545 654212 4544
88865 65642121
4545 654212 4544

*빈칸은 조금 쉬면서 버튼을 눌러보세요.
**핸드폰 기종에 따라 연주가 되지 않을 수도 있어요.

❇ 휴대폰 버튼 음의 원리

소리 얘기가 나와서 말인데요. 얼마 전에 보니까 사람들이 휴대폰 버튼으로 연주를 하던데요.

오호, 연주를 한다고?

네. 들어보세요!(363 2121 166 69#9 215 215 6 3 3 6393 ####9#＊ 999969＊ 9#9 3692)

잘자라~♪ 우리아가~♬~ 앞뜰과 뒷동산에~~~. 그거 어떻게 하는 거냐? 어허허 신기하구나!

선생님 노래는 쪼금, 마치 은쟁반에 옥구슬 깨지는 소리가 나요.

옥구슬이 깨지는 소리가 그렇게 멋있더냐?

아, 박사님 그만요. 이제는 아예 스스로 왕자가 되시네요.

진동수와 진폭

진동수 | 같은 상태가 1초 동안 몇 번 반복되는가를 나타내는 수로서 파장의 역수이며, 주파수라고도 한다.

진폭 | 진동의 중심에서 마루 또는 골까지의 거리이다.

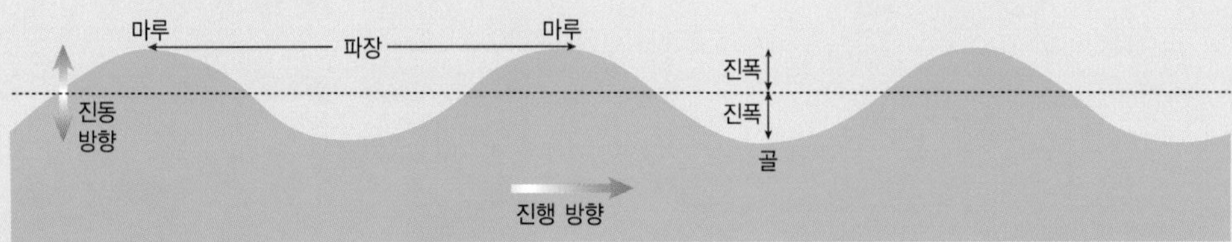

높은 소리와 낮은 소리의 비교

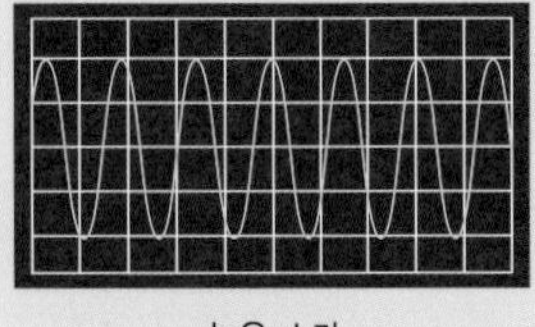
높은 소리

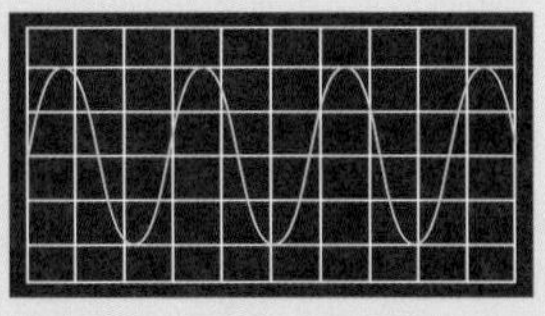
낮은 소리

큰 소리와 작은 소리의 비교

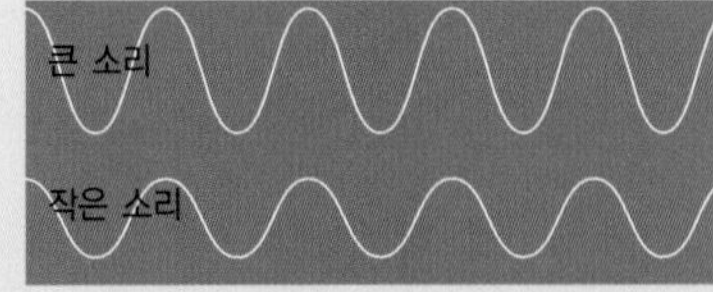

높은 소리는 낮은 소리에 비해 진동수가 크고, 큰 소리는 작은 소리에 비해 진폭이 크다.

뭐라고? 인석이 이제 못 하는 말이 없구나. 그건 그렇고 부어야. 그럼 휴대폰 버튼에서 소리가 나는 원리에 대해서는 알고 있냐?

글쎄요, 휴대폰 만드는 회사에서 각 버튼에 맞는 소리를 입력해 놓은 거 아닌가요? 버튼이 12개이니 12개의 소리를 녹음해 놓았겠지요.

아니란다. 휴대폰에는 12개의 소리가 아니라, 진동수가 다른 7개의 소리만 저장이 되어있단다.

어라? 버튼은 12개인데 소리는 단지 7개? 그럼 나머지 5개의 소리는요? 제가 절대음감이라 12개 버튼의 소리가 모두 다르다는 것이 확실한데….

오호, 우리 부어가 절대음감이라니. 미각만 발달한 줄 알았는데.

전화 버튼 음의 비밀

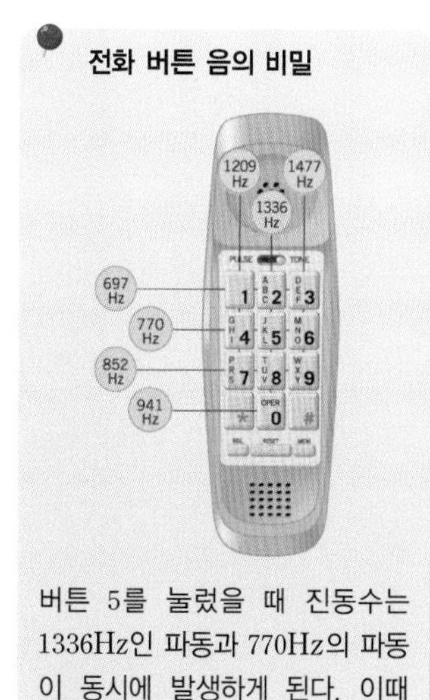

버튼 5를 눌렀을 때 진동수는 1336Hz인 파동과 770Hz의 파동이 동시에 발생하게 된다. 이때 우리는 두 진동수의 차이에 해당하는 566Hz의 소리를 듣게 된다.

맥놀이

맥놀이란 2개의 파동이 합쳐져 두 진동수의 차에 따라 진폭이 주기적으로 변하는 현상을 말한다. 예를 들어 240Hz와 250Hz의 파동이 만나면 490Hz가 되는 것이 아니라, 두 진동수의 평균값인 245Hz의 소리로 들린다. 이때 두 진동수의 차이인 10Hz의 맥놀이 진동수가 만들어져, 소리가 커졌다, 작아졌다를 반복한다.

맥놀이 원리는 악기를 조율할 때도 이용된다. 피아노 건반과 같은 음의 소리굽쇠를 피아노 건반과 같이 쳤을 때 맥놀이가 없이 음의 크기가 일정하면 두 음의 진동수는 같고, 제대로 조율된 것이다.

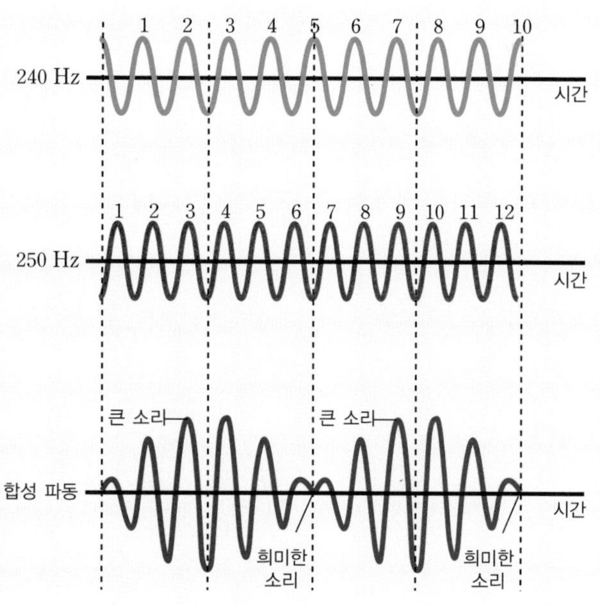

칫, 어쨌든 나머지 5개의 소리는 어떻게 나는 거지요?

혹시 맥놀이를 들어본 적 있느냐?

아! 맥놀이요? 예전에 소리굽쇠 두 개를 부딪쳐서 가까이 하니깐 '우우웅~~' 하면서 소리가 커졌다 작아졌다 하던 거요?

오호, 용케도 기억하는구나. 그럼 이제 맥놀이의 원리에 대해서 설명을 해주마. 맥놀이란 말이지, 서로 다른 진동수를 가진 두 개의 파동이 합쳐질 때 생기는 현상으로….

그러니까, 두 개의 파동이 겹쳐지면 두 파동의 진동수 차이에 해당하는 만큼의 맥놀이 진동수인가 뭔가가 만들어 진다는 것인가요?

그렇지. 그런데 문제는 맥놀이는 소리가 커졌다 작아졌다를 반복하면서, 소리가 넘실대는 것처럼 들리는 거야. 그렇지만, 만약 두 파동의 진동수 차이가 크면 이땐 맥놀이 현상 대신 아주 특이한 현상이 나타난단다.

그게 뭔데요?

그건 말이다. 두 파동의 진동수 차이에 해당하는 소리가 들리는 거야. 예를 들면 1000Hz와 800 Hz소리가 동시에 울리면 사람 귀에는 200Hz의 소리로 들린단다. 바로 이런 현상을 이용해서 핸드폰 벨소리나 버튼음을 만드는 거란다. 이런 것을 버츄얼 피치(virtual pitch)라고 하지. 가상의 음높이가 된다는 뜻이야.
또 다른 예를 들면 말이지….

버츄얼 피치(virtual pitch)란?
실제로 존재하지 않는 음을 사람의 뇌에서 마치 실제로 들리는 것처럼 인식하는 현상을 말한다. 휴대폰은 스피커의 크기가 작아서 저음을 잘 내지 못한다. 그래서 휴대폰은 낮은 신호음이 필요할 때에 두 가지 높은 음을 동시에 들려준다. 그러면 우리는 귀에 그 차이의 진동수에 해당하는 낮은 소리가 들리는 것처럼 느낀다.

박사님 잠깐만요, 전화 왔는데요. 이상하네. 내 휴대폰인데 박사님을 찾네요? 받아보세요.

그래? 내가 여기 있는 것을 어찌 알고. 나의 인기는 식을 줄 모른다니깐. 여보세요? (뚜우~뚜우~뚜뚜뚜) 어라 부어야? 어디로 또 도망간거야? 이 녀석이 어느새 사라졌네.

과학상식 톡톡

휴대폰의 진화

세계 최초의 휴대폰은 1983년 모토로라가 내놓은 하얀색의 '다이나택(DynaTAC)'(그림 1)으로 무게는 1.3kg, 크기는 228×127×45mm(길이×폭×두께)이나 되었다. 마치 벽돌과 같은 휴대폰이라고나 할까?

88 올림픽기간 중에 우리 나라의 자체 기술로 만들어진 휴대폰은 바로 삼성전자의 '애니콜 SH－100'(그림 2)이었다. 이 휴대폰은 199×69×46mm의 크기에 700g의 무게였다.

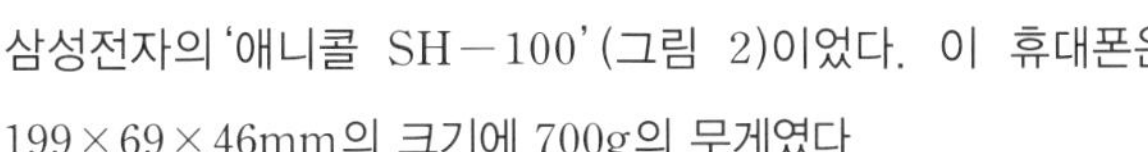

이후 등장한 휴대폰은 덮개가 달린 플립(flip)(그림 3)형이다. 플립형 휴대폰은 전화를 걸 때는 키패드를 덮고 있는 덮개를 열어 쓰고, 전화를 받을 때는 외부에 노출되어 있는 통화 버튼을 이용해서 플립을 열지 않고 전화를 받았다.

이후 플립형 휴대폰은 폴더(folder) 타입으로 바뀌게 된다. 모토로라는 1996년 폴더형 휴대폰 '스타택(StarTAC)'(그림 4)을 출시했다.

이후 슬라이드 형의 휴대폰(그림 5)도 출시되었다. 이 휴대폰은 윗부분을 열지 않는 대신 위로 밀어 올리는 방식이었다. 슬라이드 휴대폰은 이전의 휴대폰보다 액정 화면의 크기가 커졌다는 것이 특징이다.

이후 휴대폰 제조사들은 용도와 기능에 맞게 다양한 디자인의 휴대폰(그림 6)을 출시하였다. 몇 년 전부터는 휴대폰에 카메라 기능이 더해지면서 사진 찍기에 유리하도록 액정화면의 회전 방식이 다양한 디자인의 제품들이 경쟁적으로 출시되었다.

요즘은 바야흐로 '손 안의 TV' 시대이다. 이것은 위성 DMB와 지상파 DMB가 상용화 되었기 때문에 가능한 이야기일 것이다. DMB는 디지털 멀티미디어 방송(digital multimedia broadcast)의 약자로서 디지털비디오와 CD급의 음질을 제공하며 이동통신망과 결합해 각종 부가 데이터서비스를 이용할 수 있는 기술을 말한다. 이러한 DMB 수신이 가능한 휴대폰이 출시되면서 언제 어디서든지 깨끗한 화면과 최고 음질의 TV 방송을 볼 수 있는 시대가 시작된 것이다. 그렇다면 과연 다음 세대의 휴대폰은 어떤 것일까? 그 기술은 바로 지금 이 책을 읽고 있는 당신에게 달려있다.

6

한번 해봐요

휴대폰 통화, 터질까? 안 터질까?

준비물 진공 실험 장치, 휴대폰 2대, 알루미늄포일, 철제 냄비, 고무풍선

해보기

❶ 휴대폰을 벨소리가 나도록 설정한 후 진공 실험 장치 안에 넣는다.

❷ 다른 휴대폰으로 전화를 걸어 전화가 걸리는지 확인하고 벨소리가 들리는지도 확인해 본다.

❸ 그런 후에 용기 안의 공기를 빼서 진공상태로 만든 후 전화를 다시 걸어 본다.

❹ 전화가 걸리는지, 벨소리가 들리는지 확인해 본다.

❺ 이번에는 휴대폰을 알루미늄포일로 싸서 전화가 걸리는지 확인해 본다.

❻ 휴대폰을 철제 냄비에 넣고 뚜껑을 닫은 다음 전화가 걸리는지 확인해 본다.

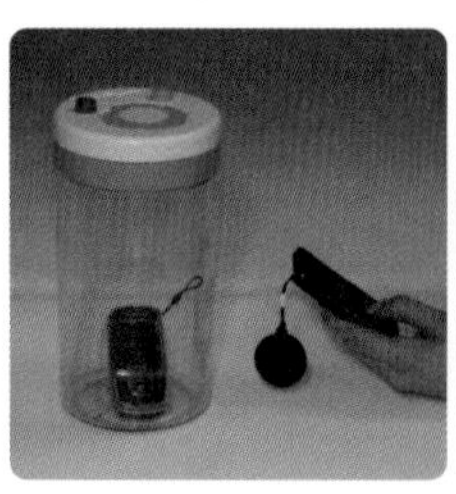
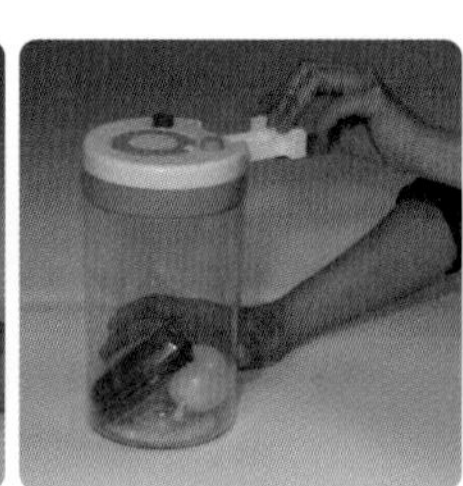

- 진공상태에서 휴대폰은 전자기파를 수신할 수 있는가?
- 진공상태에서 휴대폰 벨소리는 전달되는가?
- 휴대폰을 알루미늄포일에 쌌을 때와 철제 냄비에 넣었을 때에 전자기파를 수신할 수 있는가?

아하, 그렇구나!

해보기 해설

- 전자기파는 매질을 필요로 하지 않으므로 진공상태에서도 전달될 수 있다. 따라서 진공상태에서 휴대폰은 전자기파를 수신할 수 있다. 이것은 휴대폰 윗부분의 LED에 빛이 깜박거리는 것을 통해 확인할 수 있다.
- 전자기파와 달리 소리는 매질이 있어야 전달이 가능하다. 따라서 이론적으로는 진공에서는 소리가 들리지 않아야 하지만, 이 실험에서 사용하는 진공용기로는 완전한 진공을 만들기가 힘들기 때문에 소리가 들린다. 그러나 공기를 빼기 전과 비교했을 때 소리의 크기가 줄어든 것을 확인할 수 있다.
- 전기가 잘 통할 수 있는 도체로 둘러쌀 경우, 도체의 내부에는 전자기장의 영향이 미치지 않는 전자기차폐 현상이 발생한다. 따라서 알루미늄포일에 싸거나 금속 냄비 안에 넣으면, 휴대폰은 전자파를 감지하지 못해 전화를 걸 수도 받을 수도 없다.

반지의 제왕, 다이아몬드

다음 달이면 나의 가장 친한 친구이자 정신적 지주인 언니가 결혼을 한다. 이제 밤마다 같이 뻥튀기를 먹으며 수다를 떨 수도 없고, 언니 덕에 풍족하게 입었던 옷들도 대폭 줄어들게 된다. 내가 시집가는 것도 아닌데 왜 이렇게 마음이 뒤숭숭한지…. 그런데 언니는 내 마음을 아는지 모르는지 혼수 장만에 신이 나서

"그릇 세트는 어떤 것으로 할까? 오늘 예물 고르러 백화점 갈 건데, 너도 같이 갈 거지?

'쳇~ 가족을 떠나 살게 되는데, 형부가 그렇게 좋나?'

오늘따라 자기만 아는 언니가 너무 밉다.

그래도 보석을 고르러 간다는데, 궁금하고, 부럽기도 해서 꾸역꾸역 외출준비를 하고 백화점에 따라나섰다. 보석매장은 보기에도 너무나 화려하고 휘황찬란했다. 점원언니가 먼저 예상하는 다이아몬드의 크기를 묻자 언니가 "3부에서 5부요"라고 대답을 한다. 3부? 5부? "3부, 5부가 뭔데요?" 궁금해서 물어봤더니 다이아몬드의 무게를 캐럿(carat)으로 나타내는데 3부는 0.3캐럿, 5부는 0.5캐럿이란다. 물론 크기가 커질수록 가격은 기하급수적으로 증가한다는 말도 덧붙이셨다.

까만 벨벳 위에서 조명을 받아 눈부시게 빛나는 다이아몬드들….

근데 슬쩍 고개를 드는 궁금증. 내 머리핀에 여러 개 박혀있는 큐빅이랑 뭐가 다르기에 이토록 비쌀까? 난 얼른 머리핀을 뽑아서 다이아몬드 옆에 가져가 비교를 해봤다. 그런데 이게 웬일? 화려한 줄로 알았던 머리핀의 큐빅이 다이아몬드 옆에 가져가보니 너무도 초라한 것이었다. 반면 다이아몬드는 눈이 부시도록 아름답게 반짝거리고 있었다. 와~ 이렇게 많이 차이가 날 수가…. 역시 다이아몬드구나! 둘 다 비슷하게 생겼는데, 다이아몬드는 왜 그토록 밝게 빛나는 걸까?

보어와 부어의 연구실

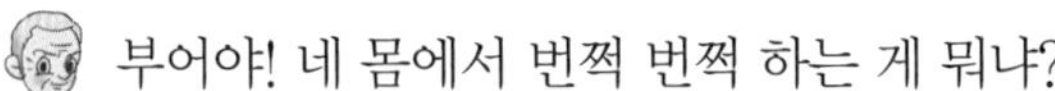

교과서에서 찾아보기
초등학교 3학년 그림자놀이
초등학교 5학년 거울과 렌즈
중학교 1학년 빛
중학교 1학년 지각의 구성물질

다이아몬드
다이아몬드의 원어는 '아다마스'(adamas)-'정복하기 어렵다'는 뜻으로 지구상에서 가장 단단한 광물이다.
다이아몬드는 99.95% 이상의 탄소로 이루어졌으며 원자가 모든 방향에서 동일한 배열을 갖는 등축정계에 속한다. 보석 중 굳기가 가장 높으며, 땅속 120~240km에 해당하는, 6.5×10^8Pa의 높은 압력에서 만들어진다.

부어야! 네 몸에서 번쩍 번쩍 하는 게 뭐냐?

오늘 파티에 입고 갈 무대복이에요. 단추에 큐빅이 박혀 있어서 조명을 받으면 번쩍번쩍. 음홧홧. 박사님, 저 너무 멋지지 않아요?

어허, 멋지긴 커녕 번쩍거려서 어지럽기만 하구나.

박사님은 참~, 부럽죠? 다이아몬드였으면 더 번쩍거릴 텐데 엄마 반지보니까 그렇게 찬란하게 빛날 수가 없더라구요.

인석아~ 다이아몬드가 큐빅보다 왜 더 빛나는지 알고나 하는 말이냐?

칫, 비싸니까 더 번쩍거리죠. 당연한 걸 물어보시기는….

❊ 다이아몬드의 광학적 특성

쯧쯧쯧, 혹시나 했는데, 역시나…. 이 돌덩어리 부어를 어떻게 하면 다이아몬드로 바꿀 수 있으려나?

칫, 그러지 말고 가르쳐 주세요.

다이아몬드의 원석 자체는 덜 번쩍거리지만, 전반사라는 성질을 이용하여 잘 연마하면 휘광이 높은 보석을 만들 수 있지. 다이아몬드 내부로 들어온 빛이 다른 곳으로 나가지 않고 모두 반사되어 다시 눈으로 들어오도록 깎으면, 번쩍번쩍한 다이아몬드가 될 수 있단다.

다이아몬드의 변신

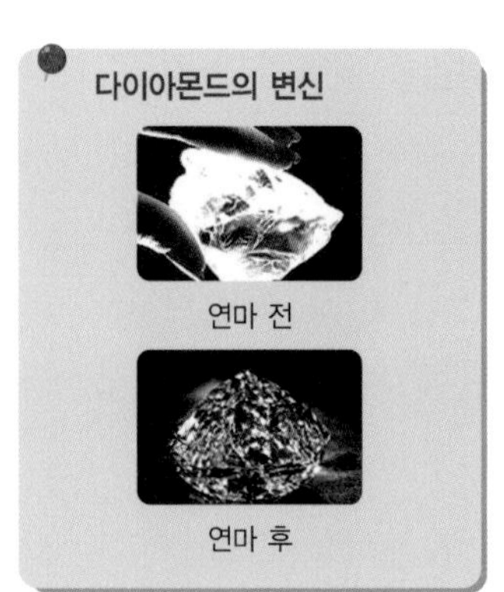

연마 전

연마 후

와~ 그렇구나. 그런데 다이아몬드는 밝게 빛날 뿐만 아니라 오색찬란한 무지갯빛을 내는데 그건 왜 그런가요?

그것은 분산이라는 성질 때문에 그렇단다. 분산은 백색광의 빛이 투명한 물질을 통과할 때 파장에 따라 굴절률이 달라 빛이 빨주노초파남보로 분해되는 것을 말하지. 다이아몬드는 빛을 가장 많이 분산시키는 광물이란다.

역시 보석의 제왕답네요. 전반사와 분산이 다이아몬드를 만날 때 일개 광물을 오색찬란한 빛을 내는 가장 아름다운 보석으로 만드는군요. 정말 놀라워요.

❊ 다이아몬드를 더욱 빛나게

그런데 박사님! 다이아몬드는 알이 굵으면 무조건 비싼 건가요? 가격차가 심하던데요.

물론 다이아몬드는 무게가 많이 나갈수록 비싸지만 같은 무게의 다이아몬드라 할지라도 연마도나 투명성, 색에 따라 가치는 크게 달라질 수 있지.

어라? 세상에서 가장 단단한 광물인 다이아몬드를 어떻게 연마해요? 무엇으로요?

다이아몬드의 가치

다이아몬드의 가치는 4C로 대표되는 4가지에 의해 주로 결정된다. 여기서 4C는 무게(Carat), 색(Color), 투명도(Clarity), 연마(Cut)이다. 다이아몬드의 가치를 가장 크게 결정하는 것은 무게(carat)이지만, 같은 무게의 다이아몬드라 할지라도 연마도나 투명성, 색에 따라 가격 차이가 크다.

전반사와 임계각

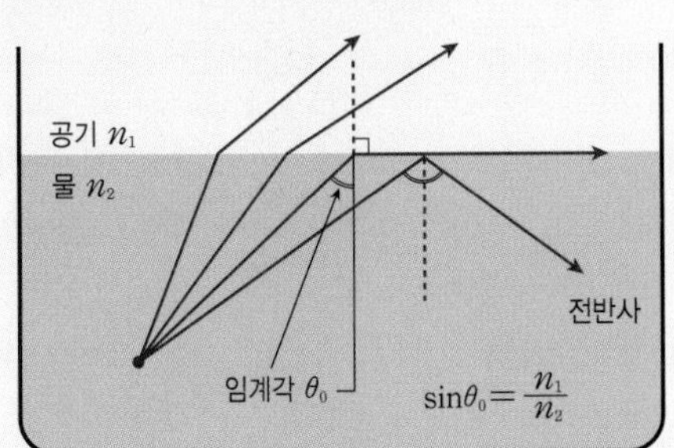

굴절률이 큰 물질에서 작은 물질로 빛이 입사할 때, 어느 입사각부터는 빛이 굴절하지 않고 모두 반사한다. 이를 전반사라고 하는데, 전반사가 일어나기 시작하는 입사각을 임계각이라 한다. 물이나 유리 등과 비교해보면, 다이아몬드는 굴절률(2.4)이 크고 임계각(24.5°)이 작은 특징이 있다.

오호, 좋은 질문이구나. 다이아몬드는 다이아몬드로만 연마할 수 있단다. 1476년 벨기에의 보석공 '루이스 드 베르겜' 이 알아냈지.

> **탄소 4형제**
> 다이아몬드와 흑연, 숯, 그리고 플로렌은 모두 탄소라는 물질로 이루어진 4형제다.
> 네 가지 물질은 같은 원자로 되어 있으나 분자구조가 달라 성질은 모두 다르다.

❊ 인공 다이아몬드

박사님, 그럼 유리절단용 칼도 다이아몬드로 만들던데 그 비싼 다이아몬드로 칼을 만드나요?

그럴리가 있냐? 인석아. 물론 다이아몬드는 굳기가 매우 높아 보통 암석이나 유리를 절단할 때 연마용으로 사용한단다. 그런데 천연 다이아몬드는 비싸니까 인공 다이아몬드를 사용하지.

인공 다이아몬드요?

그래. 흑연을 섭씨 2000도 이상에서 10만 기압의 압력을 가하면 다이아몬드가 된단다. 그런데 공기를 차단하고 다이아몬드를 가열하면 흑연이 되지. 둘 다 구조만 다를 뿐 탄소라는 같은 물질로 되어있기 때문이란다.

와~ 다이아몬드와 흑연이 같은 물질로 되어있다니…. 그런데 인공 다이아몬드가 없었다면 단단한 암석 절단이나 유리세공을 하는데 엄청난 돈이 들었겠네요?

> **망치로 세상에서 제일 단단한 다이아몬드를 깰 수 있다고?**
> 광물들은 원자의 배열상태 때문에 종류에 따라 쪼개짐과 깨짐이 나타난다. 쪼개짐은 광물에 타격을 가했을 때 일정한 방향으로 평탄하게 쪼개지는 성질을 말하고, 깨짐은 방향성이 없이 깨지는 성질을 말한다.
> 다이아몬드는 굳기가 제일 강해 긁힘에는 강하지만 세기는 상대적으로 약해 쇠망치로 때리면 깨진다. 또 유리가 쇠보다 굳기가 크지만, 잘 깨지는 것과 마찬가지이다. 쇠못으로 유리판에 흠을 낼 수는 없지만 쇠망치로 유리를 깰 수 있다.

❊ 인공 다이아몬드의 사용

그렇지. 그 밖에도 인공 다이아몬드가 어디에 쓰일 것 같으냐?

글쎄요, 단단하니까…. 연마용 말고 또 뭐가 있을까요?

다이아몬드는 단단해서 선반용 공구날, 선긋기, 다이아몬드톱, 각종 연마재나 숫돌로 사용된단다. 게다가 열전도율이 높아서 온도감지기로, 열팽창계수가 작아서 우주선 창문으로도 쓰이지.

다이아몬드를 가장 밝게 빛나도록 연마하는 방법

다이아몬드의 아름다움을 돋보이게 하는 광학적 특성으로 휘광(brilliancy), 분산(dispersion) 등이 있다.

휘광

휘광이란 보석의 내외로부터 반사하여 우리 눈으로 되돌아오는 백색광의 밝기를 말하는데 전반사가 잘 될수록 휘광이 높다. 다이아몬드는 임계각(24.5°)이 작아서 보석 광물 중에서도 전반사가 가장 잘 되므로, 이상적인 비율로 연마하면 휘광이 가장 높다. 여러 보석 광물들을 같은 모양으로 연마하여도 다이아몬드가 가장 밝게 빛난다.

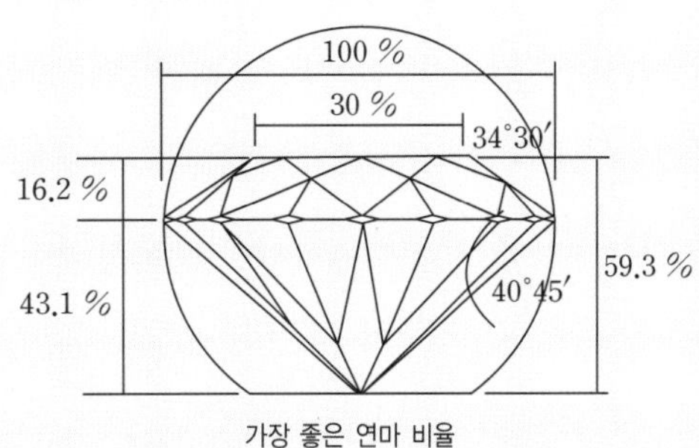

가장 좋은 연마 비율

다이아몬드는 내부로 들어온 빛이 밖으로 나가지 않고 다시 되돌아 나올 때 가장 밝고 아름답게 빛난다. 이를 위해서는 연마 각도를 잘 조절해야 하는데, 이상적인 연마 각도는 전반사의 원리를 통해, 보석 내부로 들어온 빛이 모두 반사되어 다시 우리 눈으로 되돌아오는 각도이다.

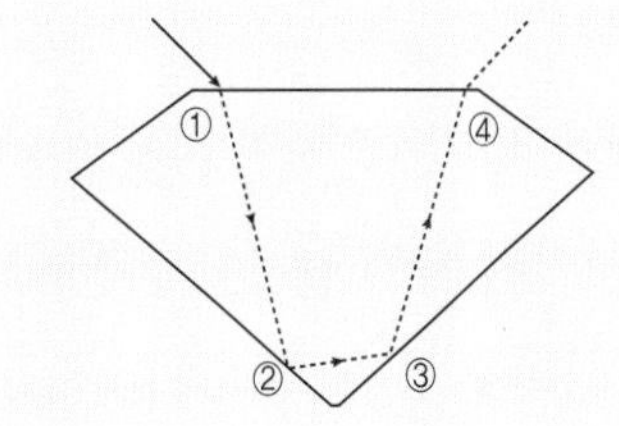

가장 이상적인 연마 각도는 약 40.7°이다. 연마 각도가 이상적인 비율에서 벗어나면, 전반사가 적게 일어나서 다이아몬드 중앙이 어둡게 보이거나 유리처럼 멀겋게 보여 다이아몬드의 가치가 떨어진다.

분산

분산이란 빛의 속력과 굴절률이 파장에 따라 달라지는 것이다. 빛이 다이아몬드를 통과하게 되면 파장에 따라 나뉘어, 무지갯빛이 부채꼴 형태로 퍼져나오게 된다.

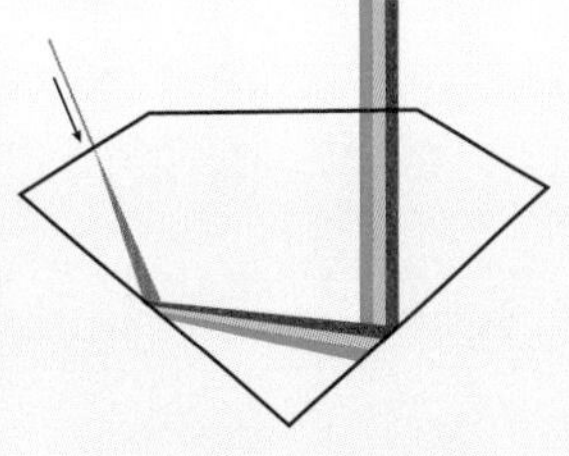
다이아몬드 속으로 백색광이 들어왔을 때 굴절률의 차이에 의해 빛이 분산되어 마치 불꽃처럼 보인다.

다이아몬드는 천연 보석 광물 중 가장 분산이 많이 되는데, 분산은 보석 자체의 성질에 의해서 크게 좌우되지만 연마 형태, 비율, 크기 등에 의해서도 많은 영향을 받는다. 무조건 많이 깎는다고 좋은 것이 아니다. 광학적인 특성을 고려하여 분산이 많이 되도록 각도, 면, 깎는 크기 등을 조절한다.

인공 다이아몬드의 사용

분말 형태 | 연마제나 숫돌 등

결정 형태 | 유리 절단기, 선반용 공구날, 다이아몬드톱 등

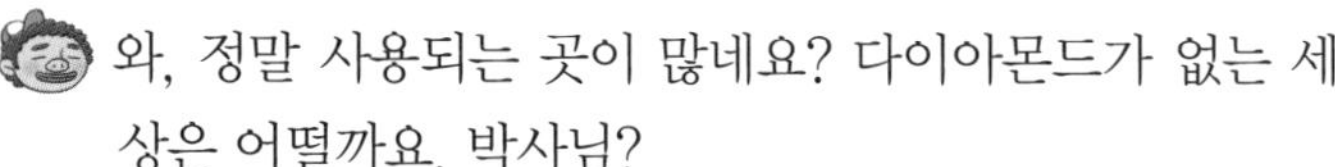

와, 정말 사용되는 곳이 많네요? 다이아몬드가 없는 세상은 어떨까요, 박사님?

글쎄, 지금처럼 자유자재로 단단한 재료들을 자를 수 없으니 대리석 건물도 짓기 힘들 것이고, 보석이나 유리세공도 어려우니까 세상이 지금보다는 조금 더 단조롭지 않았을까?

저도 다이아몬드 같은 사람이 되어서 세상을 좀더 빛나게 만들고 싶어요!

세계적으로 유명한 다이아몬드

드비어스 234.65캐럿	레드 크로스 205.07캐럿	골든 주빌리 545.67캐럿	티파니 옐로우 128캐럿	블루하트 30.62캐럿	블루호프 45.52캐럿
1888년, 세계에서 4번째로 큰 다이아몬드	1910년 발견. 매우 큰 사각형 모양이며 노란색을 띰	황색다이아몬드로 크기로는 세계에서 가장 큼. 1997년 태국국왕의 취임 50주년 때 선물받은 왕관을 장식함.	1878년 발견	크기는 작으나 너무나 희귀한 짙은 파란색의 다이아몬드	워싱턴 소재. 스미스소니언 박물관에 소장. 이 다이아몬드로 무려 20여명의 생명을 앗아간 세계적으로 비운하면서도 유명한 다이아몬드.

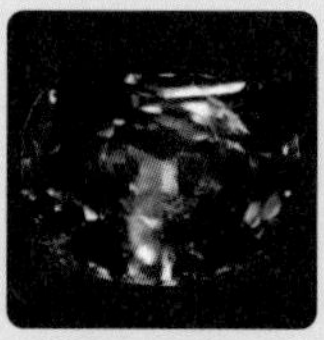

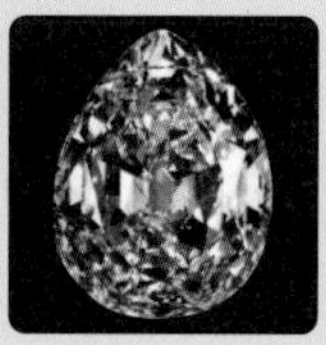

컬리넌 1세 (아프리카의 별) 530.20캐럿	컬리넌 2세 317.40캐럿	센터너리 273.85캐럿
1986년 발견 당시 3105캐럿이었으나 세 조각으로 나누어 연마하였으며 그 중 제일 큰 다이아몬드. 물방울다이아로 영국여왕의 대관식때 사용되는 여왕봉에 장식됨. 세계에서 가장 큰 다이아몬드로 유명. 영국 에드워드 7세가 소유하였고 지금은 영국 타워오브브런던 박물관에 전시됨.	영국황실의 대표적인 왕관인 Imperial State Crown에 장식됨. 현재에도 영국 의회의 개회식과 대관식 등 큰 행사에 사용함.	세계에서 3번째로 큰 다이아몬드. 메리 왕비의 왕관에 셋팅되어 있음

다이아몬드의 물리 · 화학적 특성

굳기

광물의 단단한 정도로, 보통 모스굳기계를 기준으로 하여 나타낸다. 모스굳기는 상대적인 등급을 나타낸 것이므로 등급과 굳기는 정비례하지 않는다.

다이아몬드는 지구상의 광물 중 가장 굳기가 강한 물질로서 모스굳기 10으로 표현된다.

다이아몬드의 굳기는 방향에 따라서 다른데 가장 단단한 방향은 8면체면에 평행한 방향이며, 이 방향으로는 절단은 물론이고 광을 내는 것도 어렵다. 가장 약한 방향은 12면체 면에 가까운 6방향으로 이 방향에서 연마가 가능하다.

모스굳기	1	2	3	4	5	6	7	8	9	10
광물	활석	석고	방해석	형석	인회석	정장석	석영	황옥	강옥	다이아몬드

세기

물체의 강한 정도로, 재료에 힘을 가했을 때 재료가 파괴되지 않고 버티는 정도를 말한다. 다이아몬드는 굳기가 제일 강해 긁힘에는 강하지만 세기는 상대적으로 약하다. 그래서 쇠망치로 다이아몬드를 깨뜨릴 수 있는 것이다.

열전도율

다이아몬드의 열전도율은 극히 뛰어난데, 구리(열전도율 401W/m℃)의 5배 정도이다. 이러한 성질로 인하여 다이아몬드는 온도 감지기 등으로 사용되기도 한다.

열팽창률

다이아몬드는 열팽창률이 매우 작아서 1℃ 올렸을 때 1/1000000cm 늘어난다. 따라서 급격한 온도 변화에서 부피 변화가 거의 없으므로, 우주선의 창과 같은 정밀 산업에 이용된다.

색

일반적인 다이아몬드는 탄소를 99.95~99.98%, 질소를 0.5~0.2%의 범위로 함유하고 있다. 청색 다이아몬드는 붕소(B), 핑크색 다이아몬드는 리튬(Li)을 함유하고 있기 때문에 각각의 색이 나타난다. 반면 순수하게 탄소로만 이루어진 다이아몬드는 내부로 들어온 빛의 파장을 하나도 흡수하지 않기 때문에 무색으로 보인다.

보통 다이아몬드가 약간의 황색을 띠는 이유는 질소 때문으로 질소는 빛의 파장 중 415.5nm의 파장을 선택 흡수한다. 그래서 백색광의 나머지 색들의 혼합인 황색으로 보이는 것이다. 붕소와 리튬도 특정 파장의 빛을 흡수하기 때문에, 독특한 다이아몬드의 색이 나타나는 것이다.

한번 해봐요

빛의 전반사

준비물 둥근 수조, 거울, 물

해보기

❶ 거울을 바닥에 깔아 놓고 빈 둥근 수조를 올려 놓은 후 손을 비스듬히 넣어보자.

❷ 이번에는 둥근 수조에 물을 2/3가량 채운 후, 다음과 같이 손을 비스듬히 넣어 거울에 상이 맺히는 모습을 관찰해보자. 손등을 위로 했을 때와 아래로 했을 때를 비교해서 관찰해보자.

아하, 그렇구나!

해보기 해설 물이 없을 땐 거울에 손바닥이 보이지만, 물을 부으면 손등이 물 수면에 전반사되어 거울에 손등이 보이게 된다. (수면에서 전반사 → 거울에 상이 맺힘) 특히 물을 부으면 손등과 손바닥이 모두 보여, 결과적으로 2개의 상을 볼 수 있다.

물이 있을 때 손등이 보이는 원리

거울에 손바닥이 보이는 것이 아니라 손등이 보인다

물이 없을 때 손바닥이 보이는 원리

콘서트장의 열기, 야광팔찌

오늘은 문화회관에서 하는 '행복 나눔 콘서트'를 보러가는 날이다.

아~ 얼마나 기다렸던 날인가!

도무지 기다릴 수가 없어 7시 공연시작인데 급한 마음에 5시도 안 되어서 도착하였다.

헉, 그런데 벌써 와있는 사람들이 줄을 서고 있었다. 우리도 얼른 뒤에 붙어서 시작하기만을 기다렸다.

텔레비전에서만 보던 가수들을 실제로 볼 생각에 2시간이 어떻게 지났는지 모르겠다.

드디어, 콘서트장으로!

입장을 하려는데 도우미 언니 오빠들이 빨대 같은 것을 나눠준다.

영문도 모르고 받아들었는데, 야광스틱이란다. 딱딱하게 생겼는데 톡톡치니까 색깔있는 무언가가 포로롱 나오더니 밝은 빛이 난다. 너무 신기하다. 도우미 언니가 스틱을 구부려 끼우더니 팔찌를 만들어 주었다. 양팔에 팔찌를 끼고 콘서트가 시작되기를 기다렸다. 주위를 둘러보니 야광스틱, 야광봉, 야광팔찌에 야광풍선 등 야광천지다.

5월 21일 날씨: 맑음

노래가 시작되자 야광 물결로 콘서트장이 가득 찼다. 댄스곡일 때는 힘있게, 발라드곡일 때는 부드럽게…. 나오는 곡마다 따라부르고 손을 흔들어대며 콘서트장의 분위기에 흠뻑 빠져 들었다. 특히 동방심기가 나왔을 때는 거의 정신을 잃을 지경이었다. 열정적인 노래와 파워풀한 댄스! 관객들은 모두 자리에서 일어나 동방심기 오빠들과 함께 노래하고 춤을 추었다. 오빠 알라븅~

황홀한 2시간이었다.

콘서트장에서 나와 버스를 타러 가면서 아직도 노래를 흥얼거리는데 반짝이는 네온사인이 모두 야광스틱으로 보인다. 어머? 저것도 야광스틱과 같은 원리? 손목에 낀 야광팔찌에 눈이 갔는데 어느새 빛이 사라져가고 있었다. 이건 시간이 지나면 빛이 사라지는구나. 빛을 좀더 지속할 수는 있는 방법은 없을까? 콘서트장의 열기가 사라지는 것 같아 안타까웠다.

아~ 정말이지 머리가 온통 콘서트장의 열기로 가득하다.

보어와 부어의 연구실

교과서에서 찾아보기
초등학교 3학년 빛의 나아감
중학교 1학년 빛
고등학교 물리Ⅱ 원자모형과 수소원자 스펙트럼

에쿠쿠, 너 불 꺼놓고 도대체 뭐하는 거냐? 어두워서 책상에 부딪히지 않았느냐!

앗, 박사님! 갑자기 불 켜시면 어떻게 해요! 지금 막 박사님께 자랑하려던 참인데.

음침하게 어두운 데서 뭘 자랑하려고?

음홧홧. 어제 친구가 콘서트에 갔다가 얻었다면서, 제게 야광팔찌를 하나 줬거든요. 이것은 어두우면 빛이 난다니까요.

오호, 인광을 이용한 팔찌로구나.

선생님도, 야광이라니깐요. 가르쳐 줘도 모르시네.

이 녀석이! 네가 지금 말하는 야광이 바로 인광이라는 거야. 넌 형광과 인광을 구별할 줄은 아느냐?

칫, 매일 저만 갖고 그러셔요. 그나저나 형광은 뭐고, 인광은 또 뭐예요?

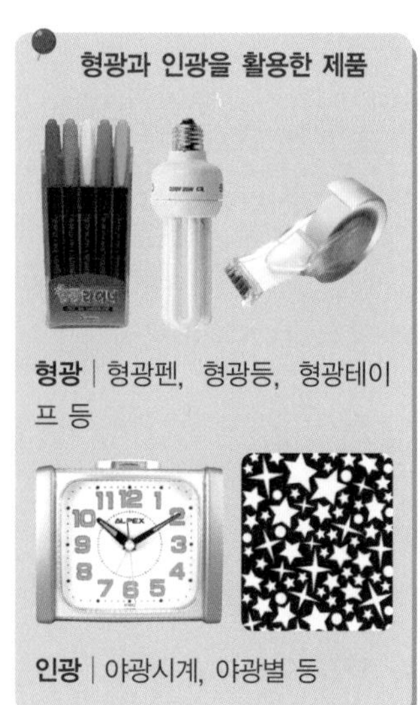
형광과 인광을 활용한 제품

형광 | 형광펜, 형광등, 형광테이프 등

인광 | 야광시계, 야광별 등

❊ 형광과 인광

하나만 알지 둘은 몰라요. 우선 주위에 빛나는 게 뭐가 있지?

저를 너무 띄엄띄엄 보시는 군요? 빛을 내는 거야 많죠. 태양, 전등, 불, 야광 그리고, 또 뭐가 있더라, 음….

그렇지. 그럼 거기서 뜨거운 것과 차가운 것으로 나눠 보면?

뜨거운 거야 태양, 불, 백열등. 뭐 그런 거죠. 그리고 차가워도 빛이 나는 건 야광이네요.

그렇지. 온도가 아주 높아지면 빛이 나기 때문에 물질이 연소될 때 빛이 나는 거란다. 그런데 형광과 인광은 뜨겁지 않아도 빛이 나기 때문에 냉광이라고도 하지.

냉광이라…. 그런데 형광과 인광의 차이는요?

원자 속의 전자가 빛이나 열 같은 여러 형태의 에너지를 받게 되면 들뜬상태가 되지. 그런데 들뜬상태의 전자들은 그 상태에서는 안정적으로 있지 못한단다. 마치 화가 난 사람이 안절부절못하듯이 말이다.

보어의 원자모형
1913년 보어는 원자가 어떻게 생겼는지에 대한 모형을 제시하였다. 이를 '보어의 원자모형'이라 한다. 보어는 전자가 원자핵 주위를 돌며, 띄엄띄엄한 간격을 둔 궤도에서만 회전할 수 있다고 하였다.
그리고 전자가 한 궤도에서 다른 궤도로 옮겨갈 때는 두 궤도의 차에 해당하는 빛 에너지를 방출하거나 흡수한다고 하였다.

그럼 전자들이 원래 상태로 되돌아오면 되잖아요.

그렇지. 물론 전자들은 원래 상태로 되돌아가려고 하지. 그런데 이 과정에서 에너지가 방출되게 된단다.

그럼 방출되는 에너지가 빛 에너지 형태로 나오게 되면 우리 눈에 밝게 빛나는 것으로 보이게 되는군요. 제 말이 맞죠?

허허허(역시 나는 대단한 거 같다니깐~ 이 어리버리 부어 녀석을 이 정도의 수준까지….)

왜 그리 웃으셔요? 그나저나 이제는 형광과 인광이 어떻게 다른 건지 말씀해 주세요. 지금까지는 너무 어렵잖아요! 어려운 말 빼고 쉽게 해주세요.

어려웠나? 잘 들어 보거라. 둘을 쉽게 구분하자면 외부에서 에너지를 받는 동안만 빛이 나는 것이 형광이고, 에너지가 없어져도 빛이 계속 나는 것을 인광이라고 하지.

그러니까 형광은 주위에 빛이 있을 때만 밝게 빛나고, 인광은 주위가 어두워도 계속 빛을 내는 거지요?

준안정상태
대개 들뜬상태의 전자가 바닥상태로 돌아오는 데 걸리는 시간은 길지 않다. 그러나 이와 달리 바닥상태로 돌아오는 데 시간이 오래 걸리도록 하는 에너지 상태가 있는데, 이를 들뜬상태와 구분하기 위해 '준안정상태' 라고 부른다.

형광은 전자들이 금방 '바닥상태' 라고 부르는 안정된 상태로 돌아오지만, 인광은 전자들이 들뜬상태에서 원래 상태로 돌아오는데 오랜 시간이 걸리기 때문에 차이가 난단다.

아, 그렇군요. 그렇다면 인광에서도 들떠 있던 전자들이 모두 바닥상태로 돌아오면 빛이 안 나오나요?

그렇지. 그래서 야광팔찌가 어두운 곳에 가면 처음에는 밝다가 시간이 지나면 점점 어두워지는 거란다.

그런데 또 자꾸 궁금해지는데요. 인광은 왜 바닥상태로 돌아오는 데 시간이 오래 걸리는 거죠? 중간에 전자가 바닥상태로 가지 못하게 막는 방해물이 있나요?

바닥상태와 들뜬상태

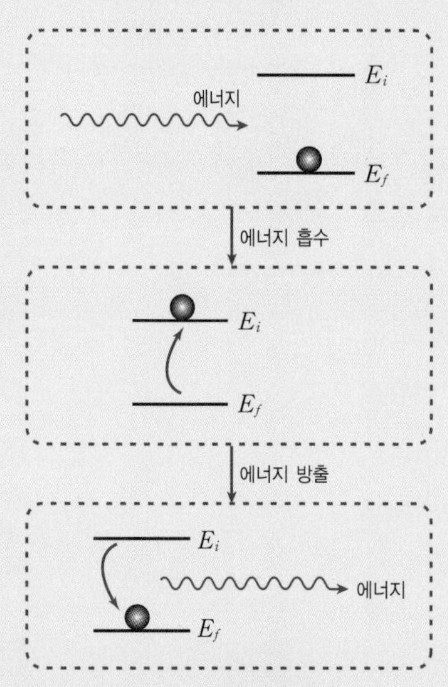

구슬을 굴릴 때 힘을 가하는 정도에 따라 구슬은 어떤 속력 값이라도 가지게 할 수 있다. 그리고 속력에 따라 구슬은 어떤 에너지 값도 가질 수 있다. 즉, 연속적인 에너지 값을 가질 수 있는 것이다.

그러나 원자 속의 전자는 연속적인 에너지 값을 갖는 것이 허용되지 않는다. 즉, 에너지를 띄엄띄엄하게 가질 수 있다. 이것을 '에너지의 양자화' 라고 한다.

이때 전자들이 가질 수 있는 가장 낮은 에너지상태를 '바닥상태' 라고 한다. 이렇게 바닥상태에 있는 전자에 적절한 에너지를 주어 전자가 이 에너지를 흡수하게 하면, 바닥상태보다 더 높은 에너지 상태로 올라가게 되는데, 이 상태를 '들뜬상태' 라고 한다. 그리고 들뜬상태에서 다시 바닥상태로 되돌아가려면, 전자는 에너지를 방출해야 한다. 이때 방출되는 에너지가 빛의 형태로 나올 수 있다.

❊ 인광과 형광의 차이

좋은 질문이로구나. 형광은 전자가 에너지를 받아 들뜬상태로 가면 바로 바닥상태로 다시 내려오지만, 인광은 준안정상태라고 불리는 상태로 옮겨간 후에 바닥상태로 떨어지게 된단다.

그러니까 형광과 달리, 인광은 도중에 준안정상태에 들렀다가 오니까, 바닥상태까지 돌아오는 데 시간이 더 걸린다는 말씀이시군요.

대단한데. 바로 그거란다. 네가 내 심부름을 갔다가 바로 돌아오면 시간이 얼마 걸리지 않지만, 중간에 PC방에 들러 한참 놀다 오면 시간이 꽤 걸리지? 그런 것과 비슷하다고 할 수 있겠구나.

형광과 인광의 원리

빛이나 열 같은 자극이 물질에 주어지면, 물질을 구성하는 원자 속의 전자들은 에너지를 받아 들뜬상태가 된다. 이 들뜬상태의 전자들은 불안정하여 다시 원래 상태로 되돌아가려고 하는데, 이때 에너지를 전자기파의 형태로 방출한다.

형광이란 전자들이 에너지를 받아 들뜬상태(높은 에너지상태)로 옮겨 갔다가, 바닥상태(낮은 에너지상태)로 돌아갈 때 방출되는 빛을 말한다. 반면 인광에서는 전자들이 에너지를 받아 들뜬상태로 갔다가 곧바로 바닥상태로 떨어지지 않고, 준안정상태로 떨어져서 머물다가 다시 바닥상태로 떨어지게 된다. 즉, 에너지를 한동안 머금고 있다가 천천히 방출하는 것이다.

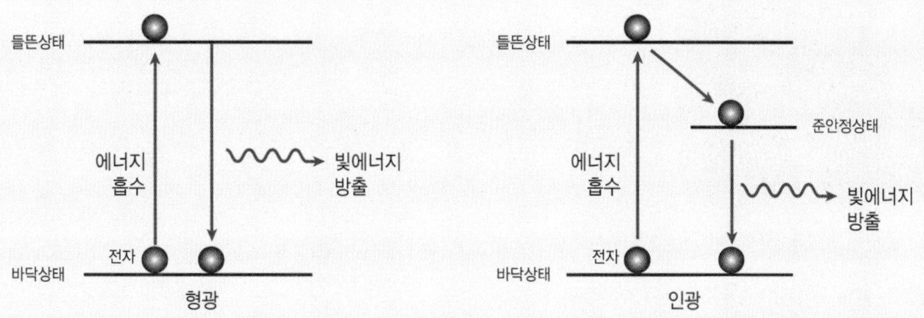

물질의 종류나 흡수한 에너지에 따라 전자들이 옮겨가는 상태가 다르기 때문에 방출되는 에너지의 크기도 다르다. 이때, 방출되는 에너지의 크기에 따라 형광과 인광에서 나오는 빛깔이 다르게 된다.

칫, 제가 언제 PC방에 들렀다고 그러세요? 워낙 호기심이 많고 궁금한 것을 못 참는 제 성격 탓에 이것저것 참견하다가 가끔 늦기는 하지만요. 그래도 그게 과학적 호기심이니 칭찬해 주세요!

좋다. 그렇지 않아도 오늘 네가 공부를 열심히 해서 선물을 하나 줄까 했는데….

정말이세요? 이게 얼마 만에 박사님께 받아보는 선물이란 말인가요? 어서 주시와요~. 보어 박사님.

이 녀석, 말하는 것 하고는. 여기 있다.

어라? 이건 야광별이잖아요? 아니 인광별이요. 칫, 겨우 이거가지고.

어라? 도로 가져가는 수가 있다.

아니에요, 박사님. 우리 같이 사이좋게 벽에 붙여 보아요.

기왕이면 북두칠성부터 붙여볼까?

네. 다 붙이고나서 커튼치고 불 끄면 마치 야외에 놀러 온 기분이 나겠죠?

도깨비불

인광(燐光)의 인(燐)은 도깨비불이란 뜻이다. 그렇다면 도깨비불은 인광현상일까?

도깨비불은 하나가 여럿으로 흩어져 빙빙 돌다가 여기저기 흔들리기도 하고 다시 합쳐지기도 하는 요상한 빛으로 알려져 있다. 그런데 도깨비불에 대한 과학적인 해석은 아직 명확하게 제시되고 있지는 않다고 한다.

이 현상에 대해 여러 가지 가설이 있는데 인(P) 원소의 자연 발화설이 대표적이다. 인 화합물들은 쉽게 공기 중에서 불이 나는데 이렇게 인 화합물이 자연적으로 발화한 것을 도깨비불로 생각했다는 것이다.

두 번째 가능한 것은 인광현상으로 설명하는 경우이다. 낮에 태양으로부터 받은 에너지가 밤이 되어 어두워지면 인광현상으로 인해 방출되는데 이 빛 에너지가 우리 눈에는 도깨비불로 보인다는 것이다. 이 외에도 여러 가지가 있으나 아직 정확한 설명을 찾지 못하고 있다.

과학상식 톡톡

위험한 야광

시계의 역사는 오래되었지만, 야광시계의 역사는 그리 오래되지 않았다. 야광시계는 20세기 초 라듐으로 만든 야광도료가 생겨나고부터 미국과 스위스에서 생산되기 시작했다. 그 뒤 1930년대에 들어 야광 손목시계가 판매되기 시작했는데, 당시 야광 손목시계는 고가였기 때문에 야광시계를 구입한 사람들은 부러움의 대상이었다.

그렇다면 이 당시에 야광도료로 사용된 라듐은 어떤 물질일까?

인광의 성질을 나타내는 물질에 방사성 원소를 더하면 어두운 곳에서 더욱 빛을 잘 발한다. 방사성 원소는 핵이 서서히 붕괴되면서 사방으로 에너지파, 즉 방사선을 방출한다. 야광 도료에 방사성 원소를 섞으면 방사선의 자극에 의해 빛이 장기간 유지된다. 방사성 물질인 라듐은 이러한 이유로 야광도료에 섞이게 되었다.

라듐을 야광도료로 사용할 당시 라듐의 위험성에 대해서는 알려지지 않은 상태였다. 그러나 후에 라듐이 방사성 물질이며 인체에 유해하다는 정보가 알려지게 되었다.

요즘 들어 야광은 시계는 물론 군사용품, 도시 곳곳의 교통 표지, 계기판, 야간 작업자에게 쓰이는 각종 비품에 쓰이고 있다. 그런데 이것들이 모두 방사능 덩어리라고 생각하면, 안전을 위한 것이라기보다는 공포의 대상일 것이다. 그러나 최근에는 라듐 같은 방사성 원소를 첨가하지 않아도 빛을 내는 제품들이 나오고 있다. 이제 문구점에서 파는 야광별을 사다 벽에 붙이고, 잠자기 전에 총총 박혀 있는 반짝이는 별들을 보며, 달콤한 꿈에 빠져들어도 안전한 시대가 된 것이다.

한번 해봐요

인광과 형광을 구별해보자.

준비물 지폐, 자외선램프(또는 식기소독기), 야광별

해보기 ❶ 어두운 곳에서 지폐와 야광별에 자외선램프를 가져가보자.

❷ 이제 자외선램프를 끄고 지폐와 야광별을 관찰해보자.

❸ 어두워도 빛을 내는 것은 얼마나 오랫동안 빛을 내는지 시간을 재보자.

- 지폐에 자외선램프를 비추면 밝게 빛나는 부분이 보이는가?
- 야광별에 자외선램프를 가져가면 밝게 빛이 나는가?
- 자외선램프를 껐을 때 계속해서 빛을 내는 것은 어느 것인가?
- 지폐와 야광별 중에서 어두워도 빛을 내는 것은 얼마나 오랫동안 빛을 내는가?

아하, 그렇구나!

해보기 해설

- 지폐는 위조방지를 위해 형광물질을 포함하고 있다. 따라서 자외선램프를 비추면 밝게 빛나는 부분이 보인다.
- 야광별은 인광성 물질을 포함하고 있으므로 자외선램프를 비추면 밝게 빛을 낸다.
- 자외선램프를 끄면 외부에서 주어지는 에너지가 없으므로 형광을 이용한 지폐는 빛이 더 이상 나지 않는다. 그렇지만 인광을 이용한 야광별은 계속해서 밝게 빛나고 있음을 관찰할 수 있다.
- 야광별은 어두워도 계속 빛이 나다가 약 1분 이내에 어두워진다. 인광의 지속시간은 자외선램프를 쪼여준 시간과 자외선의 에너지에 따라 달라지며, 야광별을 만드는 재료에 따라서도 조금씩 다르다.

압박 축구의 성공은 축구화

드디어 오늘, 마야중 축구부와 시합을 한다. 그동안 열심히 훈련을 하였는데, 이제 실력 발휘를 해야겠다.

전반전이 시작되자 우리팀이 먼저 공격을 하였다. 공을 쫓아가고, 멀리까지 차내고, 수비를 제치고 슛을 하고…. 그러다가 갑자기 넘어졌는데 일어나서 보니 축구화가 찢어져 있었다. 너무 열심히 뛰었나? 하는 수 없이 후반전에는 운동화를 신고 경기를 했는데, 생각대로 상대방의 움직임을 막아낼 만큼 몸이 움직여지지 않았다. 상대방 철수는 미끄러지지 않고 경기 내내 열심히 잘 뛰어다니는데 말이다. 축구화와 운동화의 차이가 이렇게 큰 것일까?

축구화 바닥은 보통 신발하고는 다르긴 하다. 뾰족한 징들이 군데군데 박혀있다. 이 징들이 미끄러운 운동장 바닥에서 잘 안 미끄러지게 하나보다.

운동화를 신고 축구를 하기가 너무 힘들어 결국 선수 교체를 하였다. 감독님께 축구화에 관한 규정 같은게 있나고 여쭸더니, 축구화는 개성에 따라 자신에 맞는 것을 골라 신으면 되는 거라고 하신다. 1880년대 영국에서는 잉글랜드 노동자 팀이 등장하기 전까지만 해도 신사복을 입었고, 축구화가 따로 없어 평상화를 신고 경기를 했다나? 징이 박힌 축구화

는 1930년대 발목을 보호하기 위해 부츠처럼 목을 길게 디자인하고 징을 박으면서 등장했다고 한다. 발목이 없고 여러 개의 징이 달려 있으며 징을 교체할 수 있도록 만들어진 축구화는 1954년 아디다스사가 개발한 것으로, 독일팀이 이 축구화로 무장하고 그해 월드컵에서 우승했단다. 이때부터 축구화와 징은 뗄 수 없는 관계가 되었다고 한다.

그러면 축구경기에서는 반드시 징이 달린 축구화를 신어야 하는 것일까? 징은 많을수록 좋은 것일까? 선수들은 맨 땅이 아닌 잔디밭에서 주로 경기를 하는데 보통 신는 축구화를 그대로 신을까? 축구화는 징이 달린 골프화와는 어떻게 다를까? 골프화를 신고 축구를 하면 어떻게 될까?

이런 궁금증에서 헤매고 있을무렵 경기종료 휘슬이 울렸다.

3:2 우리팀이 또 졌다.

축구화만 멀쩡했어도….

보어와 부어의 연구실

교과서에서 찾아보기
초등학교 6학년 압력
중학교 1학년 힘

박사님! 제 친구가 징이 박힌 축구화가 없어서 경기에서 졌어요. 그런데 축구화에 스파이크가 달려있다고 하는데 그게 뭔가요?

인석아, 사전 찾아보면 될 것을. 뭐 내가 걸어다니는 영어 사전이니? 스파이크(spike)란 긴 못 혹은 스포츠화의 바닥에 박힌 것을 말하지.

어라? 스파이크가 징이군요. 근데 조기축구회 아저씨들은 축구화에 박힌 것을 뽕이라고 하던데요?

무식하기는 뽕이 아니라 봉이고, 영어로는 스터드(stud)라고 한단다.

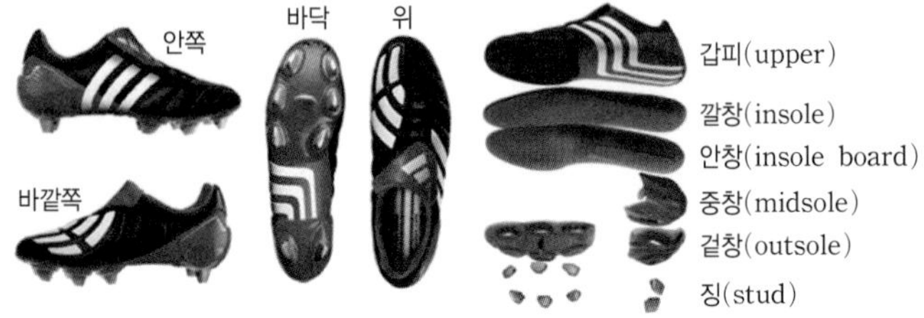

❊ 징의 역할

한국에서 가장 오래된 축구화(1920년대)

그럼 축구화의 징은 무슨 역할을 하나요?

그것은 축구를 하는 장소에 따라 다른데 맨 땅에서 하는 사람, 잔디 구장에서 하는 사람, 실내 축구장에 하는 사람, 또 잔디마다 길이가 다르니까 그것에 따라서도 모양과 기능이 달라질 것 같구나.

칫, 딴 소리 하시기는. 축구화의 징이 무슨 역할을 하는지 물어봤는데….

징은 선수가 경기를 하는 동안 미끄러지지 않게도 해야 하지만 적절하게 체중을 분산하여 균형을 잘 잡을 수 있게 해주어야 한단다. 또 체중을 잘 분산하여 주어, 발바닥의 피로를 줄여 주어야 하지.

축구화의 징에 대한 연구도 굉장히 과학적이네요. 조건에 따라 축구화도 여러 종류겠네요.

그렇지. 그럼 징에 대해서 좀 더 자세하게 알아볼까? 아래 표를 보거라.

어느새 준비를 하셨네요. 대단하시다니깐, 우리 보어 박사님. 그럼 징의 수를 조절하면 사람이 잔디를 누르는 힘의 크기가 같더라도 각 징마다 작용하는 힘의 크기를 다르게 할 수 있겠네요?

오호, 좋은 지적이다. 가끔 차력쇼를 보면, 못을 박은 판 위에 사람이 눕거나 풍선을 눌러도 안 터지는 모습을 볼 수 있지?

네. 그래도 못이 박힌 판 위에 눕는 것은 그다지 해보고 싶지는 않은데요.

촘촘히 박은 못 위에 풍선을 대고 누르는데 왜 터지지 않을까?

축구화의 종류

징의 형태	SG형 (soft ground)	FG형 (firm ground)	터프형 (turf)	HG형 (hard ground)
사용 장소	길고 푹신한 잔디	짧고 단단한 잔디	인조 잔디나 아주 짧은 잔디	맨 땅
징수	15mm 마그네슘 징 6개	10mm 폴리우레탄 징 12개	아주 짧은 징 30개 정도	보통 징 12개
장점	순발력 및 순간적인 파워	안정적이며 몸놀림 유연	잔디 보호	안정감과 발목 보호
모양				

절대 따라하면 안되지. 아무튼 원리는 박힌 못의 숫자가 많을수록 힘이 분산되어 각 못에 작용하는 힘의 크기가 작아진다는 것이지.

❋ 몸무게와 압력

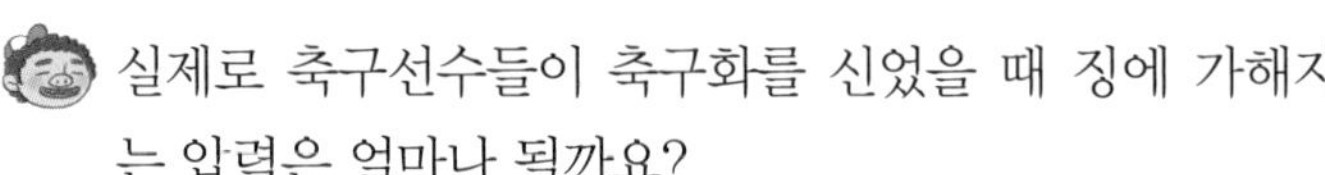

실제로 축구선수들이 축구화를 신었을 때 징에 가해지는 압력은 얼마나 될까요?

징의 수에 따라 다르지만, 우선 6개라고 하고 한번 계산해 보거라.

힘든거 아시면서, 제가 산수는 쫌 하는데 수학은 영….

이거 산수거든? 이렇게 풀면 된단다.

$$압력=\frac{힘}{힘이\ 작용하는\ 면적}\ (단위:\ N/m^2,\ hPa,\ mmHg\ 등)$$

1. 축구 선수의 잘량을 60kg이라고 하면, 600N의 힘으로 잔디를 누르는 것과 같다.
2. 징의 지름을 1cm라고 하면 힘이 작용하는 면적은 $3.14\times0.005\times0.005=0.0000785m^2$이고, 징이 6개이므로 전체 작용 면적은 $0.000471m^2$이다.
3. 징 전체에 작용하는 압력은

$$\frac{600N}{0.000471m^2}=1273885.35N/m^2=약\ 100만N/m^2이다.$$

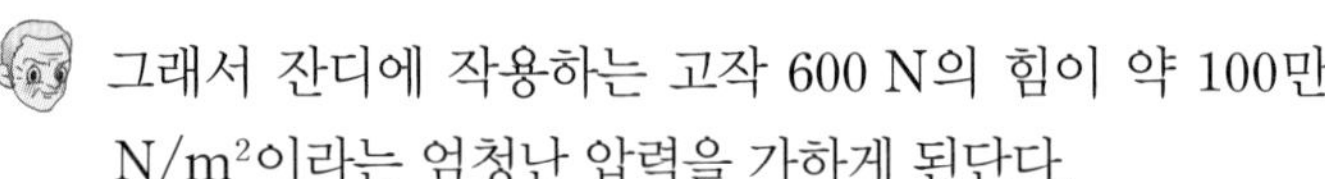

그래서 잔디에 작용하는 고작 600 N의 힘이 약 100만 N/m^2이라는 엄청난 압력을 가하게 된단다.

백만이라. 왠지 어마어마한 거 같긴 한데…. 감이 잘 안와요.

음, 실내화와 뾰족 구두에 한번씩 밟혀보면 느끼려나? 아무튼 면적이 작아지면 느끼는 아픔 정도가 훨씬 커질 수 있는 것이지.

그럼 징의 수가 두 배가 되면 면적이 두 배가 되니까 압력은 반으로 줄어들고 축구화는 땅에 박히는 정도가 적어지겠네요.

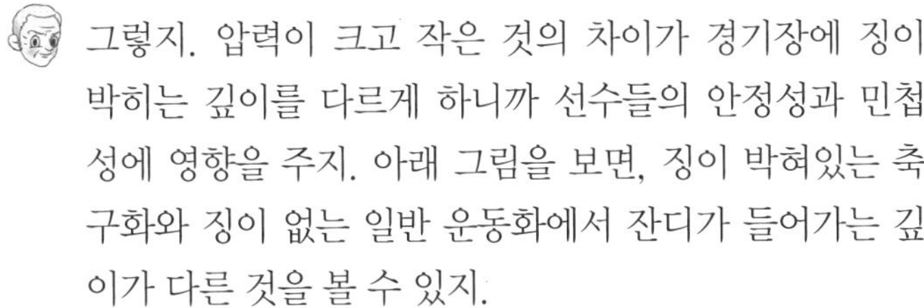

그렇지. 압력이 크고 작은 것의 차이가 경기장에 징이 박히는 깊이를 다르게 하니까 선수들의 안정성과 민첩성에 영향을 주지. 아래 그림을 보면, 징이 박혀있는 축구화와 징이 없는 일반 운동화에서 잔디가 들어가는 깊이가 다른 것을 볼 수 있지.

그럼 압력이 크면 좋나요, 작으면 좋나요?

압력이 크면 징이 경기장 바닥에 깊이 박히게 되고, 압력이 작으면 덜 박히게 되겠지. 선수마다 좀 다르지만 안정된 자세가 유지되야 하는 수비수는 징 길이가 길고 수가 적은 것을, 민첩성이 요구되는 공격수는 징 길이가 짧고 징의 수가 많은 것을 좋아한단다.

그래도 난 아무 축구화라도 있으면 좋겠어요.

그렇다고 아무 축구화나 신으면 발목 부상이 올 수 있으니 잘 골라 신어야 한단다. 잔디의 길이에 따라 징의 길이가 달라지니까 말이지.

축구화 종류가 그렇게 많은지 몰랐어요. 우리 나라 축구 대표 선수들도 몇 켤레씩 축구화를 준비해가지고 다닌다던데…. 어떤 선수는 징이 조립식으로 된 축구화도 신는다고 하더라구요.

축구화는 징을 이용하여 압력을 크게 하는데, 반대로 압력을 작게 하는 것을 이용하는 스포츠도 있단다.

조립형 축구화

몸통과 겉창, 징을 분리하여 경기장 상황에 맞추어 조립하여 신도록 설계된 최신형 축구화로 아디다스사에서 개발하여 2006 독일 월드컵에서 각국의 대표 선수 한 명씩에게 제공하였으며, 우리 나라는 김남일 선수가 신었다.

스노우보드

❋ 면이 넓어 잘 미끄러지는 스키

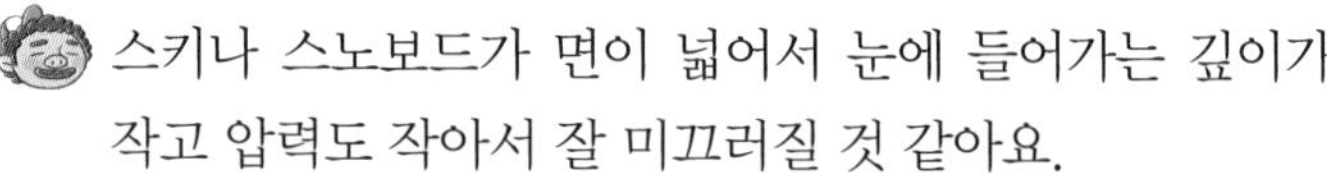

스키나 스노보드가 면이 넓어서 눈에 들어가는 깊이가 작고 압력도 작아서 잘 미끄러질 것 같아요.

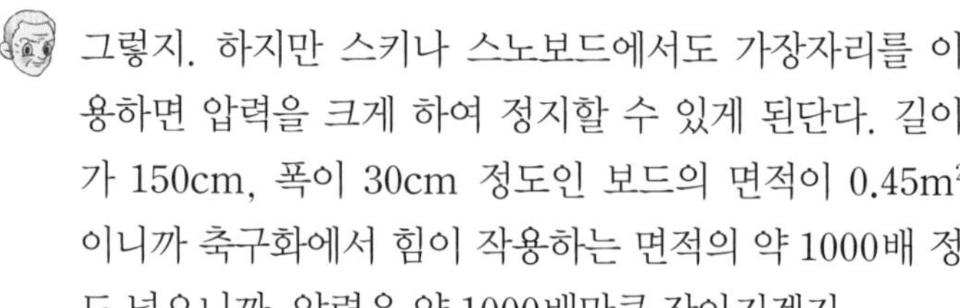

그렇지. 하지만 스키나 스노보드에서도 가장자리를 이용하면 압력을 크게 하여 정지할 수 있게 된단다. 길이가 150cm, 폭이 30cm 정도인 보드의 면적이 $0.45m^2$이니까 축구화에서 힘이 작용하는 면적의 약 1000배 정도 넓으니까, 압력은 약 1000배만큼 작아지겠지.

경주용 개량형 설피

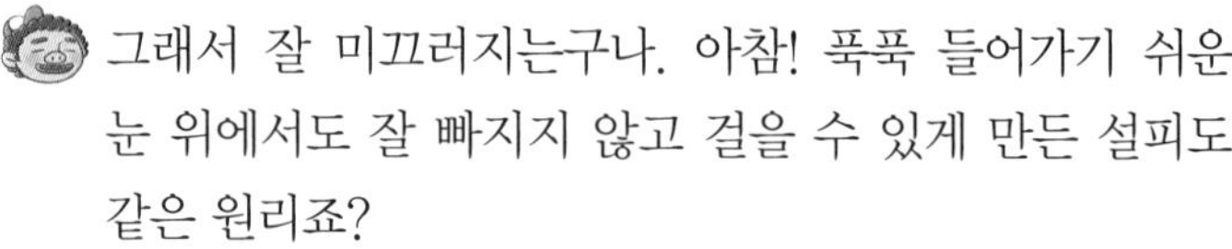

그래서 잘 미끄러지는구나. 아참! 푹푹 들어가기 쉬운 눈 위에서도 잘 빠지지 않고 걸을 수 있게 만든 설피도 같은 원리죠?

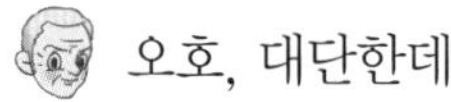

오호, 대단한데.

여러 신발의 밑창 비교

육상화

스파이크(징)가 있어서 미끄러짐을 방지하며, 스파이크는 탈부착이 가능하다.

골프화

쇠로 된 징이 사용되었으나 잔디 보호를 위해 고무징으로 교환해주는 골프장들이 있다. 겨울철에는 부분 허용하기도 한다.

지압신발

징을 거꾸로 박아 건강에 이용하는 신발도 있다.

야구화

쇠로 된 징이 박혀있으나 위험하여 일반인들은 우레탄 성분의 포인트를 사용한다.

아이젠

등산화에 착용하는 것으로 빙판이나 눈길에서 사용한다.

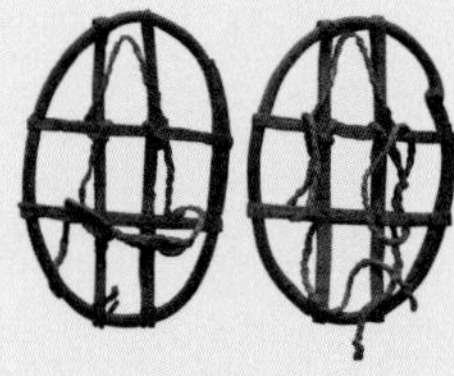

설피

눈이 많이 내리는 고장에서, 눈이 깊은 곳을 다닐 때 신의 바닥에 대는 칡이나 노 따위로 넓적하게 만든 물건이다.

과학상식 톡톡

내발에 맞는 신발을!

발은 우리몸 전체의 1/4에 해당되는 52개의 뼈와 60개의 관절, 214개의 인대, 38개의 근육을 비롯하여 수많은 혈관으로 구성되어 있다. 발에 생기는 이상이나 질병은 5% 정도가 선천적인 것이며, 95% 정도가 후천적인 것인데, 신발에 의한 영향이 가장 크다고 한다.

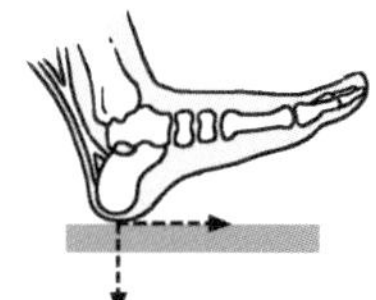

체중을 초과한 부하가 발 뒤굼치에 발생

일단 발모양이 중요한데, 평발은 발바닥이 아치형을 이루는 '장심(掌心)'이 뚜렷하지 않아 발바닥 전체가 평면에 접하는 발을 말한다. 장심이 잘 드러나 있으면 보행 시나 운동 시에 아치 구조가 충격을 완화시켜주는 역할을 하는데, 아치 구조가 불확실한 평발은 이러한 충격 완화 능력이 떨어지게 된다. 이러한 아치 구조는 선천적으로 형성이 안 된 경우도 있고, 후천적 요인으로 인하여 아치 구조가 내려앉게 되는 경우도 있다. 적절한 신발을 고르고 바르게 걸으면 이런 후천적 요인에 의한 발의 이상을 막을 수 있다.

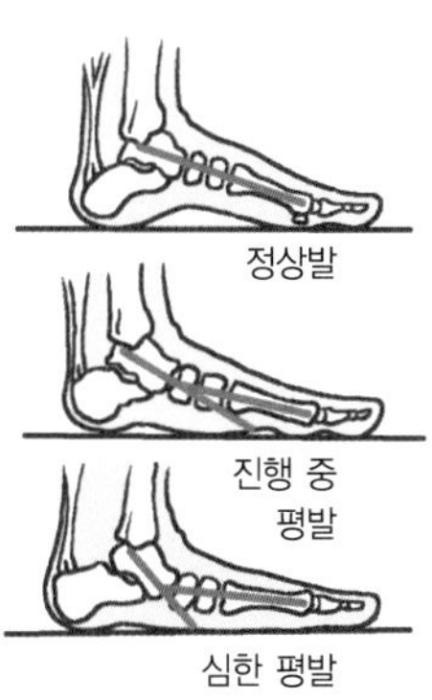

정상발

진행 중 평발

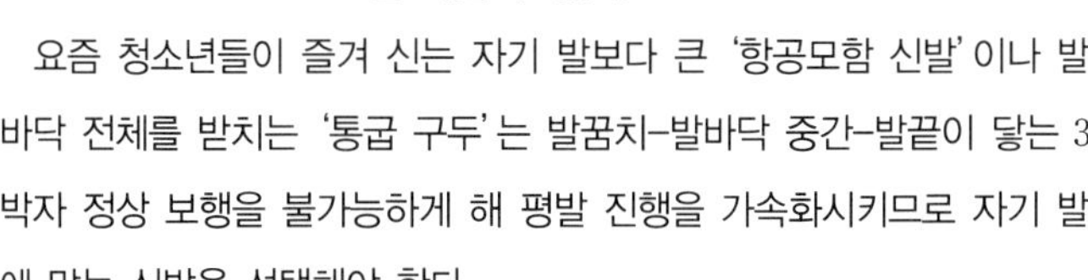

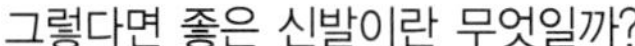

심한 평발

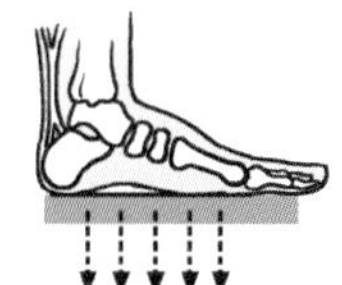

체중보다 미달되는 부하가 발의 아치에 발생

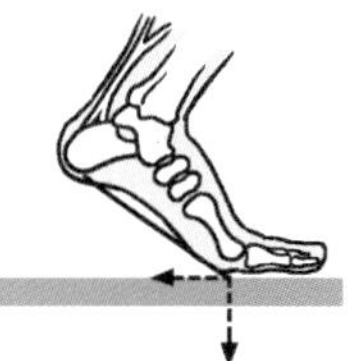

체중을 초과하는 부하가 발의 볼 부위에 발생

요즘 청소년들이 즐겨 신는 자기 발보다 큰 '항공모함 신발'이나 발바닥 전체를 받치는 '통굽 구두'는 발꿈치-발바닥 중간-발끝이 닿는 3박자 정상 보행을 불가능하게 해 평발 진행을 가속화시키므로 자기 발에 맞는 신발을 선택해야 한다.

그렇다면 좋은 신발이란 무엇일까?

발가락 앞으로 1.2~1.5cm 정도 여유가 있고, 굽의 높이는 2.5cm 가량 되는 구두가 발에 편안함을 준다. 또한 발바닥 아치를 받쳐주는 '아치 지지대'가 있는 것이 좋다. 신발을 사는 시간은 발이 중간 정도 부어있는 오후 5시가 좋다.

여성의 경우 굽이 높은 하이힐보다는 3.5cm 이하의 굽을 선택하는 것이 발에 편하다. 굽이 너무 높은 신발을 신으면 발 앞쪽으로 무게 중심이 쏠려 엄지발가락과 연결된 뼈가 아픈 '중족골두통'이나 엄지발가락이 안쪽으로 휘는 '무지외반증'이 생기게 된다.

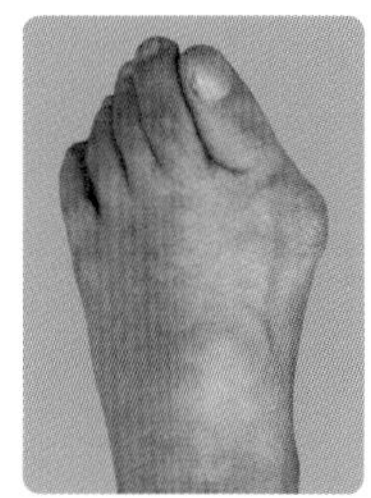

무지외반증

한번 해봐요

압력을 몸으로 느껴보자.

준비물 체중계, 맨 몸

해보기

❶ 처음에는 두 발로 올라서서 체중계의 눈금을 읽는다. 자신의 몸무게를 N 단위로 적어보자.

❷ 엎드린 채로 두 손바닥을 펴 체중계 위에 올려보자.

❸ 엎드린 채로 양 손의 다섯 손가락으로 체중계 위에 올려보자.

❹ 엎드린 채로 양 손을 깍지 낀 채로 체중계 위에 올려보자.

- 가장 체중계의 눈금이 많이 나오는 경우는 언제인가?
- 엎드린 상태를 유지하기가 제일 힘든 경우는 언제인가?

생각해보기 면적에 따라 작용하는 압력이 달라지는 경우를 생각해 보자.

아하, 그렇구나!

해보기 해설

- 손바닥으로 체중계를 누르는 무게나 손가락으로 체중계를 누르는 무게는 같다. 예를 들어 '50kg중'의 몸무게라면 500N의 힘이 우리가 서 있는 바닥에 작용하는 힘이 된다. ②, ③, ④ 모두 체중계를 누르는 사람이 같으므로 같은 눈금을 가리킨다.
- 그러나 손가락으로 누르는 경우가 손가락에 느껴지는 힘이 가장 크고, 버티기도 힘들다. 압력이 더 커지기 때문이다. 손바닥을 넓게 펴는 경우에 힘이 작용하는 면적은 손가락으로 지탱하는 경우보다 넓다. 같은 무게의 힘이 작용하더라도 힘이 작용하는 면적이 작은 손가락이나 깍지 낀 경우에 더 큰 압력이 작용하게 되고 손가락에 작용하는 압력이 커져서 더 힘들거나 아프다고 느껴지게 된다.

생각해보기 해설

면적에 따라 작용하는 압력이 달라지는 경우를 생각해보자. 설피는 힘을 받는 면적이 넓어 압력이 작아진다. 눈에 발이 많이 빠지지 않아 보통신발보다 이동하기가 쉽다.

이번에는 운동화를 신고 있는 사람과 뾰족한 하이힐을 신은 사람에게 발을 밟힌 경우를 생각해 보자. 몸무게가 같은 사람이라도 힘이 작용하는 면적이 달라지면 결과는 너무나 달라지게 된다. 예를 들어 바늘에 찔린 경우를 생각해보면 쉽게 이해가 될 것이다. 작은 힘이라도 작용 면적이 좁은 바늘 끝으로 힘이 가해지면, 눈물과 비명이 동시에 나올 정도로 아픔을 느낀다.

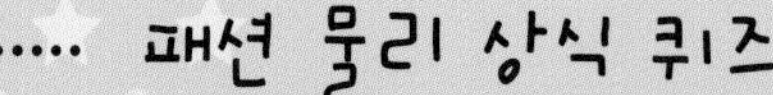

♣ 확률은 반반! ♣ OX 퀴즈 ♣

1. 머리뼈를 울려 소리를 듣게 해주는 골전도 헤드폰을 이용하면, 고막이 손상된 사람도 소리를 들을 수 있다. (O, X)

2. 사람의 귀는 예민해서, 비슷한 진동수의 소리들이 함께 들려도 항상 잘 구별한다. (O, X)

3. 소음 제거 헤드폰은 바깥에서 나는 소음보다 더 큰 소리를 만들어 소음을 제거한다. (O, X)

4. 안전모를 바닥에 떨어뜨렸어도 표면이 깨지지 않았다면, 다시 사용해도 된다. (O, X)

5. 늘어났던 고무줄은 언제나 다시 제자리로 돌아온다. (O, X)

6. 태양으로부터 오는 전자기파 중에서 자외선만 우리 눈을 상하게 한다. (○, ×)

7. 콘텍트렌즈 중에는 작은 구멍이 있어 산소가 드나들 수 있는 렌즈 종류가 있다. (○, ×)

8. 가장자리 두께를 일반 오목렌즈보다 얇으면서 평면에 가깝게 제작하면, 눈이 덜 작게 보이는 안경을 만들 수 있다. (○, ×)

9. 유독가스가 발생하는 곳에서는 방진 마스크를 사용하는 게 좋다. (O, ×)

10. 배낭을 멜 때에 줄을 당겨 몸에 바짝 붙이면, 약간 처지게 메는 경우보다 더 가볍게 느껴진다. (O, ×)

11 휴대폰을 병에 넣고 진공상태를 만들었을 때 전화가 걸려오면, 벨소리가 더 크게 들린다. (O, ×)

12 다이아몬드는 빛이 없는 곳에서도 스스로 반짝인다. (O, ×)

13 다이아몬드를 쇠망치로 세게 치면 깨진다. (O, ×)

14 어두운 곳에서 형광펜으로 밑줄을 긋고, 전등을 끄면 형광펜 선이 보이지 않는다. (O, ×)

15 한쪽 발에는 운동화를 신고 다른 쪽 발에는 뾰족구두를 신었을 때, 양쪽 신발 바닥에 작용하는 압력은 같다. (O, ×)

♣ 모르면 찍으세요! ♣ 선택형 문제 ♣

1 대부분의 사람들이 귀에 통증을 느끼기 시작하는 소리의 세기는?

① 30dB ② 60dB ③ 90dB ④ 120dB

2 컴퓨터 파일 종류 중에서 소리 일부가 사라지는 압축 방식은?

① jpg ② mp3 ③ rar ④ zip

3 레이저를 이용하여 할 수 있는 일이 아닌 것은?

① 가로등 ② 금속 가공 ③ 레이저 수술 ④ 레이저 포인터

4 오랜 기간 동안 치아를 교정하려고 한다. 치아 하나에 작용하는 힘으로 가장 적당한 크기는?

① 0.01N ② 0.1N ③ 1N ④ 10N

5 고어텍스로 만든 옷을 입으면 비에는 안 젖는데, 땀은 잘 마른다. 그 이유는?

① 고어텍스는 모든 수분을 다 흡수해버리므로

② 땀이 기화하여 수증기가 되어 고어텍스 구멍을 통과하므로

③ 비는 하늘에서 엄청나게 많이 내리지만 땀은 몸에서 적게 생기기 때문에

④ 땀과 빗방울은 서로 다른 물질이라서 고어텍스가 땀을 끌어당기고 빗방울을 밀어내므로

6 건강한 사람의 피부 평균 온도는?

① 30.1˚C ② 33.3˚C ③ 36.5˚C ④ 39.7˚C

7 다음 물질들을 이용하여 냉각제를 만들었다. 각각 1kg씩 냉장실에 오래 두었다가 꺼냈다면, 어느 것이 가장 오랫동안 시원하게 해 줄까?

① 물 ② 철 ③ 나무 ④ 알루미늄

8 다음 중에서 모양을 일부러 울퉁불퉁하게 만들어 유체저항을 줄이는 것은?

① 테플론 프라이팬 ② 전신수영복

③ 유선형 배 ④ 골프공 홈

9 다음 물건들 중에서 자외선을 일부러 만드는 것은?

① 스키용 고글 ② 썬글라스 ③ 위폐 감별기 ④ 자외선 차단제

10 휴대폰 버튼을 눌러 1336Hz의 소리와 770Hz의 소리가 동시에 난다면, 사람의 귀에는 몇 Hz로 들릴까?

① 566Hz ② 770Hz ③ 1053Hz ④ 2106Hz

… 정답을 알려도~

♣ 확률은 반반! ♣ OX 퀴즈 ♣

① O. 골전도 헤드폰은 내이의 감각을 이용하는 장치이다. 중이에 해당하는 고막이 손상되어도 이 헤드폰을 이용하면 들을 수 있다.

② ×. 사람의 달팽이관은 예민하게 진동수를 분석한다. 그러나 진동수가 비슷한 여러 소리가 동시에 들리는 상태에서 특정 진동수의 소리 세기가 유독 크다면, 다른 소리는 제대로 듣지 못한다.

③ ×. 소음 제거 헤드폰은 바깥에서 나는 소리의 진동수를 분석하고, 그 소리의 파형과 정반대인 소리를 일부러 만든다. 이 두 소리 파형의 위상이 반대이므로, 상쇄간섭이 일어나 소음이 줄어든다. 하지만 이때 원래 소음과 헤드폰에서 만든 소리의 세기는 이론적으로 같아야 한다.

④ ×. 심한 충격을 받은 안전모는 내부의 충격흡수재가 찌그러졌을 수 있기 때문에 다시 사용하면 안 된다.

⑤ ×. 고무줄이나 용수철을 어느 한계 이상으로 잡아당기면, 아예 늘어나 버려서 원래 모양으로 돌아가지 않는다. 참고로 이를 탄성한계라고 한다.

⑥ ×. 햇빛은 자외선, 가시광선, 적외선 등으로 이루어지는데, 빛의 양에 따라 눈의 수정체, 각막, 망막 등에 손상을 줄 수 있다.

⑦ O. 평상시에는 주로 공기 중의 산소가 눈물에 녹아 눈의 각막에 산소를 공급한다. 그런데 일반 콘택트렌즈를 끼면, 눈물 순환이 느려져 산소 공급이 제대로 이루어지지 않는다. 하지만 최근에 개발된 RGP(산소투과성)렌즈의 표면에는 미세한 구멍이 있어, 산소가 들어올 수 있다.

⑧ O. 가장자리의 두께를 가운데보다 얇게 만든 비구면렌즈 형태로 안경을 제작하면, 상대적으로 굴절이 작게 일어난다. 일반 오목렌즈로 만든 안경을 쓰면 눈이 작게 보이는 사람도, 비구면렌즈 안경을 쓰면 눈이 덜 작아 보인다.

⑨ ×. 방진마스크는 공기 중의 중금속, 먼지, 분진과 같은 미세한 입자를 거르기 위한 장치이다. 이는 기체를 거르는 데 효과적이지 않다. 유독가스가 있는 곳에서는 가스를 차단하는 기능이 있는 방독마스크를 착용해야 한다.

⑩ O. 배낭을 메거나 들 때 배낭의 무게중심이 몸에 가까울수록 힘이 덜 든다. 그러므로 배낭을 몸에 바짝 붙여야 가볍게 느껴진다.

⑪ ×. 진공이 되면 공기가 없다. 그러면 소리를 전달해주는 매질이 없어, 벨소리가 안 들린다.

⑫ ×. 다이아몬드가 반짝이는 이유는 다이아몬드에 입사된 빛들이 반사되어 되돌아 나오도록 가공이 되어 있기 때문이다. 아무리 다이아몬드라고 할지라도, 빛이 비치는 곳에서만 반짝인다.

⑬ O. 물체의 단단한 정도를 나타내는 굳기(경도)와 강한 정도를 나타내는 세기(강도)는 전혀 다르다. 다이아몬드는 굳기가 가장 강해 쇠망치에 긁으면 쇠망치에 흠집이 난다. 하지만 세기는 상대적으로 약해, 쇠망치로 때리면 깨진다.

⑭ O. 형광의 경우는 전자가 에너지를 받아 들뜬상태로 갔다가, 바로 바닥상태로 다시 내려온다. 따라서 전등을 끄면 외부에서 주어지는 에너지가 없으므로, 형광 빛이 더 이상 나지 않는다.

⑮ ×. 양쪽 발에 몸무게가 나뉘므로, 두 발에 작용하는 힘의 크기는 거의 같다고 할 수 있다. 그러나 뾰족 구두의 면적이 운동화보다 작으므로, 뾰족 구두의 신발 바닥에 작용하는 압력이 운동화의 신발 바닥에 작용하는 압력보다 크다. 즉, 두 신발 바닥에 작용하는 힘은 같으나 압력은 다르다.

♣ 모르면 찍으세요! ♣ 선택형 문제 ♣

① ④. 소리를 느끼는 정도가 사람마다 다르기는 하지만, 가청 진동수 내에서 120dB 이상이 되면 보통 사람들은 고통을 느낀다.

② ②. mp3 파일은 사람이 제대로 듣지 못하는 소리 정보를 빼고 압축한다. jpg는 그림 파일에 대한 압축 방식이며, rar이나 zip은 손실 없이 압축한다.

③ ①. 레이저 광선은 좁은 지역에 빛을 모아준다. 출력을 약하게 하여 포인터로 사용할 수 있고, 출력을 강하게 하면 수술이나 금속 가공에 이용할 수 있다. 가로등은 넓은 지역을 비춰야 하기 때문에, 직진성이 강한 레이저 광선은 적합하지 않다.

④ ③. 치아에 가하는 이상적인 힘의 크기는 치주 조직의 혈액순환을 방해하지 않으면서 새로운 뼈세포가 생성될 수 있을 정도이어야 한다. 경우에 따라 다르기는 하지만, 대개 치아 한 개에 약 1N의 힘이 적절하다. 치아에 무리한 힘을 주면 치아 뿌리가 잇몸뼈에 흡수되어, 교정 전보다 치아 뿌리가 짧아진다. 반대로 힘이 너무 작으면, 치아가 이동하지 않는다.

5 ②. 고어텍스 필름막에는 많은 구멍이 있는데, 이 구멍은 수증기보다 크기가 크고, 물방울보다는 크기가 작다. 따라서 수증기는 통과시키고, 물방울은 통과시키지 못한다. 땀이 몸에서 기화되어 수증기가 되면 고어텍스 구멍을 통과하여 밖으로 빠져나가지만, 빗방울은 구멍보다 커서 옷 안으로 들어 올 수 없다.

6 ②. 보통 36.5˚C를 정상 체온으로 알고 있다. 그러나 몸 전체가 모두 같은 온도는 아니다. 겨드랑이나 구강 체온은 대개 35~37.5˚C 사이가 정상이다. 밖으로 드러난 피부는 이보다 더 온도가 낮다. 일반적으로 쾌적한 상태에서 피부의 평균 온도는 33.3˚C인데, 평균 온도가 30.8˚C 이하로 떨어지면 추위를 느끼고, 35.5˚C 이상이 되면 더위를 느낀다.

7 ①. 물질 1kg의 온도를 1˚C 올리는 데 필요한 열의 양을 비열이라고 하는데, 물질마다 다르다. kcal/kg · ˚C를 단위로 비열을 비교하면 아래 표와 같다.

물질	물	철	나무	알루미늄
비열(kcal/kg˚C)	1.00	0.11	0.42	0.21

물의 온도를 높이는 데 열이 가장 많이 필요하므로, 이 중에는 물이 가장 오랫동안 시원하게 해 준다.

8 ④. 물체가 유체 내에서 운동할 때 받는 유체저항에는 점성저항과 압력저항이 있다. 점성저항은 유체가 점성을 가지고 있기 때문에 생기는 저항이다. 물체 표면이 매끄러울수록 점성저항의 크기가 줄어드는데, 테플론 코팅을 한 프라이팬이나 전신수영복이 좋은 예이다.

압력저항은 물체의 모양에 의해 생기는 저항이다. 물체가 유선형이면 압력저항이 거의 0이 된다. 유선형이 아닌 구처럼 뭉툭한 물체가 유체 안에서 빠르게 운동하면, 압력저항이 커진다. 그런데 공의 표면을 울퉁불퉁하게 만들면, 난류가 발생하면서 유체가 잘 섞여 압력저항이 줄어들게 된다.

9 ③. 고글, 선글라스, 자외선 차단제는 모두 자외선의 피해를 막아주는 물품들이다. 하지만 자외선은 피해야만 하는 존재는 아니다. 지폐에 칠해진 형광 물질에 자외선을 쪼여 위폐를 감별할 수 있다.

10 ①. 휴대폰의 번호 버튼은 가로 세로 진동수의 합성으로 소리를 만드는데, 결과적으로 각 버튼마다 특정한 진동수의 소리를 낸다. 진동수가 1336Hz인 파동과 770Hz의 파동이 동시에 발생하면, 우리 귀에는 두 진동수의 차이에 해당하는 566Hz의 소리로 들린다.

과학교과서에서 찾아보기

학년	단원	주제
초등학교 3학년	그림자 놀이	안경은 더 얇게, 눈은 덜 작게
		반지의 제왕, 다이아몬드
		따끔 따끔 내 피부
		수업시간에 울린 휴대폰
		콘서트장의 열기,야광팔찌
	고체 혼합물 분리하기	황사, 이젠 안녕!
초등학교 4학년	수평잡기	치아교정만 했더라면
		배낭 꾸리기
	용수철 늘이기	늘어났다 줄어들었다 하는 머리끈
	열의 이동	더울 때 입는 얼음 조끼
	모습을 바꾸는 물	소풍가는 날에 내리는 비
		더울 때 입는 얼음 조끼
	혼합물 분리하기	황사, 이젠 안녕!
초등학교 5학년	거울과 렌즈	안경은 더 얇게, 눈은 덜 작게
		반지의 제왕, 다이아몬드
	물체의 속력	전신수영복의 위력
초등학교 6학년	우리 몸의 생김새	안경을 벗은 이모는 연예인
		배낭 꾸리기
	편리한 도구	치아교정만 했더라면
	압력	압박 축구의 성공은 축구화
	쾌적한 환경	황사, 이젠 안녕!
	일기예보	황사, 이젠 안녕!
중학교 1학년	힘	늘어났다 줄어들었다 하는 머리끈
		치아교정만 했더라면
		전신수영복의 위력
		배낭 꾸리기
		한복 허리띠도 편하게
		압박 축구의 성공은 축구화
	빛	안경을 벗은 이모는 연예인
		안경은 더 얇게, 눈은 덜 작게
		따끔 따끔 내 피부
		수업시간에 울린 휴대폰
		반지의 제왕, 다이아몬드

학년	단원	주제
중학교 1학년	빛	콘서트장의 열기, 야광팔찌
	파동	골(?) 때리는 헤드폰
		소음만 골라 없애주는 헤드폰
		알 듯 말 듯 속임수, MP3 압축
		따끔 따끔 내 피부
		수업시간에 울린 휴대폰
		멋으로 쓰는 선글라스?
		안경을 벗은 이모는 연예인
	물질의 세 가지 상태	소풍가는 날에 내리는 비
	상태 변화와 에너지	더울 때 입는 얼음 조끼
	지각의 물질	반지의 제왕, 다이아몬드
중학교 2학년	여러 가지 운동	진정한 패션은 안전으로부터
		전신수영복의 위력
	전기	황사, 이젠 안녕!
	자극과 반응	알 듯 말 듯 속임수, MP3 압축
		멋으로 쓰는 선글라스?
중학교 3학년	일과에너지	치아교정만 했더라면
		전신수영복의 위력
		배낭 꾸리기
고등학교 1학년	에너지	골(?) 때리는 헤드폰
		소음만 골라 없애 주는 헤드폰
		알 듯 말 듯 속임수, MP3 압축
		따끔 따끔 내 피부
		진정한 패션은 안전으로부터
		늘어났다 줄어들었다 하는 머리끈
		수업시간에 울린 휴대폰
	생명	알 듯 말 듯 속임수, MP3 압축
		멋으로 쓰는 선글라스?
	환경	황사, 이젠 안녕!
고등학교 생활과 과학	안전한 생활	진정한 패션은 안전으로부터
	쾌적한 생활	황사, 이젠 안녕!
고등학교 물리 Ⅰ	힘과 에너지	진정한 패션은 안전으로부터
		배낭 꾸리기

과학교과서에서 찾아보기

학년	단원	주제
고등학교 물리 Ⅰ	파동과 입자	골(?) 때리는 헤드폰
		소음만 골라 없애주는 헤드폰
		알 듯 말 듯 속임수, MP3 압축
고등학교 물리 Ⅱ	운동과 에너지	더울 때 입는 얼음 조끼
	전기장과 자기장	황사, 이젠 안녕!
	원자와 원자핵	콘서트장의 열기,야광팔찌

물리 영역에서 찾아보기

단원	주제
역학	진정한 패션은 안전으로부터
	늘어났다 줄어들었다 하는 머리끈
	치아교정만 했더라면
	배낭 꾸리기
	한복 허리띠도 편하게
	압박 축구의 성공은 축구화
유체역학	전신수영복의 위력
열역학	소풍가는 날에 내리는 비
	더울 때 입는 얼음 조끼
전자기학	황사, 이젠 안녕!
빛과 파동	골(?) 때리는 헤드폰
	소음만 골라 없애주는 헤드폰
	알 듯 말 듯 속임수, MP3 압축
	멋으로 쓰는 선글라스?
	안경을 벗은 이모는 연예인
	안경은 더 얇게, 눈은 덜 작게
	따끔 따끔 내 피부
	수업시간에 울린 휴대폰
	반지의 제왕, 다이아몬드
	콘서트장의 열기, 야광팔찌

찾아보기 Ⅱ

패션이 물리천지

지은이 • 송진웅, 조광희, 곽성일, 김소희, 남정아, 박미화
그린이 • 정일문
펴낸이 • 조승식
펴낸곳 • 도서출판 이치 ichi SCIENCE
등록 • 제 9-128호
주소 • 142-877 서울시 강북구 라일락길 36
www.bookshill.com
E-mail • bookswin@unitel.co.kr
전화 • 02-994-0583
팩스 • 02-994-0073

2008년 8월 1일 1판 1쇄 인쇄
2008년 8월 5일 1판 1쇄 발행

값 12,000원
ISBN 978-89-91215-53-5
ISBN 978-89-91215-51-1(세트)

* 잘못된 책은 구입하신 서점에서 바꿔드립니다.
· 이 도서는 (주)도서출판 북스힐에서 기획하여 도서출판 이치사이언스에서
출판된 책으로 (주)도서출판 북스힐에서 공급합니다.
142-877 서울시 강북구 라일락길 36
전화 • 02-994-0071 팩스 • 02-994-0073